KB056910

평생 비건

Vegan for Life

이 책은 우리가 아는 한 가장 진실하고 완전한 정보를 담고 있다. 이 책은 건강에 대해 관심을 가진 사람들에게 정보를 제공하기 위한 안내서로 제작되었을 뿐, 의사의 조언을 대체, 철회하거나 반박하기 위한 것이 아니다. 치료를 위한 최종 결정은 의사와의 상의를 통해 이루어져야 하며, 의사의 조언을 따를 것을 강력히 권고한다. 본 책에 담긴 정보는 일반적인 것으로, 저자와 출판사는 책의 사용과 관련해 어떠한 책임도 지지 않는다. 책에 기술된 내용과 관련한 사람들의 이름과 세부 정보는 수정된 것으로, 실제 인물과의 유사성은 모두 우연의 일치임을 밝힌다.

평생 비건

건강한 비건이 알아야 할 영양학의 모든 것

잭 노리스 · 버지니아 메시나 지음

김영주 옮김 | 이의철 감수

: Everything You Need to Know to Be Healthy on a Plant-Based Diet

세상의 모든 사육 동물과

그들의 고통을 끝내고자 하는 사람들을 위해

목차

서론

평생 비건이 된다는 것

비건 식단은 세상의 많은 복잡한 문제들에 대한 가장 간단한 해결책이다. 오늘날의 식품 체계는 점점 증가하는 미국 내의 건강 악화, 세계 자원의 손실, 그리고 상상 가능한 최악의 동물 학대 문제에 크게 기여한다. 비거니즘(veganism)은 이들 문제에 대한 강력한 대응이며, 점점 더 많은 사람들에게 반향을 불러일으킬 메시지이다.

《평생 비건(Vegan for Life)》의 초판 발행 이후 지난 10년간 식물 위주(plant based) 식이 패턴, 특히 비건 식단에 대한 관심이 급격히 증가했다. 패스트푸드점을 포함한 많은 식당이 더 다양한 비건 메뉴를 제공하고 있으며, 대형 마트는 더 나은 맛의 새로운 비건 대체육, 대체유, 치즈 제품을 내놓고 있다. 그리고 기존 식품 업계 또한 다양한 비건 제품을 출시하며 이러한 동향을 주시하고 있다. 비건 요리에 관한 정보나, 풀드포크, 맥앤치즈, 초콜릿 레이어 케이크와 같은 메뉴의 비건 버전 레시피 등은 온라인에서 클릭 몇 번으로 쉽게 찾을 수 있다. 덕분에 비건이 되는 것은 그 어느 때보다도 쉬워졌으나, 새롭게 시도하는 사람은 물론 오랜 경험을 가진 비건조차 영양소 필요량을 충족시키고 건강한 식단을 유지하기 위해 무엇을 먹어야 하는지에 관해 종종 의구심을 가진다.

이번 《평생 비건》의 개정판에서는 식단과 건강에 관한 지난 10년간의 광범위한 연구를 토대로 새로운 지식과 영양의 더 나은 이해를 위한 가이드라인과 권고 사항을 제시하고자 한다. 이와 더불어 개정된 샘플 메뉴, 비건 식단의 실천에 도움이 될 만한 팁, 비건의 시각으로 본 최신 식단 경향 등을 함께 다룰 것이다. 또한 심장병, 과민성 대장 증후군, 우울증과 같은 만성 질환에 관한 해결책도 생각해보고자 한다.

영양학자이자 동물 옹호론자로서, 우리는 당당하게 비건을 지지하며, 가능한 많은 사람들이 동물성 식품이 없는 식단을 지향할 수 있도록 돕고자 한다. 비건 식단이 필요한 영양소를 충분히 공급하지 못하거나 건강에 해가 된다면 현실적인 선택이 될 수 없다는 것을 알기에, 우리는 비건에게 영양소에 관한 최선의 조언과 비건 식단과 함께 건강을 지키기 위한 모든 필수 영양 정보를 제공할 것이다. 또한 비건 식단의 실천을 더욱 쉽게 만들 수 있는 현실적인 방법들도 함께 제시하고자 한다.

우리는 비거니즘에 관한 경험이 많지 않은 이들이 이 책을 통해 비건 식단은 충분히 안전하고 건강하다는 것을 확신하게 되기를 희망한다. 오랜 시간 비거니즘을 실천해오고 있는 이들은 더욱 다양하고 유용한 정보를 얻을 수 있을 것이다. 또한 일부 비건이 덜 건강한 식단을 선택하게 만드는 여러 미신을 살펴봄으로써, 더욱 건강한 비건 식단을 위한 아이디어도 함께 제공하고자 한다.

당신이 이제 막 시작하고자 하는 단계라 해도 좋다. 우리는 그저 이 책이 변화의 시작에 도움이 되기를 바랄 뿐이다. 현재 식단에서 육류의 비중을 줄이는 것만으로도 의미 있는 변화를 가져올 수 있기 때문이다.

비건 식단의 흥미로운 사례

1950년대 이후, 농장은 비용을 절감하고 좀 더 저렴한 육류, 우유 및 달걀을 생산하려는 노력과 함께 큰 변화를 겪어왔다. 그리고 이러한 변화로 인해 동물이 움직일 공간조차 없는 우리나 닭장으로 가득한 공장형 농장이 탄생했다. 현대의 축산업은 동물의 본능에서 비롯된 욕구나 복지를 무시하고 있다. 많은 동물들이 질병이나 부상으로 인해, 또는 충분한 음식과 물을 제공받지 못해 도축장에 도착하기도 전에 죽음을 맞이한다. 도축장의 조건도 잔인하기는 마찬가지이다. 오늘날의 농장들은 전통적인 가족 기업보다는 동물에 대한 존중 대신 효율을 우선시하는 공장에 더 가깝다. 동물성 식품의 생산이 동물이 받는 고통의 원인이 된다는 점은 분명하고 단순하면서도 불편한 진실이다.

그러나 동물 권리 보호 단체들의 노력 덕분에, 동물 학대 문제에 관한 사람들의 인식은 점점 높아지고 있다. 이러한 문제에 대한 한 가지 해답은 좀 더 인도적인 방식으로 사육된 동물성 식품을 찾고자 하는 노력이다. 그나마 나은 환경에서 사육된 동물로 만들어진 제품이 '인도적 생산(humanely produced)'이라는 라벨을 자랑하기도 하지만, 많은 경우 유의미한 차이를 가진다고 보기 어렵다. 결국 이 모든 동물들은 같은 도축장으로 향한다. 또한, '유기농'이라는 용어는 '인도적으로 생산된' 제품을 보증하는 것은 아니다. 유기농 동물성 식품의 상당수는 공장형 농장에서 사육된 동물로 만들어진다.

진정한 의미의 동물 복지 개선은 생의 모든 단계에 추적 관찰이 가능한 소규모 농장에서나 가능한 일이다. 하지만 이와 같은 방식으로 동물성 식품을 생산하는 일은 비용이 많이 들고 비효율적이다. 또한 이를 위한 비용을 지불할 용의가 있다 하더라도, 이러한 방식으로 미국 인구 전체의 육류 소비량을 감당할 충분한 토지가 없다는 점이 문제이다.

용어 정리

잡식인: 이 책에서는 육류 및 기타 동물성 식품을 섭취하는 사람들을 지칭하기 위해 '잡식인(omnivore)'와 '육식인(meateater)'이라는 용어를 사용한다. 잡식인은 식물성 식품, 육류, 유제품, 달걀 등을 모두 섭취하는 사람을 뜻한다.

식물 위주 식단: 식물성 식품을 강조하고, 동물성 식품을 정도의 차이에 따라 제한하는 모든 식단은 '식물 위주'로 분류된다. 이러한 식단은 소량의 동물성 식품이 포함될 수도, 포함되지 않을 수도 있다. 따라서, 비건, 베지테리언, 플렉시테리언, 세미 베지테리언, 그 외 다양한 채식주의 식단, 그리고 전통적인 지중해식 식단은 모두 식물 위주 식단의 예라 할 수 있다.

락토 오보 베지테리언: 유제품과 달걀을 섭취하는 베지테리언을 락토 오보 베지테리언이라 부른다. 역사적으로 미국의 베지테리언 대부분은 이 식단을 채택해왔으며, 우리가 아는 비건 식단의 일부는 베지테리언에 관한 연구에 기반하고 있다.

비건: '비건'이라는 단어는 식품, 의류 및 모든 생활용품에서 동물 제품을 거부하는 생활 방식을 포괄하는 용어이며, 동물에 대한 윤리적인 문제에 기반한다. 비건 식단은 단지 동물의 이용뿐만 아니라 건강 및 환경적인 문제를 포함하는 다양한 이유로 선택된다. 이 책은 영양에 관한 문제를 다루고 있기 때문에, 이 책에서 '비건'이라는 용어는 식물성 식품만을 섭취하는 사람을 의미한다.

1장에서는 이러한 문제를 심도 있게 살펴본다. 또한 환경에 해로운 육류, 유제품, 난제품의 생산 방법을 다룰 것이다. 수십 억 마리 가축의 식량을 생산하는 데에 사용되는 토지는 인간이 소비할 식품의 생산 및 숲, 물, 화석 연료의 절약을 위해 사용될 수 있다. 동물성 식품에 대한 의존을 줄이는 것은 탄소 발자국을 줄이기 위한 아주 중요한 단계이다.

마지막으로, 식물 위주 식단을 선택하는 사람들이 즐길 수 있는 이점도 있다. 비건은 콜레스테롤 수치와 고혈압의 위험이 낮으며, 당뇨병에 걸릴 가능성도 더 적다. 그리고 비건 식단은 만성 질환 치료의 일환으로 사용되어 왔다. 이 책의 후반부에서는 생애주기에 따른 비거니즘 실천이 전반적인 건강에 미치는 영향에 대해서도 살펴볼 것이다.

비건 식단은 안전한가?

미국 영양및식이요법학회(Academy of Nutrition and Dietetics)는 적절하게 계획된 비건 식단은 생애주기의 모든 단계에서 안전하다고 주장한다.[1] 이 '적절하게 계획된(appropriately planned)'이라는 조건은 근 30년간 비건 영양학자 사이에서 큰 골칫거리였다. 비건이냐 아니냐를 떠나서 '모든 식단'은 적절하게 계획되어야 한다. 동물성 식품의 섭취 또한 모든 영양소 필요량을 자동적으로 충족시키는 것은 아니며, 오히려 비건 식단에 풍부한 섬유질 및 기타 영양 성분의 결핍을 초래할 수 있다. 마찬가지로, 비건 식단에는 비타민 B12나 철분과 같은 일부 영양소에 관한 특별한 주의가 요구된다.

중요한 점은, 식단의 유형을 차치하고 누구든 영양에 관해 어느 정도의 지식은 필요하다는 점이다. 하지만 비건 식단이 전 생애주기에 걸쳐 최상의 건강 상태를 유지해줄 수 있고, 실제로 유지해준다는 점은 부인할 수 없다. 비건에 관한 부정적인 이야기들, 특히 영양 결핍 문제를 겪는 아이들에 대한 이야기는 일부 마크로비오틱(macrobiotic)이나 생식과 같은 매우 제한적인 형태의 비건 식단에서 비롯된다.

비건 식단은 어렵지 않다. 그저 영양소 필요량을 충족시키는 또 다른 방법일 뿐이다. 이 책은 만성 질환의 위험을 줄이기 위해 비건 식단을 시작하고자 하는 사람들, 그리고 생애주기의 모든 단계에서 비건 영양과 식사 계획을 준비하는 사람들을 위한 안내서이다. 우리는 누구나 실천 가능한 실제 식품의 선택과 현실적인 메뉴를 위한 영양 정보를 전달하기 위한 단계를 설정했다.

'평생 비건'으로 가는 길이 모두에게 이롭다는 것은 자명한 일이다. 이는 동물의 생명을 존중하고, 동물의 고통에 기여하는 모든 것을 거부함을 뜻한다. 많은 사람들이 비건이 되면서 안도감을 느끼는데, 이는 사람들이 동물에 대해 느끼는 감정을 잘 보여준다. 식물 위주 메뉴는 점점 확장되고 있으며 더 새로운 음식과 메뉴들이 생겨날 것이다. 이런 변화가 우리의 식단을 점점 더 흥미롭게 만들어 줄 것임은 두말할 나위가 없다. 당신의 현재 식단이 무엇이든 비거니즘으로 향하는 것은 당신의 건강을 증진시킬 확률이 높다.

이러한 이점들과 함께 인도적이고 건강한 식습관을 향한 길에 오르기 원한다면, 다음 장으로 넘어가보자.

우리의 여정:
우리는 어떻게 비건 영양학자가 되었나

잭

내가 열아홉 살 때 아빠, 할아버지와 함께 낚시 여행을 간 적이 있다. 우리는 여러 대의 낚싯대를 드리운 채 입질이 오기를 기다렸다. 아빠와 할아버지는 고기를 하나 낚아 빈 아이스박스에 넣었는데, 물고기는 그 안에서 한참을 펄떡거리다 질식해 죽고 말았다. 그것을 본 후 나는 죄책감에 더는 물고기를 낚고 싶지 않았다. 만약 물고기가 아닌 사람이었다면, 우리는 그렇게 고통에 몸부림치는 사람을 구하기 위해 무엇이든 하려 했을 것이다. 하지만 그저 물고기라는 이유로 똑같은 고통을 겪는 존재를 아무도 신경조차 쓰지 않는 것 같았다. 할아버지와 아빠는 내 반응이 사뭇 이해되지 않는 눈치였지만, 그 일 이후 나는 근 2년간 생선을 먹을 수 없었다.

비건이 되기 위한 내 첫 시작은 포유류의 섭취를 그만두는 것이었다. 고기의 유혹이 제법 강렬했기에 쉽지는 않았다. 하지만 나는 곧 고단백 비건 식품의 존재를 알게 되었고, 이들 대부분은 콩으로 만들어졌으나 고기에 대한 갈망을 잠재우기에는 충분했다. 그리고 1988년, 내 척추 지압사로부터 채소로도 충분한 칼슘 섭취가 가능하다는 말을 전해들은 후로 유제품의 섭취 또한 중단하고 완전히 비건의 길로 들어섰다.

대학교 졸업 후 나는 동물 보호 운동가이자 비건 아웃리치(Vegan Outreach, 동물 학대를 막기 위한 비영리 동물 보호 단체)의 공동 창립자가 되어 2년간 전국 각지를 돌아다니며 대학생들에게 비거니즘에 관한 팸플릿을 배포했다. 당시 나는 비건 혹은 베지테리언으로 살며 건강이 나빠졌다고 주장하는 사람들을 많이 보았다. 이러한 사람들과 비건 식단을 둘러싼 기타 영양 문제들을 보며 나는 공인된 영양학자가 되어야겠다고 결심했다. 현재 나는 비건 아웃리치의 임원으로서 더 많은 사람들이 동물을 식품으로 여기는 것을 멈추고 비건의 삶을 선택하도록 만드는 데 대부분의 시간을 할애하며 살고 있다.

비건 아웃리치는 미국, 캐나다, 호주, 멕시코, 인도 등 1천여 개의 대학교에서 원조 프로그램을 시행하고 있으며, 반려동물 축제, 만화 컨벤션과 같은 지역 행사에서 봉사 활동을 진행하고 있다. 이러한 봉사 활동은 비건에 관심을 가진 모든 사람들이 10주간의 비건 온라인 챌린지에 참여하도록 유도하고자 하는 데 목적이 있다.

지니

어렸을 적 나는 항상 길을 잃은 새끼 고양이와 다친 새를 집에 데려오는 그런 아이들 중 한 명이었다. 하지만 동물의 삶을 내 접시 위의 음식과 연관 짓는 데에는 수십 년이 걸렸다. 내가 영양학자가 되기 위해 대학교에 들어갔을 때조차도 비거니즘은 내 시선을 끌지 못했다. 그런 내 머리 위에서 작은 전구가 찰칵 소리를 내며 켜지기까지는 10년이 더 필요했다.

공중 보건 영양학 석사 과정을 막 마치고 미시간 남서부의 작은 지방 병원에 취직해 이주 농장 노동자, 저소득층 노인, 임신한 10대 소녀들을 위해 일을 시작했을 때였다. 나는 막 결혼해 내 작은 아파트 부엌에서 요리하는 즐거움을 경험하고 있었다. 그저 재미를 위해, 나는 인기를 끌기 시작한 멋져 보이는 베지테리언 요리책을 찾아보곤 했다. 그 중 하나가 《로렐의 부엌(Laurel's Kitchen)》이었는데, 나는 이 책이 육식의 현실에 눈을 뜨게 해주었다고 믿는다. 나에게 일종의 깨달음을 준 것은 "수 년 전 도축장으로 끌려간, 윤기 있는 털의 검정 송아지에게"라고 쓰인 이 책의 헌정사였다. 내 접시 위에 놓인 그 살덩이가, 한때는 살아 숨쉬는 생물이었다는 것을 깨달았을 때, 내 마음 속의 무언가가 움직였다. 그리고 그 즉시 나는 육류 섭취를 중단했다.

몇 년 후, 나는 미국 워싱턴 DC에 있는 비건 지지 단체인 책임있는의료를위한의사위원회(Physicians Committee for Responsible Medicine)에 영양 프로그램의 연구를 위해 고용되었다. 그곳에서의 연구는 달걀과 우유를 생산하는 동물을 비롯한 모든 동물들이 농장에서 어떻게 사육되는지를 이해하는 데 있어 또 다른 변화를 가져왔다. 결국 나는 비건의 길로 들어서기로 결심했다. 이는 나에게 있어 개인적으로, 그리고 직업적으로도 인생의 전환점이 되었다. 나는 사람들이 건강에 도움이 되는 비건 식단을 실천할 수 있도록 돕고 싶었다. 그리고 나는 비건을 위해 일하는 의료 종사자들에게도 도움이 되고 싶었다. 지금 내가 작가, 교육가, 연설가 및 컨설턴트로서 하고 있는 일은 이와 맥락을 같이한다. 비건 영양에 관한 정보를 공유하고 인도적인 식품 선택을 향한 안전하고 행복한 여행을 하도록 돕는 것이 바로 그것이다.

1부

제1장

왜 비건인가?

거의 모든 인류의 역사에서, 사람들은 손에 넣을 수 있다면 무엇이든지 먹었고, 음식의 유용성, 습성, 맛에 대한 선호가 음식 선택의 중요한 요소였다. 이는 불과 한 세기 전 무렵, 음식은 단순히 먹을 것에 그치는 것이 아니라, 최적의 건강을 위한 접근법의 일부로 보아야 한다는 새로운 영양학적 발견과 함께 변화했다. 오늘날, 우리의 관점은 음식의 선택이 개인의 건강 상태나 웰빙 외의 많은 부분에도 영향을 끼친다는 인식이 높아지면서 꾸준히 발전하고 있다. 우리가 먹는 것이 인간과 동물 모두의 복지와 권리, 그리고 지구 생명체의 미래에 광범위한 영향을 끼치는 것이다.

'비건'이라는 용어는 1944년, 유제품과 같은 동물성 식품도 육류 제품의 생산을 위한 동물의 착취와 도살을 수반한다고 인식한 한 소규모 베지테리언 단체에 의해 만들어졌다. 그들은 영국에서 '비건 소사이어티(The Vegan Society)'를 설립하고, 비거니즘을 아래와 같이 정의했다.

> 식품, 의류 또는 기타 목적을 위한 모든 형태의 동물 착취와 학대를 배제하고자 하는 실행 및 실천 가능한 철학 및 생활 방식. 더 나아가 인간, 동물, 환경의 이익을 위해 동물을 사용하지 않는 대안의 개발과 사용을 추구하는 것. 식이식 관점에서는 동물에게서 부분적으로 혹은 전적으로 유래된 모든 제품을 사용하지 않는 것을 의미한다.

스포츠, 서커스, 화장품 테스트, 의류 등의 분야에서 나타나는 동물 학대는 모두 중요한 비건 이슈지만, 대부분의 사람들은 보통 식단의 변화를 통해 비거니즘을 시작한다. 육류, 유제품, 달걀의 생산을 위한 공장식 축산은 관련 동물의 규모, 동물에 대한 비인도적인 취급 방식, 그리고 이 산업이 환경이 미치는 영향을 고려했을 때 더욱 심각한 문제라 할 수 있다.

대부분의 사람들은 오늘날 농장에서의 동물 사육 방식에 불편함을 느낄 것이기에 많은 과정이 비공개로 이루어지고 있다. 이러한 과정은 선별된 비디오나 사진으로 공개되며, 간혹 공개적인 농장 투어가 이루어지기도 한다. 그리고 이는 깨끗한 시설과 건강하게 관리되고 있는 동물의 사진을 보여주는 데 그친다. 그러나 동물 보호론자들의 조사는 지나치게 비좁은 환경, 병들고 다친 동물들, 때로는 농장 작업자의 잔혹 행위와 같은 숨겨진 이야기들을 드러낸다.[1]

이러한 조사들로 인해, 축산업계는 애그개그법(Ag Gag Laws, 농업 시설을 비밀리에 혹은 허가 받지 않은 상황에서 조사하지 못하게 하는 법들–편집자)을 통해 농장 시설에 대한 접근을 제한하려 노력해왔다. 이러한 국가 차원의 법은 농장 내에서 이루어지는 동물 학대를 폭로하는 내부 고발자들의 입단속을 위한 것이었으나, 우리가 이 책을 작업하는 동안 법적 문제 제기를 통해 위헌과 수정헌법 제1조의 권리 침해라는 이유로 이러한 법들을 폐지시키는 데 어느 정도 성공을 이룰 수 있었다.

축산업계는 잠입 조사 영상에 등장하는 사육 환경은 특수한 경우일 뿐이며 소수에 불과하다고 주장하지만, 꾸준한 비밀 조사에 의해 이러한 주장은 거짓임이 계속 드러나고 있다. 그리고 비밀 조사와 불법 행위에 대한 증거 없이도, 우리는 농장 및 사육장에서의 (합법의 테두리에 속한) 관행이 여전히 잔혹하다는 것을 잘 알고 있다. 축산업계가 이러한 관행의 심각성을 축소하려고 할 수는 있지만, 우리가 이 장에서 다룰 많은 시스템의 사용을 부인할 수는 없을 것이다. 사실 우리가 이 책에서 공유하고자 하는 정보의 대부분은 축산업계가 발행한 출판물에서 직접 발췌한 것이다. 동물에게 고통을 야기하는 대개의 사육 관행은 합법적이며, 농업 무역 잡지, 농장주들의 SNS 사이트, 축산업과 관련한 정부 기관 홈페이지 등에서도 흔히 언급되는 내용들이다.

현재 미국 내에 농장에서 사육되는 동물을 보호하기 위한 연방법은 단 한 개도 존재하지 않는다. 사육 동물의 취급과 관련한 법을 가진 몇 개의 주가 존재하기는 하지만, 이 법들 역시 그리 강력하지 않으며 그마저도 거의 집행되고 있지 않다. 사육 동물은 실질적으로 농장이라 보기 어려운 거대한 창고에서 살며, 신선한 공기를 마실 수 없는 것은 물론 발을 다치기 쉬운 콘크리트나 철망 위에서 생활한다.

이러한 농장의 대부분은 높은 효율성과 낮은 비용을 유지하는 데 목적을 둔 세 가지 공통점을 가지고 있다. 이는 동물의 감금, 과도한 성장을 위한 사육 방식, 그리고 신체 훼손이다.

동물을 좁은 공간에 가두어두면 공간을 절약할 수 있고, 많이 움직일 수 없기 때문에 사료의 소요량도 줄어들게 된다. 동물이 이러한 부적절한 사육 환경에서 공격적이 될 수 있기 때문에, 농장주들은 새의 부리를 자르거나 돼지의 이빨을 뽑는 등 동물이 서로에게 해를 입히지 않도록 여러 종류의 신체 훼손을 행하게 된다.

이러한 효율성을 위한 관행이나 농장 규모에 비해 엄청나게 많은 동물 수는, 동물 복지를 위한 노력이 항상 가능한 일은 아니라는 점을 보여준다. 젖소 70마리가 있는 낙농장에서 농장주가 아픈 소를 발견하는 것은 어려운 일이 아니다. 하지만 수만 마리의 닭이 있는 양계장에서 병들거나 다친 1마리의 닭을 발견할 확률은 매우 낮다. 그리고 만에 하나 병든 닭이 발견된다 하더라도 경제성을 이유로 그 닭을 치료하지는 않는다. 축산업자들은 현재의 사육 방식이 동물의 건강과 행복을 지켜낼 수 있었기에 지금까지 이어지고 있는 것이라 말한다. 하지만 동물들이 과밀로 인해 죽게 내버려두는 것이 더 넓은 공간을 마련하고 동물들을 건강하게 지키려는 노력보다 더 경제적인 것이 현실이다.

농장은 저마다 다른 관행을 가지고 있기는 하지만 달걀, 닭고기, 돼지고기, 우유, 소고기와 같은 일반적인 동물성 식품의 생산에 있어 감금, 신체 훼손, 선택 번식은 일반적으로 통용되는 사육 방법이다.

산란용 암탉

산란용 암탉의 삶은 부화장에서 시작된다. 이들은 고기가 아닌 달걀만을 위해 사육되기 때문에 수탉은 양계장에서 쓸모가 없다. 따라서 수탉은 알에서 나온 지 채 몇 분 되지 않아 암컷과 분리되어 죽음을 맞이한다. 매년 수백만 마리의 불필요한 닭이 부화되지만 다른 동물의 사육과 마찬가지로 양계업에서 효율성은 중요한 문제이다. 대부분의 경우, 부화한 수컷 병아리는 분쇄기로 들어가거나, 쓰레기통에서 질식사하거나, 그대로 죽도록 버려진다.

암컷 병아리는 달걀 농장으로 이동하는데, 좁은 양계장에서 서로 쪼아 부상을 입는 것을 방지하기 위해 가장 먼저 부리의 1/3, 혹은 절반을 제거한다. 병아리의 부리는 매우 연약하기 때문에 몇 주간이나 고통을 느끼며 장기적으로는 만성 통증과 스트레스를 겪기도 한다.[2]

미국 일부 주에서는 이러한 관행이 금지되어 있지만, 대부분의 산란용 암탉은 날개조차 펼 수 없을 정도로 작은 우리에 갇혀 지낸다. 미국 달걀생산협동조합(United Egg Producers)는 닭 1마리당 최소 8×11인치(약 20×28cm) 종이 크기의 공간을 마련할 것을 권고하고 있는데, 이는 A4 용지보다도 작은 크기의 공간에서 암탉이 일생을 보내야 한다는 것을 뜻한다.[3] 그렇다고 그 닭장이 편안한 환경을 제공하는 것도 아니다. 닭장은 대개 철사 바닥으로 이루어져 있어 쉽게 상처와 타박상을 유발하곤 한다. 보통의 농장에는 수천에서 수만 마리의 닭이 살고 있고 개개의 닭에게는 아무런 관심도 주어지지 않는다. 많은 수의 닭이 이 철사에 걸리거나, 발톱이 얽히거나, 사료 및 물 공급 기계의 고장으로 인해 탈수나 기아로 죽음을 맞이한다. 또한 닭장 하부에 위치한 분뇨 구덩이에서 암모니아를 흡입해 죽기도 한다.

닭장이 없는 양계장의 경우, 닭이 자유롭게 움직일 수 있어 상황이 조금 나은 편이기는 하나, 이 경우에도 비좁은 공간에서 생활하는 점은 마찬가지라 할 수 있다. 이러한 시설 중 일부는 (횃대와 같은) 닭이 앉아 쉴 수 있는 환경을 제공하는데, 이곳의 닭 역시 닭장에서 사육되는 닭과 동일한 학대를 겪곤 한다. '닭장이 없는(cage free)' 사육장이라는 단어는 행복하게 마당을 여기저기 헤집고 다니는 닭의 이미지를 떠올리게 하지만, 사실상 대부분의 닭은 야외로의 접근이 차단된 거대한 건물 안에서 사육된다. 그리고 사육 방식과 관계 없이, 양계장의 모든 닭은 매우 많은 수의 달걀을 생산하기 때문에, 닭장이 있고 없고를 떠나 높은 확률로 자궁 탈출증의 위험에 처해있다. 자궁 탈출증은 자궁의 일부가 몸 밖으로 밀려나와 발생하는데, 이는 곧 감염과 고통스러운 죽음으로 이어진다.

달걀의 생산량을 늘리기 위한 방법으로 선택 번식만 있는 것은 아니다. 일부 양계 농장은 여전히 강제 환우(산란율 및 부화율을 높이기 위해 닭을 인공적으로 털갈이시켜 휴산시키는 것 – 옮긴이)

를 택하고 있는데, 이 경우 닭이 초란 생산 후 달걀 생산이 다시 가능할 때까지 2주 가까운 기간 동안 굶긴다.

이토록 부자연스럽고 스트레스가 많은 사육 환경에서 닭의 달걀 생산량은 보통 1, 2년 이내에 감소하기 시작한다. 이런 닭은 트럭에 실려 도축장으로 운반되는데, 이미 과도한 달걀 생산으로 뼈가 매우 약해져 있기 때문에 우리에서 닭을 꺼내는 과정에서 대부분 골절이 발생한다.[4] 업계 내에서 '사용된' 암탉의 일부는 건강 상태가 매우 악화되어 식용으로는 사용이 불가능하다. 이 경우, 닭은 농장에서 바로 죽음을 맞이하기도 한다. 한 농장에서는 '사용된' 암탉을 산 채로 톱밥 제조기에 넣어 폐기 처리하기도 했다. 하지만 이러한 암탉의 가장 일반적인 폐기 방법은 이산화탄소의 농도가 30% 이상 되는 가스로 질식사시키는 것이다. 연구에 따르면 이 농도의 가스에서는 닭도 질식으로 인한 고통과 괴로움을 느낄 수 있다고 한다.

닭고기 생산을 위한 닭

미국인의 닭 날개, 치킨너겟, 닭 다리 수요를 충족시키기 위해서는 많은 수의 닭이 필요하다. 그리고 현대 축산업에서는 가능한 빨리 닭을 사육해 그 수요를 충족시키고 있다. 최대한 많은 수의 알을 낳기만 하면 되는 산란용 암탉과 달리, 육계는 무게를 늘리는 것이 중요하다. 현재의 육계는 1950년대에 사육되던 닭에 비해 4배나 빨리 성장한다.[5] 이는 농가의 수익에는 도움이 될지 몰라도, 닭에게는 매우 끔찍한 일이다. 닭의 과도한 체중은 심각한 다리 문제를 야기하기 때문에 닭들이 걸을 수조차 없게 만든다. 그리고 이는 닭이 직접 물이나 음식을 먹기 위해 움직이지 못한다는 뜻이기도 하다. 다리에 문제가 생긴 닭은 건강한 다리를 가진 닭에 비해 진통제가 첨가된 먹이를 먹으려고 한다는 연구 결과가 있는데, 이를 통해 닭도 고통을 느낄 수 있다는 점을 알 수 있다.[6]

돼지

"돼지도 동물이라는 것을 잊어라. 그저 공장의 기계처럼 대해라." 1976년 발간된 무역 잡지《호그 팜 매니지먼트(Hog Farm Management)》에서 권고한 내용이다.[7] 오늘날의 양돈 농가에서 사육되는 암돼지는 그들의 자연적인 욕구와 상관없이 새끼 돼지를 생산하는 기계로만 취급된다. 이 암돼지들은 4개월의 임신 기간 동안 임신 상자라 불리는 작은 우리에 갇혀 지낸다. 이 우리는 매우 작기 때문에, 돼지들이 앞뒤로 한 발짝 움직이거나 돌아설 수조차 없다. 그리고 출산이 임박하면, 돼지들이 옆으로 누울 수 있는 분만 상자로 이동하게 되는데, 그곳에서는 창살을 통해 새끼 돼지를 돌보게 된다.

자연 환경에서 새끼 돼지들은 보통 젖을 떼기 시작하는 시기인 12주까지 젖을 먹으며 자란다. 하지만 양돈 농가에서는 이러한 젖먹이 기간이 훨씬 짧은데, 이는 암돼지가 더 잦은 임신을 하도록 유도하기 위함이다. 새끼 돼지는 보통 3주 후에 젖을 떼고, 맨바닥에 널빤지만 깔린 시설로 보내진다. 혹은 비좁은 우리인 마무리 헛간으로 바로 보내지기도 한다.

높은 암모니아 수치로 인한 호흡기 질환은 사육 돼지의 가장 큰 사망 원인 중 하나이다.[8] 닭과 마찬가지로 돼지들은 몸이 감당할 수 있는 속도보다 더 빨리 자라도록 길러지고, 이는 다리에 무리를 주어 결국 걸을 수조차 없게 된다. 새끼 돼지가 정상적으로 성장을 하지 못하는 경우에는 농장에서 바로 '도태'된다. 미국돼지수의사협회(American Association of Swine Veterinarians)와 양돈조합 포크 체크오프(Pork Checkoff)에 따르면, 새끼 돼지의 적절한 처리 방법에는 '머리 상부에 빠르고 강한 충격을 주는' 외상도 포함된다. 이는 새끼 돼지를 빨리 죽이기 위한 방법이지만 매번 성공하는 것은 아니며, 부상을 입은 새끼 돼지들이 고통에 몸부림치는 영상도 공개된 바 있다. 판매가 가능할 만큼 충분히 빨리 성장하지 못하는 돼지들은 이산화탄소 질식, 총상, 감전사 등의 방법으로 죽음을 맞이하기도 한다.[9]

돼지는 놀라울 정도로 사교적이고, 똑똑하며, 장난기가 많은 동물이다. 자연 환경에서 돼지는 집을 짓고 정착해 소규모 사회 집단을 이루어 생활한다. 그러나 이러한 자연적인 행동의 기회를 박탈당한 사육 돼지는 우리에 머리를 들이받거나 금속 레일을 물어뜯는 등의 행동을 반복한다. 비좁은 우리 안에서 지내는 돼지는 공격적인 행동을 보이기도 하는데, 농가에서는 돼지가 서로의 꼬리를 물어뜯는 것을 방지하기 위해 마취 없이 꼬리를 잘라버린다. 수퇘지들은 진통제 없이 거세된다.

이토록 부자연스러운 양돈 농장의 환경은 돼지의 본성을 반영하지 못한다. 양돈 농장을 운영했던 밥 코미스(Bob Comis)의 증언은 이러한 현실을 가장 잘 표현하고 있다. "양돈 농장을 운영한 10년 동안 나는 내 개를 아는 것만큼이나 돼지에 대해 잘 알게 되었고, 그래서 양돈 농장을 접었다."[10]

젖소

산비탈에서 풀을 뜯는 얼룩무늬 젖소가 있는 전원 풍경은 행복하고 안전한 농장의 느낌을 준다. 하지만 실제 많은 젖소들은 헛간에 갇혀 일생을 보내거나, 진흙과 배설물이 뒤섞인 사육장에서 파리떼와 뒤엉켜 사육된다.

이 또한 효율성을 최대한 높이기 위한 것으로, 소들이 가능한 많은 우유를 생산하도록 사육된다는 것을 의미한다. 미국 농무부(USDA)의 통계에 따르면, 오늘날 젖소의 평균적인 우유 생산량은 1940년대에 비해 5배나 증가했다.[11, 12] 젖소는 더 많은 우유를 생산하기 위해 끊임없이 수태하도록 길러지는데, 이렇게 한계에 다다른 젖소는 유방 염증과 같은 고통스러운 질병에 시달리거나, 종종 걷는 데 문제가 생기거나 전혀 걸을 수 없는 상태로까지 악화되곤 한다.

대부분의 농장에서 송아지는 모두 태어난 직후 어미로부터 분리되는데, 이는 어미 소가 인간이 소비하는 우유를 다시 생산할 수 있도록 하기 위함이다. 농부들은 소가 분리로 인한 스트레스를 받지 않을 거라 이야기하지만, 사실 소는 매우 강한 모성 본능을 가진 동물로, 이러한 새끼로부터의 분리는 소에게 정신적 외상을 초래할 만큼 충격적인 일이다. 지난 2013년, 매사추세츠 뉴버리의 《뉴버리포트 뉴스(Newburyport News)》는 지역 낙농장에서 들려오는 수상한 소음에 대해 보도했다. 패티 피셔(Patty Fisher) 경사의 말에 따르면, 그 소음은 자신의 새끼들과 분리된 어미의 울부짖음이었다고 한다. 그리고 어미 소와 송아지의 분리는 매년 반복되는 일이며, 운영 중인 농가에서는 정상적인 관례라고 한다. 또한, "이는 매년 같은 시기에 늘 일어나는 일일 뿐이다"라고 덧붙였다.[13]

낙농장의 송아지

다른 포유류와 마찬가지로 젖소도 새끼를 낳은 후 우유를 생산한다. 낙농업 초기에는 종축을 위해 수컷 송아지를 사육하거나 판매하였다. 농장의 규모가 커지고 수컷 송아지의 개체수가 사육자가 필요로 하는 수를 넘어서자, 축산업자는 새로운 해결책이 필요했다. 그 해결책은 송아지 고기였다. 송아지 고기 산업은 낙농업의 직접적인 파생물로, 불필요한 송아지를 고기와 돈으로 바꾸는 한 방법이다.

암컷 송아지는 임신을 하고 우유를 생산할 수 있게 될 때까지 개별 헛간에서 지내는 반면, 갓 태어난 수컷은 송아지 농장에 팔려간다. 수컷 송아지 또한 약 8주간 개별 우리에서 지낸 후 작은 규모의 우리로 옮겨간다. 송아지는 생후 약 5개월이 되면 도축장으로 보내진다.

소고기 생산을 위한 소

모든 동물성 식품 생산의 공통점 중 하나는 대부분의 동물이 도축장으로 향하는 트럭에 실리는 그 순간까지 야외를 볼 기회조차 갖지 못한다는 것이다. 하지만 소고기 생산을 위한 소의 사육은 예외라 할 수 있는데, 이 소들 대부분은 생의 초반부를 야외에서 풀을 뜯으며 보내기 때문이다. 모든 종류의 사육 동물 중, 이 소들이 생후 몇 달간 가장 쾌적한 시간을 보낸다 할 수 있을 것이다. 이들은 자연의 섭리에 맞게 풀을 뜯고 다른 소와 어울린다. 하지만 이들조차 학대로부터 자유로운 것은 아니다. 대부분의 소가 뜨거운 인두로 낙인을 찍히고, 수소는 어떤 종류의 진통제도 없이 몸이 묶인 채 거세를 당하기 때문이다. 그리고 결국 이 소들은 더 빠른 속도로 체중을 늘릴 수 있는 시설로 옮겨지게 된다. 풀을 먹여 기른 소들조차도 콩과 건초 등을 먹이며 실내에서 키우기 위해 헛간으로 보내지고는 한다(풀을 먹여 기른 소라는 말은 풀을 먹고 자랐다는 뜻일 뿐, 야외에서 자유롭게 자란 소라는 뜻은 아니다.).

대부분의 식용 소는 트럭에 실려 비좁은 축사로 수송된다. 목장에서 비교적 평온하게 4~6개월 정도의 시간을 보낸 소에게, 이러한 축사는 불쾌한 경험이 될 소지가 다분하다. 이 소들은 비좁고 척박한 환경에서 풀과 사료 대신 곡물과 대두를 먹으며 생활한다. 캘리포니아 콜링가에 위치한 해리스 랜치(Harris Ranch)는 살을 찌우기 위한 소를 10만 마리 이상 수용하는 가축 사육장이다. 소는 배설물과 섞인 흙 위에서 생활하며, 이곳의 악취는 수 킬로미터 떨어진 곳까지도 전달된다.

새로운 환경으로 인한 스트레스와 비정상적인 사료의 공급으로 인해, 사육장의 소는 호흡기 질환과 같은 질병에 매우 취약하다. 따라서 소가 빨리 자라도록 사료에 항생제를 섞는 것은 매우 흔한 관행이다.[14] 미국 내에서 소비되는 항생제의 80% 정도가 사육 동물에게 투여된다는 추정치도 있는데, 이는 항생제 내성균 증가의 원인이 될 수 있다. 그리고 실제 사육장 주변의 공기에 항생제 내성 양상을 보이는 DNA가 발견된 사례도 있다.[15]

도축장으로 향하는 모든 종류의 사육 동물

소규모 낙농장의 젖소나 방목장에서 풀을 뜯고 자라는 소와 같은 일부 사육 동물은 적어도 생의 초반에는 비교적 편안한 삶을 누린다고 볼 수 있다. 하지만 모든 종류의 사육 동물은 기아, 탈수, 감염 혹은 부상 등으로 죽지 않는 한 결국 도축장으로 보내진다. 이들 동물의 대부분은 도축장으로 가기 위한 트럭에 실리는 과정에서 생애 처음으로 야외를 보게 된다. 도축장으로 향하는 동물 중에는 도축을 위해 특별히 건강하게 길러진 동물도 있으나, 대개의 경우는 경제적 수명을 다해 가치가 사라진 젖소, 번식용 사육 돼지, 산란용 닭 등이다. 그리고 이 모든 동물은 자연적인 수명을 다하기도 전에 죽임을 당한다.

많은 도축장들이 합병되면서 동물들은 도축장까지 더 먼 거리를 가야만 한다. 이 과정에서 대부분 오랜 기간 동안 먹이를 먹지 못하며, 극심한 더위, 혹한, 고속도로 사고 등에 노출된다. 최대 28시간 동안 사료나 물의 제공 없이 소나 돼지를 수송하는 것은 합법이다. 닭이나 칠면조의 경우에는 수송 시간 제한이 없다. 온순한 젖소들은 이미 너무 약하고 지친 상태라 트럭에서 내려 도축장으로 걸어갈 수조차 없다. 동물 과학 전문가들은 장시간 동안 수송되어서는 안 되는 약한 상태의 소조차 결국 트럭에 실려간다고 지적한다. 한 연구 단체는 수의학 저널에서 이러한 관행이 매우 일상적이며, 이는 소에게 심각한 고통을 초래한다고 언급했다.[16] 소가 도축장에 도착했을 때 스스로 걷지 못하는 소를 도축하는 것은 불법이기 때문에, 도축장에서는 소를 일으키기 위해 반복적으로 충격을 가하게 된다. 의식이 혼미한 가운데 몸도 가누지 못한 채로 도살당하는 가축

중에는 태어난 지 얼마 되지 않은 어린 송아지도 있다. 약 15%의 어린 송아지들은 태어난 지 불과 며칠에서 몇 주 사이에 송아지 고기가 되기 위해 도살된다.[17] 한 조사에 따르면 도축장의 노동자들은 도축장으로 걸어 들어가기 위해 안간힘을 쓰는 갓 태어난 송아지를 발로 차거나 전기 충격을 가하기도 한다고 한다.

코셔(kosher)와 할랄(halal) 도축(코셔는 유대인, 할랄은 이슬람의 도축 방식으로, 동물이 의식이 있는 상태에서 목을 베어 도축하며 혈액을 완전히 제거한다. 동물에게 고통을 느끼지 않게 하려는 의도와는 달리 의식을 잃기 전까지 확연한 고통과 스트레스를 야기한다는 지적이 있다.-편집자)을 제외하고, '인도적 도살'을 위한 연방법에 따르면 모든 농장 동물은 도축 전에 무의식 상태가 되어야 한다. 이를 위해 종종 전기총이 사용되는데, 도살 라인의 작업 속도가 매우 빠르기 때문에 일부 동물은 첫 시도에서 완전히 정신을 잃지 않는 경우가 발생한다. 미국육류협회(American Meat Institute)는 95%의 기절률을 적절한 것으로 간주하며, 연구 결과에 따르면 도축장에서는 첫 시도에 95~99%의 기절률을 보인다고 한다.[18] 하지만 도축장에서 첫 시도에 기절시키지 못한 1~5%의 소는 1년에 약 34만 5천~1백 70만 마리에 달하며, 이 소들은 한 번 이상 전기총에 맞거나 의식이 있는 상태로 도축 과정을 겪게 된다.[19]

도축장의 동물이 의식이 남아있는 채로 작업 라인에 올라가는 것은 보통 도축장의 빠른 작업 속도 때문이다. 노동자들은 작업 라인이 계속 돌아가도록 압박을 받으며 일하기 때문에 작업 라인 위에서 의식이 남은 채로 실려가는 동물을 신경 쓸 여력이 없다.

그리고 인도적 도살을 위한 연방법은 매우 취약해서, 닭이나 칠면조 (혹은 토끼) 등은 다루지조차 않는다. 이 동물들이 도살될 때 의식이 없어야 한다는 연방법 조항은 없다. 이 동물들은 목을 자르기 전에, 거꾸로 매달아 머리를 전기 충격 욕조에 담그는 것이 전부이다. 그 후 깃털을 더 쉽게 제거하기 위해 뜨거운 물이 담긴 탱크에 동물을 담근다. 도축장의 표준 관행은 이 과정이 동물이 죽은 상태에서 이루어지는 것을 목표로 하지만, 미국 농무부의 자료에 따르면 매년 약 50만 마리나 되는 닭과 칠면조가 끓기 직전의 물 속에서 익사할 때까지도 살아있는 것으로 나타났다.[20]

자연 재해와 사고는 사육 동물에도 영향을 미친다

2018년에 허리케인 플로렌스가 동부 노스캐롤라이나 지역을 휩쓸었을 때, 수만 마리의 닭과 돼지는 우리를 탈출할 수 있는 방법이 없었다. 추정치에 따르면 5천 마리 이상의 돼지, 3백 40만 마리 이상의 닭과 칠면조가 익사했으며, 이들 중 대다수는 우리에 갇혀 있었던 것으로 추정된다. 농장주들이 할 수 있는 것은 아무것도 없었다. 오늘날의 농장에서는 수많은 동물들이 거대한 우리에 갇혀 지내고 있기 때문에, 재난 상황 발생시 별도의 탈출로가 없다. 예를 들어 지난 2010년, 노스캐롤라이나의 한 농장에서 정전으로 인해 환풍기의 작동이 멈추자, 약 6만 마리의 닭이 열사병으로 폐사했다. 그보다 1년 전에는 아이오와의 한 농장에서 기물 파손으로 인해 환풍기의 작동이 중지되자 4천여 마리의 돼지에게 같은 일이 발생했다. 그리고 텍사스의 한 농장에서는 80만 마리의 닭이 화재로 죽기도 했다.

어류 및 기타 바다 생물

물고기에게 정을 붙인다는 것은 어려운 일처럼 들릴 수 있으나, 사실 어류는 생각보다 더 복잡한 동물이다. 일부 어류는 계획할 줄 알고 도구를 사용할 수 있으며, 그 중 일부는 얼굴도 인식할 수 있다는 연구 결과가 있다.[21] 연구자들은 물고기도 고통과 괴로움을 느낄 수 있다고 주장한다. 물고기는 고통에 반응하며 행동 변화를 보이는데, 이는 물고기도 불편함을 의식할 수 있다는 것을 보여준다. 우리는 물고기가 어떠한 방식으로 통증을 느끼는지는 알 수 없지만 비인도적인 양식, 채집, 도살 방식이 어류에게 고통을 준다고 보는 것이 타당할 것이다.

저인망(그물을 바다 밑바닥 수평 방향으로 끌어 물고기를 잡는 어구-편집자)은 수백 톤에 달하는 어류를 바다에서 끌어모으는데, 그물 안의 어류는 비좁은 그물에 갇혀 바다 밑바닥을 이리저리 끌려다닌다. 그리고 물에서 건져지는 과정에서 압력의 변화로 인해 고통스러운 죽음을 맞이한다. 또한 유망(물고기의 통로인 수류를 횡단해 그물을 쳐서, 그물 구멍에 물고기가 끼거나 물리게 해 잡는 그물-편집자)으로 인해 돌고래, 고래, 수달, 물개, 바다사자와 같은 수만 마리의 바다 포유동물도 매년 고통과 죽음을 맞이한다.

공장식 축산 농장은 사람도 해친다

1906년 출간된 업튼 싱클레어(Upton Sinclair)의 유명한 저서 《정글(The Jungle)》은 시카고 가축 수용소 및 도축장의 비위생적이고 비인도적인 환경에서 일하는 리투아니아 이민자의 삶을 자세히 묘사하고 있다. 이 책은 미국 식품의약국(FDA)의 전신이 되는 기구의 설립뿐만 아니라 정육 산업에 획기적인 변화를 이끌었다. 그러나 1세기가 넘는 시간이 지난 지금도 이민자가 대다수를 차지하는 도축장 노동자들은 믿기 힘들 만큼 위험한 환경에서 근무하고 있다. 도축장의 빠른 작업 라인 속도로 인해 노동자들은 하루 수천 번에 달하는 반복 작업을 하고 있으며, 이는 근육 및 신경 손상을 야기한다. 그리고 도살되는 동물의 고통과 두려움을 목격하며 심리적인 트라우마를 겪기도 한다. 도축장 노동자들은 대부분 저소득 지역에 거주하는 유색 인종이거나 남미 출신의 이민자들이다. 그들 중 일부는 노동 허가증이 없는 불법 노동자이기 때문에, 직장을 잃을 것을 두려워해 의료 지원을 요청하지 못하고 직장 내의 위반 사항이나 괴롭힘 역시 신고하지 못한다. 동물에 대한 착취와 비인도적 처우와 마찬가지로, 노동자 착취도 육류 제품 가격을 낮추고 생산성을 높이는 데 기여한다.

공장식 축산의 대안

사육 동물의 삶과 죽음에 관해 알아가는 것은 매우 절망적인 일이지만, 좋은 소식 또한 존재한다. 동물 보호 운동가들의 노력 덕분에 주 차원에서도 공장식 축산 농장의 관행에 작은 변화들이 있었다. 일부 주에서는 유권자들이 가장 잔인한 감금 제도를 일부 개선하기 위한 방안들을 통과시켰다. 하지만 공장식 축산에 만연하는 일상적인 가학 행위와 작은 개선의 요구도 거부하는 업계의 영향력을 고려하면, 사육 동물을 위한 의미 있는 변화는 아직도 요원하다. 동물 학대는 공장식 축산의 본질적인 문제라 할 수 있다.

많은 이들이 쉽게 실천할 수 있는 대안 중 하나는 좋은 환경에서 자란 동물이 생산한 고기, 우유, 달걀 등을 소비하는 것이다. 이러한 제품을 식별하기 위한 다양한 라벨이 존재한다. 더 나은 환경에서 사육되거나 이송된 동물을 위한 라벨은 세 가지인데, 미국 마트 체인 홀푸드마켓(Whole Foods Market) 관련 인증인 'GAP 인증(GAP-Certified)', '인도적 생산 인증(Certified Humane)', 그리고 '동물 복지 인증(Animal Welfare Approved)'이 이에 해당되지만, 이 라벨이 육류 제품 생산의 모든 과정을 인증하는 것은 아니므로 소비자에게 혼란을 주기 쉽다. 예를 들어 '미국인도주의협회 인증(American Humane Certified)' 라벨은 동물의 더 나은 복지와 관련이 있는 것이 아니다. 이 라벨은 번식용 우리를 갖춘 농장의 돼지고기나 좁은 닭장에서 생산된 달걀에서도 볼 수 있다.[22] 그리고 '천연(all-natural)', '자유 방사(free range)', '인도적 생산', '방목(pasture-raised)'과 같은 용어의 사용을 위한 법적 기준도 존재하지 않는다.

유기농 라벨은 야외로의 접근이 가능하고, 이동의 자유가 있는 환경 등과 같은 동물의 기본적인 복지 기준을 요구하고 있으나, 이러한 공간에 관한 요구 조건이나 야외 환경 수준에 관한 구체적인 정의가 있는 것은 아니다. 2010년, 유기농 식품 감시 단체인 코르누코피아 연구소(Cornucopia Institute)는 미국 농무부 유기농 인증(USDA-Certified Organic) 달걀 농장의 15% 이상을 방문하고, 모든 유명 브랜드 및 자체 개발 브랜드 달걀 회사를 조사한 보고서를 발표했다. 보고서에 따르면, 산업 규모의 달걀 생산 회사의 대부분은 닭장 내에 수만 마리의 닭을 가둬두고 있으며, 이들 닭장의 대부분은 '야외로의 접근'을 위해 콘크리트나 나무로 만들어진 매우 작은 출입구를 둔 것이 전부였다.[23] 유기농 농장에서 사육되는 동물 또한 유기농 비인증 농장에서 사육되는 동물이 겪는 신체 훼손으로부터 자유롭지 못하며, 수송과 도축 과정에서도 동일한 고통을 겪게 된다.

'인도적 생산'을 내세우는 제품 또한 그럴듯한 라벨 뒤에 잔혹함을 숨기고 있다. '자유 방사' 유제품 농장이 소에게 더 나은 환경을 제공한다고는 하나, 그곳의 수컷 송아지도 출생 후 몇 시간 이내에 어미에게서 분리되고 송아지 고기 생산을 위해 판매된다. '닭장이 없는' 시설에서 길러지는 닭은 날개를 펼 수는 있지만, 여전히 창문조차 없는 공간에서 수만 마리가 뒤엉켜 평생을 보내게 된다. 수컷 병아리는 마찬가지로 태어나자마자 죽임을 당하고, 암컷 병아리는 부리를 절단당한다. 그리고 결국 우리에 갇혀 지낸 닭과 똑같은 도축장에서 끝을 맞이한다.

비건 식단으로의 전환 과정에서 라벨을 확인하는 것은 의미 있는 일이다. 그러나 우리가 소비하는 우유, 달걀, 육류 제품이 동물의 고통 없이 생산되었음을 보장하는 방법은 존재하지 않는다. 그리고 이 모든 제품은 모두 자신의 수명과 상관없이 고작 몇 년밖에 살지 못한 동물에게서 생산된 것이다.

동물 권리

사람들은 눈 오는 날의 짧은 산책을 위해 자신의 반려견에게 털옷을 입히고, 보호소에서 새끼 고양이를 입양하며, 회색곰과 말코손바닥사슴을 사진에 담기 위해 국립 공원으로 모여든다. 대부분의 인간은 동물을 사랑하고 때때로 경외하기까지 한다. 그렇다면 돼지나 닭이 짧은 수명을 다하기 전까지 비좁은 번식용 우리나 닭장에서 길러지는 관행을 제재하기 위해 우리가 할 수 있는 일은 무엇일까?

영국의 심리학자인 리처드 라이더(Richard Ryder)는 1970년, '종차별(speciesism)'이라는 용어를 만들어 이 질문에 답했고, 이 개념은 후에 프린스턴 대학교의 철학자 피터 싱어(Peter Singer)가 1975년에 발간한 《동물 해방(Animal Liberation)》이라는 책을 통해 대중화되었다.[24] 이 책에서 싱어는 "인종차별주의자들이 자신의 인종의 이익에 더 큰 비중을 두기 위해 평등의 원칙을 위반하는 것처럼, 종차별주의자들은 자신이 속하는 종의 이익을 위해 다른 종의 더 큰 이익을 무시한다"고 밝히고 있다.

우리는 인간의 이익이 다른 무엇보다 우선되어야 한다 생각할 뿐만 아니라 일부 특정 동물이 다른 종의 동물보다 더 중요하며, 일부 동물은 다른 목적을 위해 존재한다 믿는다. 이러한 개념은 문화권마다 달라지기는 하지만, 대부분의 미국인은 개와 고양이는 사랑받는 반려동물로 여기는 반면 돼지, 닭, 소와 같은 동물은 음식에 불과하다 생각한다. 그러나 이러한 방식으로 동물을 분류할 수 있는 어떠한 논리적인, 도덕적인 근거도 존재하지 않는다.

동물권 윤리(animal rights ethic)는 종의 구분과 상관없이, 동물이 지각 능력이 있으며 고통을 느끼는지 여부만을 고려할 것을 요구한다. 이는 우리가 모든 종의 동물을 모든 상황에서 동일하게 대한다는 뜻은 아니다. 그리고 이는 동물이 인간과 똑같은 권리를 가진다고 주장하는 것 또한 아니다. 이는 단지 우리가 각 동물에 대해 종을 기준으로 보호받을 자격이 있는지 여부를 판단할 수는 없다는 것을 뜻한다. 닭, 소, 돼지는 모두 고통과 공포를 느낄 수 있고 죽음을 피하고 싶어한다. 그리고 우리는 이 동물들이 개에 비해 보호받을 가치가 덜하다고 주장할 수 있는 설득력 있는 근거를 가지고 있지 않다.

비건 식단과 기후 변화

육류, 유제품, 난류를 멀리하는 식단을 추구하는 것은 단순히 동물을 보호하는 데에 그치지 않고 탄소 발자국을 줄이는 일에도 도움이 된다. 축산업은 지구 자원에 타격을 주고 지구 온난화를 앞당긴다.

동물에게 귀 기울이기

아이오와의 한 농장에서 생후 3주가 겨우 지난 작은 암컷 새끼 돼지 1마리가 수백 마리의 다른 돼지들과 함께 트럭에 실렸다. 이제 막 젖을 뗀 새끼 돼지들이 도축 전 몇 개월 동안 살을 찌우기 위해 돼지우리가 있는 시설로 보내진 것이다. 트럭이 도착하고 돼지들을 내릴 때, 작은 새끼 돼지는 사람들의 눈을 피해 트럭 적재함 한 구석으로 숨어들 수 있었다. 그리고 트럭은 돼지의 배설물을 제거하기 위해 물로 가득 찬 트럭 세차장으로 향했다. 물이 뿜어져 나오고, 한 직원은 새끼 돼지가 물 위를 둥둥 떠다니는 것을 발견했다. 그는 이 돼지를 건져 아이오와 농장 생추어리(위급하거나 고통스러운 환경에 놓여 있던 동물이나 야생으로 돌아가기 힘든 상황의 동물을 보호하기 위한 구역을 말한다. 한국에는 구조된 돼지 새벽이가 사는 새벽이생추어리가 있다.-편집자)라고 불리는 곳으로 데려갔다. 생추어리의 직원들은 새끼 돼지에게 '가라앉지 않는' 몰리 브라운(Molly Brown)이라는 이름을 지어주고 여생을 보낼 수 있는 안전한 장소를 제공했다. 몰리는 생추어리에서 자신의 배를 쓰다듬어주는 사람들과 함께하는 것을 좋아했다. 낮에는 야외에서 즐거운 시간을 보내고, 저녁에는 가장 친한 친구인 스텔라(Stella)라는 이름의 미니돼지와 함께 아늑한 헛간에서 부둥켜안으며 지냈다.

몰리는 공장형 농장과 도축장에서 탈출한 몇 안 되는 운 좋은 동물 중 하나이다. 매년 100억 마리의 동물이 미국의 소고기, 돼지고기, 닭고기, 달걀, 우유, 치즈의 수요를 충족시키기 위해 죽임을 당한다. 이것이 얼마나 큰 숫자인지 이해하는 것은 불가능에 가까우며, 우리 대부분은 이 수많은 동물이 겪는 고통을 상상조차 하고 싶어하지 않는다. 우리가 공장형 농장의 환경에 대해 이야기할 때, 논의에서 종종 간과되는 것은 이 수십억 마리의 동물들 모두 감정을 가진 개체라는 점이다. 만일 이 거대한 숫자와 상상하기 어려운 고통을 회피하고 싶어진다면, 이 수많은 동물 중 하나에만 집중하고 나의 선택이 변화를 가져올 수 있다고 믿는 일이 도움이 될 것이다. 내가 핫도그 1개, 오믈렛 한 그릇, 혹은 한 잔의 우유를 포기할 때마다 나는 몰리와 같은 동물에 대한 학대에 맞서 싸우게 되는 것이다.

기회가 된다면 이러한 동물들에 관해 더 알 수 있도록 농장 동물 생추어리를 방문해보는 것을 추천한다. 미국에는 100개에 달하는 생추어리가 있으며, 전 세계에 더 많은 수의 생추어리가 존재한다.[25] 직접 방문하는 것이 어렵다면, 생추어리의 웹사이트나 인스타그램 등에서 이 동물들에 대한 이야기나 사진을 찾아보는 것도 좋은 방법이다. 동물이 어떻게 구조되고 안전하게 지내는지를 직접 목격함으로써 비건을 향한 여정에 더욱 전념할 수 있을 것이다.

지구 온난화는 극단적인 기후 패턴, 강수량의 변화, 상승하는 해수면, 홍수, 가뭄, 산불, 허리케인 등의 기후 변화를 가져오는 우리 세대의 가장 시급한 문제라 할 수 있다. 기후 변화는 인간의 안전뿐만 아니라 공중 보건 및 식량 안보도 위협한다. 예를 들어 기온 상승과 대기 중 이산화탄소 농도 증가는 꽃

가루의 발생을 증가시키고 알레르기 철의 기간을 늘린다. 이와 같은 환경 변화는 외래 잡초와 곤충의 번성을 초래하는데, 이는 결국 식용 작물에 악영향을 미치게 된다. 해수면의 상승과 홍수는 전염병이 확산하는 환경을 조성한다.

그리고 당연하게도, 기후 변화는 야생 동물에게 치명적인 영향을 미친다. 북극곰의 생존에 필요한 빙하는 온난화로 인해 녹고 있으며, 지구 반대편에서는 남극의 바닷새와 해양 포유류가 해빙으로 인해 식량을 잃고 있다. 바다의 온도가 상승하고 산성화함에 따라 유네스코가 지구상에서 가장 자원이 풍부하고 복잡한 자연 생태계라 묘사한 호주의 그레이트 배리어 리프(Great Barrier Reef)는 파괴되고 있다. 이곳은 혹등고래가 새끼를 낳고, 바다거북이 번식하며, 200종 이상의 새들이 서식하는 곳이다. 기온 상승, 녹고 있는 빙하, 바다의 산성화, 그리고 야생 동물 서식지의 파괴는 지구의 놀라운 생물 다양성, 인류의 건강, 그리고 우리의 식량과 물 공급에 위협이 된다.[26]

축산업과 기후 변화

과학자들은 인간의 활동이 지구 온난화의 원인이라는 점에 모두 동의한다. 이는 대기 중 온실가스(GHGs), 특히 이산화탄소의 증가 때문이다. 이 온실가스는 열을 가두어 대기 밖으로 빠져나가는 것을 막는다. 지구 온난화의 가장 큰 두 가지 원인은 화석 연료와 농업이다.

모든 종류의 농업이 지구 온난화의 원인이 되긴 하지만, 육식 대신 채식을 하는 것은 탄소 발자국을 줄일 수 있는 중요한 방법 중 하나다. 육류, 달걀, 유제품을 위한 동물의 사육은 토양, 물, 비료, 화석 연료와 같은 자원을 불균형하게 소모하며, 이는 온실가스 배출의 증가로 이어진다.

이는 새로운 개념이 아니다. 1971년, 프란시스 무어 라페(Frances Moore Lappé)는 자신의 저서《작은 행성을 위한 식단(Diet for a Small Planet)》에서 육류 생산의 실제 비용을 계산했다.[27] 프란시스는 육류 생산의 낭비적인 과정 및 그에 따른 토지, 연료, 물의 손실을 '역행하는 단백질 공장(protein factory in reverse)'이라는 말로 묘사했다. 사육 동물을 먹이기 위한 곡물과 콩에는 이 동물들로부터 생산된 고기, 달걀, 우유가 함유한 것보다 더 많은 양의 단백질과 열량이 포함되어 있다. 이 동물이 섭취하는 엄청난 양의 단백질과 열량은 동물이 필요로 하는 에너지를 충당하는 동시에 인간이 섭취하지 않는 부위까지 성장시키는 데 쓰인다.

이러한 비효율성은 우리가 동물 사육을 위해 투자하는 토지, 물, 연료와 같은 방대한 자원에 비해 돌려받는 수익이 극히 미미함을 의미한다. 예를 들어 세계에서 가장 큰 규모인 아마존의 열대 우림은 대두 경작을 위한 땅으로 대체되고 있다. 아마존은 전세계에 알려진 종의 최소 10%가 서식하는 곳이다. 이 숲은 대기 중의 이산화탄소를 제거하고 산소로 전환하는 중요한 역할을 하기 때문에 '지구의 허파'라고 불린다. 따라서 이 열대 우림이 사라질수록 지구의 탄소 저감 능력도 감소하게 되는 것이다.

현재 사람들이 잘못 알고 있는 사실 중 하나는 두부나 베지버거와 같은 대두 식품을 먹는 일이 아마존이 사라지는 원인이라는 주장이다. 하지만 이런 열대 우림에서 나는 대두를 소비하는 것은 인간이 아니다. 이곳에서 생산되는 콩은 가축 사료로 가공되어 낙농장, 돼지 농장, 양계장 등에서 사용된다. 만약 우리가 이 콩을 '역행하는 단백질 공장' 과정 없이 직접 섭취했다면, 지금보다 훨씬 더 적은 면적의 땅에서도 충분한 양의 콩을 생산할 수 있었을 것이다.[28] 콩 식품의 섭취는 사실 아마존을 살리는 일이다.

콩과 곡물을 동물 사육에 사용하는 대신 직접 섭취하는 것은 땅, 물, 비료, 화석 연료를 보존하는 길이다. 육식인은 베지테리언에 비해 거의 3배에 달하는 물과 13배에 이르는 비료를 소모한다.[29]

숲의 개간, 방대한 양의 동물 사료 가공, 동물 수용 및 수송, 비료의 생산과 같은 모든 과정은 온실가스를 발생시킨다. 또한 사육 동물의 배설물로 만들어지는 비료, 소의 소화 기관에서 발생하는 가스 역시 온실가스를 만들어낸다. 영국의 연구자들은 비건, 베지테리언, 그리고 각자 다른 육류 소비량을 보이는 사람들의 평균 온실가스 배출량을 측정했는데, 한 집단의 동물성 식단 섭취가 줄어들수록 그들의 식단과 관련된 온실가스의 배출량도 줄어든다는 것을 발견했다. 육류를 섭취하는 집단의 온실가스 배출량은 비건에 비해 2배나 높았다.[30]

축산업은 귀중한 자원인 많은 양의 물을 사용하는 것에 그치지 않는다. 축산 농장에서 나오는 퇴비는 수질 오염의 원인이 된다.[31] 양돈 농장에서는 폐기물을 퇴비호라 불리는 야외 구덩이에 저장한다. 허리케인이 노스캐롤라이나 연안의 저지대를 강타했을 때, 이러한 퇴비호의 일부가 파괴되어 주변 일대가 분뇨로 뒤덮이기도 했다.

사정이 좋을 때에도 이러한 양돈 농장들은 공중 보건에 큰 골칫거리이다. 농장의 분뇨는 퇴비호에서 정기적으로 꺼내어 인근 지역에 퇴비로 뿌리게 되는데, 이 과정에서 이로 인한 안개와 악취가 발생해 주변 마을에 영향을 미친다. 노스캐롤라이나의 양돈 농장들은 매년 거의 100억 갤런에 달하는 배설물을 생산한다. 이 농장들은 보통 이들에 대항할 경제적 영향력이 없는 저소득 유색 인종이 모여 사는 마을에 위치하고 있어, 이는 인종차별적 환경 보호 정책 문제 및 중요한 사회 정의 문제가 되고 있다. 대기 중의 분뇨 노출은 선천적 결함, 천식, 식품 매개 질병 등으로 이어진다.

지역 생산 식품이 나은가, 베지 버거가 나은가

화석 연료가 지구 온난화의 주범이기 때문에, 지역 생산 식품을 소비하는 것이 가장 현명한 식습관처럼 보일 수 있다. 하지만 음식과 관련한 탄소의 배출은 대부분 운송보다는 생산과 연관이 있다.

자원의 활용과 지구 온난화에 관해서는 일부 식물성 식품이 다른 종류에 비해 나은 편이다. 단백질이 풍부한 콩은 지속 가능성이 매우 높은 식재료 중 하나이다(콩과 작물은 질소를 고정해 토양의 질을 개선한다.). 한 연구 집단은 미국인의 식단에서 소고기를 콩으로 대체하는 간단한 변화만으로 미국의 온실가스 저감 목표치의 75%를 달성할 수 있다고 주장한다.[32] 식품 가공의 과정도 에너지를 필요로 하지만, 두유, 두부, 베지 버거와 같은 가공식품들은 동물성 식품에 비해 여전히 훨씬 적은 온실가스를 생산한다. 소고기로 만든 버거를 베지 버거로 대체하면 결국 환경에 상당한 이득을 가져다주게 된다.[33]

동물 권리, 인권, 기후 변화, 그리고 비건 식단

비건 식단을 향한 모든 발걸음은 잔혹한 동물 학대와 지구 파괴를 막는 데 기여한다. 특히 미국과 같은 선진국 사람들은 더욱 큰 영향력을 가진다. 우리는 개발도상국 사람들의 2배에 가까운 양의 육류를 소비한다. 우리의 식습관은 먹거리에 관한 선택권이 많지 않은 사람들, 식량과 물 부족 문제에 취약한 사람들, 그리고 기후 변화에 대응할 자원이 풍부하지 않은 사람들에게 영향을 미친다. 이는 식량에 관한 선택권을 가진 이들이 일종의 특권을 가지고 있다는 것을 의미한다. 우리가 먹는 모든 음식은 지구상의 동물과 사람에게 변화를 가져다 줄 수 있다.

제2장

변화의 시도

지금까지 우리가 먹어본 최고의 음식일 수도 있을 육류와 유제품의 섭취를 멈춘다면, 우리는 무엇을 먹을 수 있을까?

특정 음식을 메뉴에서 통째로 제외시키는 것은 매우 제한적인 식단처럼 느껴질 수 있다. 하지만 많은 사람들이 비건이 되자마자 바삭한 인도네시아식 바비큐 템페, 모로코식 병아리콩 스튜, 태국식 땅콩 소스, 캐슈넛 크림치즈 케이크와 같은 다양한 음식을 시도하면서 오히려 음식을 보는 시야를 넓히곤 한다. 비건이 되는 것은 전혀 지루한 일이 아니다.

하지만 이국적인 음식을 좋아하지 않는 사람은 어떻게 해야 할까? 만약 우리가 이런 별도의 레시피를 시도하고 싶지 않다거나 그럴 시간이 충분하지 않다면? 그래도 문제될 것이 없다.

우리는 마리나라 소스(토마토, 마늘, 허브, 양파로 만든 이탈리아식 토마토소스 - 편집자) 스파게티와 같이 이미 오랜 시간 즐겨온 간편 식품이나, 손쉬운 조리법으로도 충분히 건강하고 맛있는 비건 식단을 실천할 수 있다.

다양한 요리책과 요리 관련 웹사이트에서는 부엌에서 새로운 것을 시도해보고 싶어하는 사람을 위한 훌륭한 레시피를 제공한다. 하지만 이런 요리책 없이도 행복하고 건강한 비건이 될 수 있다. 감자를 굽거나 양파, 살사 등을 이용해서 콩에 맛을 더하고, 데친 시금치로 식탁을 더욱 풍성하게 하는 데에는 많은 기술이 필요하지 않기 때문이다. 비건이냐 아니냐를 떠나, 사람들이 만드는 모든 요리의 대부분은 제법 간편하고 그리 복잡한 작업을 요하지 않는다.

시작하기

훌륭한 비건 식단을 만들고, 우리가 좋아했던 음식의 대용품을 찾는 것은 어려운 일이 아니다. 물론 우리가 비건이라고 생각하는 식단을 완전히 실천할 수 있게 되기까지는 제법 시간이 걸린다. 그러나 차근차근 한 번에 한 걸음씩 꾸준히 내딛는다면, 비건을 향한 길은 즐거운 모험이 될 것이다.

어떤 사람은 하루아침에 비건 식단과 생활 방식에 빠져들지만, 많은 시험을 통해 점진적인 변화를 이루어 나가는 사람도 있다. 이러한 변화에는 여러 가지 방법이 있을 수 있으며, 무엇이 더 합리적이고 실용적인지에 대한 판단은 사람마다 다르다. 비건이 되기 위한 첫 단계가 육류의 섭취를 제한하고 대신 달걀과 유제품을 먹는 것이라고 생각할 필요는 없다. 물론 그렇게 시작하는 사람도 있고, 이는 충분히 좋은 일이다. 하지만 그것만이 동물성 식품의 섭취를 줄이는 최선의 방법은 아니다.

이 장에서는 채식에 관한 크고 작은 변화들을 다양하게 다루고, 우리가 시도할 수 있는 여러 가지 요리 및 식사 방식을 제시하고자 한다. 우선 가장 현실적으로 보이는 방법을 선택하고 나에게 맞는 속도로 꾸준히 변화를 시도해보면 큰 도움이 될 것이다.

쉽고 간단한 대체품 찾기

우리는 요리나 식단에 관한 전문적인 지식 없이도 많은 변화를 만들어낼 수 있다. 식사 준비 과정에 큰 변화를 주지 않으면서 즉시 동물성 식품의 섭취를 줄이는 것이 가능한데, 우선 마요네즈를 비건 마요네즈로 교체하고, 비건 샐러드 드레싱을 선택하고, 일부 식재료를 비건으로 대체해보자. 또한 치킨 스톡을 채소 스톡으로 교체하는 것도 실천하기 쉬운 변화 중 하나이다. 우스터 소스는 저염 제품을 사용하는 것이 좋다. 저염

성공의 열쇠

당신은 비건 식단을 시도했다가 실천이 너무 어려워서, 기대하는 효과를 얻지 못해서, 혹은 건강 문제로 포기한 사람을 본 적이 있을 것이다. 이는 매우 안타까운 일이다. 식품을 선택하기 위한 기본적인 지식과 합리적인 기대 및 약간의 지원이 있었더라면, 비건 식단을 유지하는 것은 훨씬 더 쉬운 일이었을 것이다. 아래의 팁은 이제 막 비건 식단을 시작하려 하거나, 이미 오랜 기간 동안 비건을 실천해왔던 사람들 모두에게 도움을 줄 수 있다.

영양에 대해 공부하자. 비건 식단을 진행하면서 비타민 D나 비타민 B12가 부족해지거나, 충분한 양의 단백질 및 지방을 섭취하지 않으면 건강이 나빠질 수 있다. 필요한 영양소가 무엇인지를 아는 것은 어렵지 않지만, 정말 알아야 할 것은 이를 어떻게 섭취하는가이다. 이 책은 비건 식단을 건강하게 유지하기 위해 알아야 할 모든 것을 다루고 있다. 10장은 이를 위한 기본 지침서로 관련한 모든 유용한 정보가 요약되어 있다. 만약 당신이 해당 지침을 충실하게 따른다면, 현재 필요한 모든 영양소를 충분히 섭취하고 있는가에 관한 걱정은 하지 않아도 될 것이다.

비건 윤리의 이득을 누리자. 비건을 시작하면서 당신은 환영할 만한 건강상의 변화를 겪게 될 것이다. 비건 식단은 낮은 혈압, 콜레스테롤 수치와 연관이 있다. 어떤 이는 체중이 줄어들기도 한다. 하지만 만약 이러한 이점을 얻지 못하거나 혹은 기대에 미치지 못한다 해도, 이는 비건 식단이 효과가 없다는 뜻은 아니다. 비건 식단은 동물 착취를 방지하고 탄소 발자국을 줄이기 때문에 항상 옳다. 세상의 어떤 다른 식단도 이러한 효과를 가져오지는 못한다. 비거니즘이 가져다주는 이점에 초점을 맞추다 보면, 비건을 장기간 실천하는 데에 도움이 될 것이다.

동물성 식품의 섭취를 그만두는 느낌에 관해 걱정하지 말자. 동물성 식품의 섭취를 멈춘다고 해서, 디톡스 증상이나 특정 종류의 금단 증상을 느끼게 되는 것은 아니다. 때때로 치즈나 아이스크림 같은 음식에 유혹을 느낄 수도 있지만, 이러한 음식이 실제 중독성을 가진 것은 아니다. 당신은 결국 만족스러운 비건 대안을 찾아낼 수 있을 것이다.

다양한 비건 음식을 즐기자. 우리는 이 책의 전반에 걸쳐 '자연 상태 식물성 식품(whole plant foods)'의 다양한 활용법을 제안할 것이다. 하지만 그것이 다른 음식의 금지를 의미하지는 않는다. 건강한 비건이 되기 위해 반드시 무지방 식단이나 생식을 실천해야 하는 것도 아니다. 정제된 곡물과 좀 더 가공된 식품들을 즐기는 것 또한 문제가 되지 않는다. 이러한 식품이 꼭 우리의 건강을 해치는 것은 아니며, 오히려 우리의 식단을 더 재미있고 즐겁게 만들어주기도 한다.

사소한 것에 관해 걱정하지 말자. 백설탕이나 메이플 시럽처럼 식물성 식품으로 보이는 음식이 동물성 재료와 함께 가공되는 경우도 있다. 일부 식품 첨가물과 식용 색소는 식물성일 수도 동물성일 수도 있으며, 우리가 먹는 것이 어느 쪽인지 알 수 없을 때도 있다. 이러한 음식을 가급적 피하려 하는 비건도 있지만, 모두가 꼭 그래야만 하는 것은 아니다. 극히 일부의 동물 성분까지 피하려는 노력이 우리의 식단을 더 건강하게 만들어주지는 않는다. 또한 그것이 동물의 고통을 줄이거나 환경을 보호하는 데 유의미한 도움을 주는 것도 아니다. 이는 그저 비건 식단에 더 많은 제한을 가져오고, 더 많은 시간을 쓰며, 실천을 더 어렵게 만든다. 사소한 디테일에 지나치게 연연하는 것은, 결국 비건 식단의 실천이 너무 고되다는 생각을 들게 한다. 이러한 사소한 부분까지 신경을 써야 한다 말하는 것은 사람들로 하여금 비거니즘을 시도하고자 하는 의욕을 꺾게 만든다.

발전을 높이 사되, 완벽하지 못함을 걱정하지 말자. 아무리 노력해도, 때때로 시행착오를 겪게 되기 마련이다. 많은 사람들이 사회 생활이나 여행 중에 이런 시행착오를 겪고는 한다. 간혹 음식에 대해 잘못된 선택을 내리게 되더라도, 그로 인해 지금까지의 노력이 수포로 돌아가는 것은 아니다. 오히려 당신이 실천해온 변화를 칭찬하고, 앞으로 계속 나아갈 수 있도록 스스로를 격려하는 것이 중요하다. 비건 실천은 시간이 지남에 따라 더욱 쉬워질 것이다.

도움을 요청하자. 어떤 사람들은 비건이 되는 과정에서 고립감을 느낀다. 이런 경우, 지역 비건 단체나 온라인 모임에서 도움을 받을 수 있다. 모임 활동을 통해 직장에 도시락으로 무엇을 가져갈지, 자녀의 선생님에게 자녀의 식단에 대해 어떻게 이야기를 하는 것이 좋을지, 친구와 가족들의 질문에 어떻게 대답해야 하는지 등의 관련 문제에 다양한 도움을 받을 수 있다.

소스는 건강에 더 좋을 뿐만 아니라, 대부분의 경우 안초비를 함유하지 않기 때문이다.

또 다른 가장 실천하기 쉬운 변화 중 하나는 우유를 식물성 대체유로 대체하는 것이다. 식물성 대체유는 우유와 동일하게 사용하기만 하면 되기에, 이를 위해 무언가를 따로 배울 필요도 없다. 그저 아침에 시리얼을 먹을 때 우유 대신 아몬드 대체유나 귀리 대체유를 붓기만 하면 된다. 식물성 대체유를 빵이나 소스를 만드는 데 사용할 수도 있다. 시중에는 다양한 식물성 대체유가 판매되고 있기 때문에, 입맛에 맞는 종류의 대체유를 찾으면 된다. 대두, 쌀, 귀리, 호두, 아마씨, 헴프씨드, 완두단백, 아몬드 등으로 만든 식물성 대체유를 시리얼과 함께 먹거나, 빵이나 초코 푸딩을 만드는 데 사용하거나, 쿠키와 함께 즐길 수도 있다. 칼슘이 추가된 제품을 찾아보는 것도 좋다. 맛이 마음에 들지 않으면 다른 종류를 시도해보면 된다.

비건 대체육 찾기

만약 당신이 '고기맛'이 나는 무언가를 먹고 싶다면, 비건을 위한 선택지는 매우 다양하다. 비건 전문점뿐만 아니라 일반 식료품점의 냉동고와 냉장고에서 다양한 제품을 찾아볼 수 있다. 베지 버거, 소시지, 핫도그, 샌드위치 햄, 페퍼로니, 캐나다식 베이컨, 풀드포크, 치킨너겟, 다짐육 등 다양한 종류의 비건 제품이 시중에 판매되고 있다. 사람들의 입맛은 다양하기 때문에, 나와 내 가족이 좋아할만한 제품을 찾아 끊임없이 시도해보는 것이 중요하다. 가딘(Gardein), 필드로스트(Field Roast), 토퍼키(Tofurky), 라이트라이프(Lightlife), 비욘드 미트(Beyond Meat), 임파서블푸드(Impossible Foods), 이브스(Yves) 등 다양한 브랜드의 제품을 찾아볼 수 있다.

두부와 템페는 가장 전통적인 육류 대체품이다. 본 책의 80~85쪽에 있는 '대두 식품에 대한 기본 지침' 부분에서는 이러한 아시아 음식의 주재료에 관해 더 자세히 다루고 있다. 이 두 식재료 모두 깍둑썰기해서 굽거나 튀긴 후, 바비큐 소스, 태국 땅콩 소스, 데리야키 소스 등 다양한 소스를 곁들여 익힌 채소, 밥과 함께 내면 된다.

새로운 비건 유제품 만나기

과거의 비건 치즈는 맛, 식감, 질감 등에서 다소 아쉬운 점이 있었으나 이는 이제 모두 옛말이 되었다. 일반 마트에서도 체다, 파마산, 리코타, 모짜렐라, 까망베르와 같은 다양한 치즈의 맛을 모방한 비건 치즈를 만나는 일이 점점 쉬워지고 있으

육류 섭취 줄이기: 어떻게 시작해야 할까

만약 당신이 비건으로 향하는 첫 걸음을 육류 섭취 줄이기로 시작하려 한다면, 붉은 고기의 섭취를 중단하는 것이 가장 논리적으로 보일지 모른다. 인간은 소나 돼지와 같은 포유동물에 좀 더 공감하는 경향이 있으며, 새나 물고기를 먹는 것에 덜 불편함을 느낀다. 그리고 물론 건강과 환경을 생각하는 마음에서 많은 사람들이 스테이크나 폭찹 같은 육류 메뉴의 소비를 줄이고자 노력하고 있다. 하지만 어떤 면에서는, 닭과 같은 작은 동물의 소비를 먼저 중단하는 것이 더 타당하다. 소 1마리와 같은 양의 음식을 얻기 위해서는 약 200마리의 닭이 필요하므로 닭의 소비를 중단하는 것이 더 많은 동물들에게 영향을 미치게 되는 것이다. 그리고 우리가 양계장의 사례에서 보았다시피, 이러한 작은 동물들에 대한 처우는 특히나 더 잔인하다.

그렇다고 해서 비건으로의 전환 과정에 최선의 방법이 단 하나만 존재한다는 뜻은 아니다. 우리가 동물성 식품의 섭취를 줄이거나 중단하기 위해 실천하는 모든 행동은 변화를 가져오고, 동물 권리를 지지하고자 하는 목소리를 내는 하나의 방법이다. 하지만 가장 영향력이 큰 방법 중 하나를 선택하고 싶다면 닭의 소비를 줄이는 것을 생각해보자.

며, 심지어 그 맛도 계속 발전하고 있다. 그 중에는 훌륭한 와인이 있는 파티에 어울릴 만한 숙성, 발효 치즈도 있고, 그릴드 치즈 샌드위치처럼 아이들이 좋아할만한 메뉴를 위한 제품도 있다.

이들 중 일부는 우유 단백질인 카제인을 함유하고 있으나, 대부분은 완전한 비건 치즈다. 팔로우유어하트(Follow Your Heart), 바이오라이프(Violife), 비건고메(Vegan Gourmet), 다이야(Daiya), 필드로스트 등의 회사에서 생산하는 치즈나, 미요코크리머리(Miyoko's Creamery), 카이트힐(Kite Hill), 트리라인(Treeline)과 같은 회사의 발효 치즈를 찾아볼 것을 권한다.

아래는 유제품의 섭취를 단계적으로 줄일 수 있는 방법들이다.

- 베이글에 일반 크림치즈 대신 비유제품 크림치즈를 곁들인다.
- 수프나 부리토에 비건 사워크림을 곁들여 먹는다.
- 두유를 이용해 카푸치노를 만든다.
- 비건 아이스크림 등 다양한 종류의 비유제품 빙과류를 즐긴다.
- 유제품 대신 꼭 비건용 대체품을 사용할 필요는 없다. 빵에 버터 대신 아몬드버터나 으깬 아보카도를 발라 먹는 것은 새로운 맛과 건강을 위한 좋은 시도가 될 것이다. 캐슈넛을 물에 불려 레몬주스, 소금, 올리브 오일과 함께 갈면 쉽고 간편한 치즈 스프레드가 된다.

열 가지 훌륭한 비건 메뉴 찾기

우리가 이미 알고 있는 것부터 시작하면 된다. 우리가 진작부터 즐기던 비건 메뉴에는 무엇이 있으며, 한두 가지를 바꿔봄으로써 비건 메뉴가 될 수 있는 것에는 무엇이 있을까? 마리나라 소스 스파게티나 토마토수프에 우유 대신 두유를 사용할 수도 있고, 통조림 소스와 비건 다짐육으로 슬로피 조(Sloppy Joes, 고기를 다져 토마토소스로 맛을 낸 것으로 버거 빵 등의 빵 안에 넣어 먹는다. –편집자)를 만들어볼 수도 있겠다.

그다음으로 요리책, 인터넷, 혹은 자신만의 레시피를 토대로 내가 좋아하고 쉽게 만들 수 있을 법한 일곱 가지에서 열 가지 정도의 저녁 메뉴를 생각해본다. 비건 메뉴로도 잡식인이 즐기는 것만큼이나 다양한 종류의 메뉴를 구성하는 것이 가능하며, 대부분의 사람들은 자신이 좋아하는 메뉴를 약 열흘 간격으로 섭취할 때 행복을 느낀다. 시간이 흐름에 따라 이들 메뉴 중 일부는 싫증이 나기 시작하고 다른 메뉴를 찾게 되겠지만, 당장은 이 간단한 리스트만으로도 비건으로서의 첫 한 달을 나기는 충분할 것이다.

간편 식품 적극 활용하기

비건 식단을 위해 모두가 꼭 수준 높고 창의적인 요리사가 될 필요는 없다. 감자를 굽고, 현미밥을 짓고, 채소를 찌는 등의 기본기를 알고 있다면 더욱 좋겠지만, 이는 사실 어떤 종류의 식단을 택하든 알고 있어야 하는 내용일 뿐이다.

누구든 아래의 열 가지 비건 식사를 만들어볼 수 있다.

- 구운 감자에 비건 베이크드 빈, 잘게 찢은 비건 치즈를 얹고, 올리브 오일에 볶은 시금치를 곁들인다.
- 샐러드를 곁들인 베지 버거
- 파스타 샐러드: 익힌 파스타 면과 병아리콩 통조림, 양파, 잘게 썬 채소, 비건 마요네즈를 함께 버무린다.
- 부리토: 따뜻한 토르티야에 남은 콩이나 비건 리프라이드 빈 통조림을 숟가락으로 떠서 얹고 말아준 뒤, 다진 토마토와 과카몰리를 얹어 먹는다.
- 기성품 병 소스에 볶은 채소나 콩소시지 등을 추가해 파스타를 만든다.
- 잘게 부순 베지 버거를 넣은 칠리 빈 덮밥과 찐 당근을 함께 낸다.
- 수프와 샐러드: 프로그레소(Progresso)는 비건 렌틸콩 수프를 만든다. 캠벨(Campbell's)의 토마토 수프 역시 비건이다. 여기에 어떤 종류든 상관없이 식물성 대체유를 추가하자. 파스타, 밥, 콩 등과 함께하면 더욱 건강한 한끼 식사가 된다.
- 타코 샐러드: 채소, 다진 토마토, 다진 양파, 물에 헹군 검

은콩 통조림, 익힌 옥수수, 깍둑썰기한 아보카도를 다 함께 버무린다. 드레싱으로 올리브 오일과 라임주스 혹은 레몬주스를 뿌리고 토르티야 칩을 잘게 부숴 올려준다.

- 두부 채소 볶음: 단단한 두부를 준비한 땅콩소스나 데리야끼 소스에 재운 후 채소와 함께 볶아 밥이나 국수 위에 올려 낸다.
- 통곡물 샐러드: 조리하고 남은 곡물을 사용하기에 유용한 메뉴이다. 현미, 쿠스쿠스, 보리, 혹은 기타 남은 식재료와 다진 양파, 익힌 완두콩 및 옥수수, 해바라기씨, 물에 헹군 콩 통조림을 함께 버무려준다. 그 후 좋아하는 드레싱을 곁들이거나, 올리브 오일 및 레몬주스를 뿌려 먹는다.

세계 요리에 관심 가지기

요리와 건강의 관점에서 볼 때, 세상에서 가장 훌륭한 식습관의 일부는 식물성 식품에 기반을 두고 있다. 이탈리아, 인도, 멕시코, 중국, 태국 등 여러 국가의 요리에 조금 더 관심을 기울이면, 더욱 다양한 비건 요리 세계로의 문이 열릴 것이다. 시중의 요리책이나 온라인을 통해 곡물, 견과류, 건과일 등으로 만든 파스타, 국수, 커리, 볶음, 필라프 등의 레시피를 찾아보자. 또한 외식을 위해 다양한 비건 요리를 제공하는 세계 각국의 전통 음식점을 찾아놓는 것도 좋다.

콩 요리 시도하기

대부분의 미국인은 성장기에 콩을 먹지 않는데, 이는 매우 안타까운 일이다. 콩은 놀랍도록 영양가 있는 식품이며, 세계에서 가장 저렴하면서도 풍부한 단백질 공급원 중 하나이기 때문이다. 바로 이러한 이유로 콩은 거의 모든 문화권의 식단에서 한몫을 하고 있다. 만일 아직 콩을 직접 요리할 만큼 준비가 되지 않았다면, 통조림 제품을 사용하는 것도 방법이다. 베이크드 빈(시중에서 다양한 비건 통조림을 구할 수 있다.), 콩 부리토, 렌틸콩 수프, 완두콩 수프와 같은 익숙한 요리로 콩 요리를 시작해보면 좋을 것이다.

콩 요리에 좀 더 익숙해지기 위한 좋은 방법 중 하나는 다른 나라의 콩 조리법을 시도해보는 것이다. 진한 토마토소스에 삶은 병아리콩을 곁들인 파스타와 키안티 한 잔은 시칠리아 전통의 맛을 살린 훌륭한 한 끼가 된다. 또한 마늘을 넣은 쿠바식 검정콩 요리, 인도식 매운 렌틸콩 커리, 중동식 레몬 병아리콩 후무스 등도 색다르고 훌륭한 콩 요리이다. 장담하건대, 콩 요리는 절대 지루하지 않다.

콩으로 무엇을 만들 수 있을까

익힌 콩으로 맛있는 요리를 만드는 것은 간단한 일이다. 여기에서는 아주 간단하고 빠른 콩 요리 방법 몇 가지를 공유하고자 한다. 이 요리들의 대부분은 밥이나 다른 익힌 곡물, 혹은 구운 감자 등에 올려 낼 수도 있다.

검정콩, 핀토콩, 강낭콩

- 멕시코식 콩 요리: 익힌 콩 1컵에 살사 소스 1/4컵, 옥수수 알 1/4컵을 넣고 섞어준다. 잘게 부순 견과류, 비건(대두) 치즈 혹은 잘게 썬 아보카도를 토마토와 함께 밥 위에 올리고 데운다.
- 지중해식 콩 요리: 다진 양파 1/2컵과 셀러리 줄기 2개를 올리브 오일 3큰술과 함께 부드러워질 때까지 볶는다. 물에 헹군 통조림 콩 2캔이나 익힌 콩 3컵, 얇게 썬 피멘토 그린 올리브 4온스, 잘게 썬 고추 4온스를 넣고 섞어준다.

흰콩(그레이트 노던 빈, 베이비 리마콩, 카넬리니 콩)

- 버섯 콩 요리: 올리브 오일 2큰술에 얇게 썬 버섯 1 1/2컵을 넣고 볶는다. 익힌 콩 3컵을 넣고 후추, 갓 짠 레몬주스로 양념한다. 토마토 통조림이나 다진 토마토를 넣어도 좋다.
- 바비큐 소스 콩 요리: 각 1컵의 익힌 콩에 바비큐 소스 3큰술을 넣고 섞어준다.
- 토마토소스 콩 요리: 각 1컵의 익힌 콩에 준비한 아라비아따 파스타 소스 3큰술을 넣고 섞어준다.

- 무화과를 곁들인 이탈리아식 콩 요리: 올리브 오일 1큰술에 다진 양파 1/4컵과 1쪽 분량의 다진 마늘을 넣고 볶아준다. 익힌 콩 3컵과 말린 무화과 1/2컵을 넣고, 말린 바질 1작은술, 로즈마리 1작은술로 양념한다.
- 호핑 존: 올리브 오일 3큰술에 다진 양파 1컵과 2쪽 분량의 다진 마늘을 넣고 볶아준다. 익힌 콩 4컵과 1/4작은술의 카이옌 페퍼 파우더를 넣는다. 잘게 썬 비건용 베이컨 1/4컵을 추가해도 좋다.
- 사과와 소시지를 곁들인 콩 요리: 올리브 오일 2큰술에 다진 양파 1/2컵을 넣고 볶는다. 익힌 콩 3컵, 깍둑썰기한 사과 1개, 잘게 조각낸 비건 소시지 4온스를 넣고 사과가 부드러워질 때까지 푹 끓인다.

모든 종류의 콩 요리

- 슬로피 조: 익힌 콩 2컵에 슬로피 조 소스 15온스를 넣고 끓인 후, 통밀 버거 빵 위에 올려 낸다.
- 콩 감자 수프: 다진 양파 1컵, 2쪽 분량의 다진 마늘을 2큰술의 올리브 오일과 함께 볶는다. 깍둑썰기한 감자 2컵, 익힌 콩 2컵, 채수 8컵을 넣고 감자가 익을 때까지 약 20분간 뭉근히 끓여준 후, 바질과 오레가노를 추가한다.
- 콩 곡물 샐러드: 익힌 곡물 3컵과 익힌 콩 1컵을 섞어준

후 시판용이나 직접 만든 샐러드 드레싱으로 맛을 낸다. 더욱 풍부한 맛과 식감을 위해 다진 양파, 다진 셀러리, 건크랜베리나 건포도, 잘게 썬 당근을 각 1/4컵 넣어준다.

부족한 맛 채우기: 감칠맛의 힘

만일 당신이 식단에서 특정 동물성 제품을 제외하는 데 어려움을 겪고 있다면, 이는 감칠맛 때문일 가능성이 높다. 감칠맛은 짠맛, 단맛, 쓴맛, 신맛에 이은 다섯 번째 맛이라 불리는데, 숙성된 치즈 같은 식품은 풍부한 감칠맛을 가지고 있다. 감칠맛이 처음 발견된 것은 100년도 더 전의 일이지만, 감칠맛이 왜 그토록 사람들의 사랑을 받는지에 관한 과학자들의 연구는 아직도 진행 중이다. 어쩌면 모유에 감칠맛이 함유되어 있기 때문인지도 모른다.

다행히도 비건 식단에 감칠맛을 추가하는 것은 어려운 일이 아니다. 감칠맛이 풍부한 식재료로는 잘 익은 토마토나 토마토 페이스트, 케첩, 선 드라이드 토마토와 같은 농축 토마토 제품이 있다. 또한 미소나 타마리와 같은 발효 대두 제품, 마마이트, 뉴트리셔널 이스트와 같은 농축 효모 제품, 와인, 우메보시, 우메보시 식초, 사우어크라우트, 발사믹 식초, 올리브, 말린 버섯, 말린 해초 등도 풍부한 감칠맛을 가지고 있다. 사실 감칠맛은 한 과학자가 식용 해초의 한 종류인 다시마에서 가장 먼저 발견했다.

오븐구이, 직화구이, 캐러멜라이징과 같은 특정 요리법은 음식의 감칠맛을 한껏 이끌어낸다. 아래 제시하는 팁을 이용하면 음식에 감칠맛을 더할 수 있다.

- 스크램블드 두부, 콩, 채소, 파스타 등의 요리에 뉴트리셔널 이스트를 첨가한다. 견과류를 섞은 뉴트리셔널 이스트는 약간의 소금과 함께 감칠맛이 풍부한 파마산 치즈 대체품이 될 수 있다.
- 채소를 발사믹 식초에 버무린 후에 굽는다.
- 익힌 콩과 선 드라이드 토마토를 섞어 샌드위치 스프레드를 만든다.
- 레드 와인, 미소, 발사믹 식초 혹은 다시마나 김 같은 식용 해초를 적당히 곁들인다.
- 콩 요리나 수프에 토마토 페이스트를 넣고 섞어준다.
- 올리브 타프나드를 파스타와 섞거나, 샌드위치에 펴 발라준다.

아침 식사에는 친숙하고 좋아하는 재료를 활용하자

많은 사람들이 매일 같은 아침 식사를 하지만, 주말에는 약간의 변화가 있을 수 있다. 식물성 대체유를 더한 시리얼, 견과류 버터 토스트, 주스와 과일은 모든 가족 구성원에게 적합한 매우 든든하고 건강한 비건 아침 식사이다. 오버나이트 오트밀(오트밀에 견과류나 과일 등의 토핑을 곁들여 섞은 뒤 우유나 요거트를 부어 냉장 보관해둔 것-편집자)은 일반적인 아침 식사 메뉴 중 하나로, 요거트나 우유를 비유제품 요거트나 식물성 대체유로 대체하면 된다. 팬케이크, 비건 프렌치 토스트, 스크램블드 두부 등은 좀 더 여유로운 주말 아침 식사를 위한 좋은 선택이다. 일반적인 아침 식사 메뉴를 벗어나는 것을 두려워할 필요는 없다. 베지 버거나 수프는 저녁 식사뿐만 아니라 아침 식사로도 훌륭하다.

비건 간식이나 디저트 찾기

비건 식단을 실천하다 보면 달걀이 들어가지 않는 빵을 직접 만들어보고 싶겠지만, 시중에 점점 많은 종류의 비건 제과제품 및 냉동 디저트 제품이 출시되고 있다. 전통적인 요리책에 있는 과일 크럼블과 크리스프 레시피들은 대부분 비건이며, 그렇지 않은 경우도 버터를 마가린이나 코코넛 오일로 대체해 쉽게 비건 레시피로 바꿀 수 있다.

많은 칩 과자들도 비건이며, 오레오와 같은 몇몇 유명 상표의 쿠키들 역시 비건이다(한국에서 판매되는 오레오에는 팜유가 들어간다.-편집자). 마트의 냉동식품 코너에서는 비건 빙과 제품도 찾아볼 수 있다. 벤앤제리(Ben and Jerry's), 하겐다즈(Häagen Dazs), 브라이어스(Breyers)와 같은 유명 아이스크림 업체들 역시 자신들만의 비건 레시피와 함께 비건 아이스크림 시장에 뛰어들었다.

달걀을 사용하지 않는 베이킹

달걀이 요리에서 각광을 받는 이유는 달걀의 기능적 역할 때문이다. 달걀은 베이킹에서 효모의 발효를 돕고, 베지 버거와 같은 풍미 있는 음식에서는 재료들을 결합시키는 역할을 한다. 하지만 이와 같은 특성을 가진 다른 재료와 달걀을 대체할 수 있는 효과적인 방법도 다양하게 존재한다.

비건 빵, 버거, 크로켓 등이 부스러지지 않게 하기 위해서는 밀가루, 빵가루, 혹은 압착 오트밀 등을 약간 추가하면 된다.

달걀을 사용하지 않는 베이킹의 경우, 통밀 가루 대신 더 가볍고 쉽게 발효되는 밀가루를 사용하면 더 나은 결과를 얻을 수 있다(좀 더 묵직한 느낌을 원한다면 통곡물을 사용하는 것도 좋다.).

1, 2개 분량의 달걀을 사용하는 레시피는 비건 버전으로 변환하기 쉽기 때문에 이런 레시피들을 찾아보는 것도 좋다. 대부분의 케이크 믹스는 비건 베이킹에 잘 맞는다. 팬케이크와 같이 많이 부풀릴 필요가 없는 음식은 달걀을 생략하고 물이나 두유 2큰술 정도를 추가하면 된다.

베이킹에서 달걀 1개는 아래와 같이 대체할 수 있다.

- 차가운 물 3큰술에 간 아마씨 1큰술을 넣고 끈적해질 때

까지 저어준다. 이는 날달걀의 점성과 비슷하다.

- 콩가루 1큰술과 물 3큰술을 섞어준다.
- 쉽게 가벼운 거품을 만들고자 한다면, 화이트 비니거 1큰술과 베이킹 소다 1큰술을 섞어주면 된다.

아쿠아파바의 발견

아쿠아파바는 병아리콩 통조림에서 나온 액체 또는 병아리콩을 삶은 후, 냉장실에 넣어 두었다가 병아리콩과 분리한 콩물을 말한다. 날달걀의 흰자와 비슷한 점성을 가진 아쿠아파바를 휘핑해 머랭, 파이용 토핑, 수제 마시멜로 등을 만들 수 있고, 베이킹에서도 달걀 대용으로 사용할 수 있다. 달걀 1개는 아쿠아파바 3큰술로 대체할 수 있다. 아쿠아파바의 더욱 다양한 활용법을 알고 싶다면, 페이스북에서 아쿠아파바 페이지(Vegan Meringue–Hits and Misses!)를 참조해도 좋다. 아쿠아파바의 활용에 대한 방대한 정보를 제공하는 요리책이 두 권 있는데, 하나는 아메리카스 테스트 키친(America's Test Kitchen)의 《모두를 위한 비건(Vegan for Everybody)》이고, 또 하나는 주 디버(Zsu Dever)의 《아쿠아파바(Aquafaba)》이다.

달걀이 없는 아침과 점심 식사

달걀의 대체품으로 두부만한 것이 없다. 으깬 두부를 버섯과 함께 식물성 마가린에 볶아 뉴트리셔널 이스트를 약간 뿌려주면 스크램블드 두부가 된다. 또한 두부를 다져서 양파, 셀러리, 비건 마요네즈와 함께 섞으면 비건 에그 샐러드를 만들 수 있다. 인도 식료품점이나 온라인에서 칼라 나마크라 불리는 검은 소금을 찾아보는 것도 좋다. 이 소금은 달걀 노른자와 비슷한 맛과 냄새를 가지고 있어서 스크램블드 두부나 비건 오믈렛에 사용할 수 있다. 저스트에그(Just Egg)는 액상형의 대체 달걀 제품으로 스크램블드 에그나 오믈렛을 만들 수 있다.

비건 음식의 포장

저녁 식사 및 집밥을 위한 비건 레시피는 수천 가지도 넘는다. 비건 레시피로 점심 도시락을 싸는 것 또한 가능하다. 만약 직장에 전자레인지가 있다면, 종이컵 등에 개별 포장된 인스턴트 수프나 미리 준비한 부리토를 먹을 수 있다. 주말 동안 큰 냄비에 수프나 콩을 요리하고 소분해 얼려둔 뒤, 직장에서 따뜻하게 데워 먹어도 좋다. 직장에 전자레인지가 구비되어 있지 않다면, 보온병에 콩, 수프, 혹은 스튜 등을 담아가면 된다.

만약 점심으로 샌드위치나 랩 종류를 선호한다면, 땅콩버터와 잼 외에도 다양한 비건 옵션이 존재한다. 아래는 초심자를 위한 열두 가지 아이디어이다.

- 아몬드버터와 얇게 썬 바나나
- 비건 마요네즈와 레몬주스를 약간 넣어 섞은 다진 병아리콩, 양파, 셀러리
- 비건 마요네즈, 토마토, 상추와 길게 썰어 구운 두부
- 얇게 썬 올리브와 적양파를 곁들인 캐슈 치즈 스프레드
- 머스타드를 곁들인 비건 볼로냐 소시지와 치즈 슬라이스
- 두부로 만든 비건 에그 샐러드
- 채 썬 당근과 건포도 샐러드를 곁들인 타히니
- 상추와 얇게 썬 토마토를 곁들인 호두 바질 페스토
- 커리 두부 스프레드
- 선 드라이드 토마토와 상추, 토마토, 아보카도를 넣은 흰 강낭콩 퓨레
- 채 썬 양배추와 타히니를 얹은 양파, 뉴트리셔널 이스트, 해바라기씨를 넣어 만든 렌틸콩 스프레드
- 흰 강낭콩과 아보카도를 함께 으깬 뒤 새싹 채소와 피클을 곁들인 것

끊임없는 학습

다양한 종류의 비건 제품들이 빠르게 퍼져나가고 있다. 특히 식물성 대체육 제품들은 패스트푸드점을 포함한 여러 식당 메뉴에 등장하고 있으며, 마트에서도 어렵지 않게 찾아볼 수 있다. 그에 따라 비건들이 외식을 하거나 집에서 간단한 요

리를 하는 일이 그 어느 때보다 더 쉬워졌다. 끊임없는 탐색, 실험, 경험을 통해 메뉴를 발전시켜 나간다면, 메뉴를 계획하는 데 있어 더 나은 답을 찾게 될 것이다. 오래 비건을 실천해 온 사람들 또한 새로운 제품의 등장과 변화하는 삶에 따라 자신들의 식단과 메뉴가 발전한다는 사실을 알게 된다. 친구와의 만남, 업무상의 미팅, 자녀의 생일 파티 등을 위한 식당을 미리 찾아놓는 것도 좋다. 지역 비건 모임이나 인터넷을 통해 파티나 가족 모임에 관한 풍부한 아이디어 또한 얻을 수 있다.

한정된 예산의 비건 식단

비건으로의 전환이 곧 절약으로 이어지는 것은 아니지만, 정해진 예산으로 건강하고 즐거운 식단을 계획하는 일은 어렵지 않다. 중요한 것은 균형이다. 식비를 절감하는 가장 좋은 방법은 외식을 줄이고, 가격이 비싼 간편 식품의 섭취를 제한하는 것이다. 하지만 이는 요리에 더 많은 시간을 할애해야 함을 의미하며, 모든 사람들이 매 끼니를 직접 요리할 시간과 여력을 가진 것은 아니다. 다음은 부엌에서 긴 시간을 보내지 않고도 식비를 절약할 수 있는 몇 가지 팁이다.

- 몇 끼 분량의 요리를 만들기에 충분한 양의 콩과 곡물을

한 번에 조리한다. 남은 콩을 매번 같은 요리로 먹을 필요는 없다. 첫 날은 검정콩을 밥 위에 내고, 다음 날은 옥수수, 살사 소스와 섞어 옥수수 토르티야에 싸 랩 샌드위치를 만들 수 있다. 남은 콩이 더 있다면 셋째 날에는 토마토 통조림을 넣고 조리해 저녁을 만든다. 또는 병아리콩을 한 냄비 끓여 익힌 후, 그 중 절반은 샌드위치용 후무스를 만들고 나머지 절반은 파스타와 콩 수프에 넣는다. 콩의 다양한 활용으로 일주일 내내 지루하지 않게 다양한 음식을 만들어 즐길 수 있다. 또한 콩을 한 번에 조리한 뒤 소분해 냉동 보관할 수도 있다.

- 가격이 높은 재료를 최대한 활용한다. 특히 견과류는 비교적 가격대가 높지만, 적은 양으로도 큰 효과를 낼 수 있다. 간 견과류 1큰술을 익힌 곡물에 곁들이면 적은 비용으로도 풍미를 더할 수 있다. 선 드라이드 토마토, 올리브, 커리 페이스트와 같은 식재료 역시 마찬가지다.
- 양이 얼마가 되든 남는 음식은 보관한다. 만약 익힌 곡물이 1/4컵 정도 남았다면, 채 썬 당근 약간, 타히니 약간을 넣어 섞어주고 통밀 토르티야에 넣어 랩 샌드위치를 만든다. 냉장고에 남은 잡다한 재료들은 샐러드나 수프에 한꺼번에 넣는다.
- 냉동 채소는 영양이 풍부하고 신선하면서도 비용이 적게 드는 만큼 항상 구비해두는 것이 좋다. 냉동 채소가 있

으면 따로 장을 보지 않고도 쉽고 빠르게 저녁을 요리할 수 있다. 만약 현재 다 사용하지 못할 만큼의 채소가 있다면 나중에 사용할 수 있도록 적당히 썰어 냉동 보관한다.

- 많은 제과점은 만든 지 하루가 지난 빵과 제과 제품을 할인 판매한다. 동네의 빵집이나 할인점에서 빵을 대량 구입해 냉동 보관해둔다.
- 토마토 페이스트나 코코넛 밀크 같은 남은 통조림 재료를 소분해 얼려둔다. 이러한 재료를 소분해 냉동 보관하기 위해 한 두 개 정도의 각얼음 트레이를 구비하는 것도 좋다.
- 만약 거주하고 있는 동네에 아시아, 중동, 혹은 인도 식료품점이 있다면, 더 저렴한 가격으로 '특산품'을 구할 수 있다. 타히니, 템페와 같은 비교적 높은 가격의 비건 재료를 더욱 저렴한 가격에 구입함으로써 비용을 절감할 수 있다.
- 내가 거주하는 곳의 지역사회 농업단체(한국에서는 언니네텃밭, 농부시장 마르쉐, 어글리어스 마켓, 한살림, 두레생협 등의 장터나 생협이 이와 유사하다. - 편집자)를 찾아보고 나에게 맞는지 확인해본다. 이곳에서 제공하는 프로그램을 통해 내가 거주하는 지역의 농장에서 특정 제품을 구입할 수도 있는데, 이는 지역 소농가를 지원하고 양질의 농산물

을 구입할 수 있는 좋은 방법이지만, 경우에 따라 가격이 저렴하지 않을 수도 있다.

- 만약 처음부터 요리를 만드는 것이 부담스럽다면, 비용 절감에 도움이 되면서도 만들기를 즐길 수 있을만한 (혹은 만들기가 꺼려지지 않는) 제품을 찾아보는 것도 좋다. 직접 케이크와 쿠키를 만드는 것만으로도 많은 돈을 절약할 수 있다. 밀 글루텐을 이용해 직접 세이탄(seitan, 밀 글루텐으로 만드는 일종의 대체육-편집자)을 만들어 적지 않은 돈을 절약할 수 있으며, 생각보다 만들기도 쉽다. 몇 달에 한 번 대량으로 만들어 냉동 보관하면 된다. 또 다른 방법은 샐러드 드레싱, 땅콩 소스, 후무스 등을 직접 만드는 것이다.
- 마당이나 테라스, 베란다에 해가 잘 드는 장소가 있다면, 채소를 직접 길러볼 수도 있다. 토마토, 상추 등의 채소는 모두 화분에서 기를 수 있다. 케일이나 근대와 같은 잎채소는 여름부터 가을까지 수확 가능하다. 신선한 허브는 고가의 식재료이므로, 허브로 요리하기를 좋아한다면 마당이나 창가의 화분을 이용해 작은 허브 정원을 만드는 것이 좋다.

잡식인을 위한 모든 일반적인 조언은 비건 식품의 구입에 적용 가능하다. 장보기 전에 리스트를 작성할 것, 제철 음식을 구입할 것, 특가 상품을 찾을 것, 충동구매를 자제할 것, 창고형 할인 매장의 이점을 활용할 것 등이다.

대두 식품에 대한 기본 지침

비건 식단에 대두 식품이 꼭 포함되어야 하는 것은 아니지만, 대두는 다양한 활용이 가능하고 영양이 풍부해 많은 비건들이 식단의 주재료로 삼고 있다. 대두는 아시아 국가에서 오랜 역사를 가지고 있으며, 지난 수십 년 동안 많은 연구가 진행되어 왔다. 이 책의 9장에서는 대두의 영양, 건강, 안전 문제에 대해 자세히 다룬다. 여기에서는 가장 일반적으로 소비되는 대두 식품에 관한 간단한 설명을 하고자 한다.

대두: 대두는 일반적으로 황갈색을 띠지만, 검정색이나 갈색을 띠기도 한다. 대두는 단백질, 섬유질, 칼슘, 철분, 엽산의 좋은 공급원이다. 익힌 대두는 토마토소스나 매운 음식과 잘 어울린다.

에다마메: 에다마메는 약 75% 정도만 익은 대두를 미리 수확한 것으로, 아직 초록색을 띠며 대두의 영양분을 모두 가지고 있으나 맛은 훨씬 부드럽다. 일본에서 껍질째 삶은 에다마

메는 인기 있는 맥주 안주이다. 에다마메는 15분 정도 익혀 그 자체로 먹거나, 곡물 샐러드에 넣을 수도 있고, 후무스에 맛의 변화를 주기 위해 사용할 수도 있다. 에다마메는 단백질, 섬유질, 칼슘의 좋은 공급원이다.

소이넛: 마른 대두를 물에 불린 후 볶은 것으로, 간식이나 샐러드 토핑으로 적당하다. 상대적으로 지방과 열량이 높으며, 단백질과 칼슘의 좋은 공급원이다.

두유: 대두에서 추출한 식물성 대체유이다. 단백질의 좋은 공급원이며, 칼슘, 비타민 D, 비타민 B12, 그리고 때로는 리보플라빈 등을 첨가하기도 한다(이러한 영양소가 첨가되지 않은 경우도 많으므로 라벨을 확인하자.). 무가당 플레인 두유는 거의 모든 상황에서 우유를 대체해 사용 가능하다. 바닐라 두유나 초콜릿 두유는 스무디를 만들 때나 디저트에 사용할 수 있다.

두부: 우유로 치즈를 만드는 것처럼 두유에 응고 물질을 첨가해 두부를 만든다. 최초의 두부 가게는 사찰 내에 있었고, 두부를 처음 만든 사람은 승려였다고 전해진다. 두부는 중국에서 2천 년 가까이 사용되어 왔으며, 대부분의 아시아 가정에서 매일 소비되고 있다.

제조 과정에서 황산 칼슘을 사용한 두부는 칼슘의 좋은 공급원이 된다. 단백질 함량은 가공 방법에 따라 달라지지만, 단단한 두부는 대체로 단백질이 매우 풍부한 편이다.

두부는 다음 두 가지 특성으로 인해 요리에서 다양하게 활용된다. 첫째, 맛이 비교적 싱겁다. 둘째, 요리에 쓰이는 양념의 맛을 쉽게 흡수하는 다공성 식품이다. 이러한 이유로 두부는 가정에서 매운맛의 메인 요리나 부드럽고 달짝지근한 디저트류 등에도 다양하게 사용된다.

두부를 잘 활용하기 위해서는 용도에 적합한 유형의 두부를 선택해야 한다. 두부를 채소와 함께 볶아 밥 위에 얹고 싶다면, 단단한 두부를 고른다. 부드러운 두부는 으깨거나 걸쭉하게 만들어 샌드위치나 라자냐에 넣기에 적합하다. 순두부는 갈거나 걸쭉하게 만들어 소스, 스무디, 디저트 등을 만드는 데 사용할 수 있다. 이는 크림 수프 레시피에서 크림의 훌륭한 대체품이 된다.

냉동 두부는 쫄깃하고 스펀지 같은 질감을 가지고 있어 유용한 고기 대용품이 된다. 개봉하지 않은 두부를 그대로 얼렸다가 해동해 물기를 짜내고 잘게 썰거나 찢어서 사용한다.

콩비지: 콩비지는 두부나 두유를 만들기 위해 불린 콩을 갈아 콩물을 짜고 남은 부산물이다. 단백질과 섬유질이 풍부해 머핀이나 쿠키 등을 만들 때 단백질의 첨가를 위해 사용하기도 한다.

발효 대두 식품

템페: 템페는 인도네시아의 대표적인 전통 식품이다. 오늘날에도 템페는 대부분 가정에서 제조되며, 대두를 바나나잎에 싸서 발효시켜 만든다. 템페는 대두로만 만들기도 하고, 대두에 다른 곡물을 섞어 만들기도 한다. 질감은 부드럽고 쫄깃하며, 풍미는 '견과류처럼 고소'하다거나, '발효 맛'이 난다거나, '버섯과 같은 맛'이 난다거나, 혹은 그냥 말로 표현하기 어려울 정도로 맛있다고 이야기된다. 전통적으로 템페는 채소와 함께 볶아 밥 위에 올려 내거나 땅콩 소스와 함께 낸다. 바비큐 소스를 발라 구운 템페는 비건들이 가장 좋아하는 음식 중 하나이다. 두부와 마찬가지로 템페는 양념을 잘 흡수한다. 단백질, 섬유질, 철분, 칼슘의 좋은 공급원이지만, 일반적으로 알려진 것과 달리 활성 비타민 B12가 그리 풍부하지는 않다(비타민 B12에 관한 자세한 내용은 6장을 참조).

미소: 미소는 일본 음식에 흔히 쓰이는 식재료 중 하나이다. 서양의 조미료와는 비교할 수 없을 만큼의 풍미를 가진 미소는 일본 요리의 정수를 담고 있다. 미소는 짠맛을 가진 일본식 된장으로, 쓰인 콩이나 곡물의 종류에 따라 흰색, 붉은색, 갈색 등 다양한 색을 가진다. 종류에 따라 맛도 다양하며, 일반 제품보다 과일 향이 강하거나 와인 풍미가 나는 제품도 있다. 미소는 나트륨의 함량이 매우 높아 적은 양으로도 큰 효과를 낸다. 맛

국물이나 소스를 만드는 데 사용하면 좋다.

낫토: 대두를 발효 숙성시켜 만든 것으로 독특한 향기와 풍미, 질감을 가지고 있으며 부드럽고 찐득하다. 낫토는 비타민 K2의 함량이 풍부한 유일한 식물성 식품이다.

서양의 대두 식품

소이컬: 대두를 사용해 만든 것으로, 뜨거운 물이나 맛국물에 담갔다가 물을 빼고 양념한 뒤 볶으면 쫄깃하고 풍미가 있는 고기 대용품이 된다. 리퀴드 스모크(훈연액)과 타마리를 첨가해 비건 베이컨을 만드는 데 많이 쓰인다.

TVP: TVP(Textured Vegetable Protein, 식물성 조직 단백질)는 탈지 콩가루로 만든 것으로 말린 알갱이 모양을 띠며, 끓는 물에 불려 간 소고기의 대용품으로 사용 가능하다. 플레인 TVP는 토마토소스와 함께 요리하면 맛이 가장 좋고, 파스타 요리나 칠리 요리에도 적합하다. 알리시아 심슨(Alicia Simpson)은 자신의 요리책 《비건 컴포트 푸드(Vegan Comfort Food)》에서 건조 TVP 1컵을 진한 채소 스톡 1컵, 히코리 리퀴드 스모크 1큰술에 넣어 불려 사용하기를 권장한다. TVP는 유통 기한이 긴 매우 저렴한 단백질 공급원으로 단백질, 섬유질, 칼슘이 풍부하다.

분리대두단백: 많은 식물성 대체육은 대두 단백질을 베이스로 사용한다. 비건 식단을 시작하고자 하는 사람들, 요리할 시간이 충분하지 않은 사람들, 단백질이 풍부한 음식을 찾는 사람들에게 분리대두단백으로 만든 식물성 대체육은 소중한 식재료이다.

제3장

비건 식단의 영양소 필요량 이해하기

영양학은 1800년대 초에 단백질, 탄수화물, 지방의 발견과 함께 탄생했다. 그러나 그 훨씬 이전부터 인간은 식품의 질병 예방 효과에 대한 이해 없이도 엄격한 시행착오를 통해 식품과 건강의 연관성에 관해 많은 것을 알고 있었다.

최초로 문서화된 영양 실험은 1747년 영국 해군의 제임스 린드(James Lind) 박사에 의해 실행되었다. 당시 선원은 매우 위험한 직업으로 여겨졌는데, 이는 폭풍이나 해적 때문만이 아니라 긴 항해의 과정에서 선원들의 절반 정도가 괴혈병으로 사망하곤 했기 때문이다. 린드 박사는 괴혈병에 걸린 선원들에게 각기 다른 식단을 제공하고 레몬과 라임을 섭취한 선원들의 치료 효과를 발견했다. 이를 통해 그는 사망의 원인이 항해 중 과일과 채소의 섭취 부족과 관련이 있다는 이론을 제시했다.

후에 해군은 이 정보를 활용해 모든 배에 라임을 실을 것을 명령했지만, 어떻게 이 식품이 괴혈병을 예방했는지는 2백 년 후 연구자들이 비타민 C를 발견하기 전까지 밝혀지지 않은 채로 남아있었다(린드 박사가 괴혈병의 치료법을 발견한 공로를 인정받기는 했지만, 중국 선원들은 괴혈병의 예방을 위해 적어도 5세기부터 배에서 채소를 재배해왔다.).

비타민이 발견되기 훨씬 전인 1916년에도 영양학자들은 건강상의 이유로 특정 식품의 섭취를 권장했다. 그리고 최초의 '일일권장량(RDAs: Recommended Daily Allowances, 이후 언급되는 '영양권장량(Recommended Dietary Allowances)'과 일반적으로 혼용되며 같은 약어(RDA)를 쓴다. – 편집자)'은 1941년 라디오를 통해 처음 미국에 발표된 이후 지속적으로 업데이트 되어왔다.

현재는 미국 국립과학공학의학원(NASEM: National Academy of Sciences, Engineering, and Medicine, 이하 국립과학원)이 개별 영양소에 대한 권장량을 관리하고 있다. 이는 공식적인 권장량이기는 하지만, 영양소에 관한 과학이 아직 완전한 것은 아니다. 또 경우에 따라 경험에 근거한 지식 이상에 지나지 않은 연구도 있다. 개개인의 실제 영양소 필요량은 생활 방식, 전반적인 식단, 유전적 요인에 따라 달라진다. 이는 한 사람이 필요로 하는 영양소 필요량을 분명히 정의하는 것은 불가능함을 의미한다.

현재의 영양소 권장량은 현대인 대부분의 필요를 충족시키는 수준으로 설정되어 있다. 즉, 어떤 영양소이든 권장량보다 덜 섭취해도 되는 사람도 존재하고, 권장량 이상의 영양소를 섭취해야 하는 사람도 존재할 수 있다.

비건과 영양권장량

현재의 영양소 권장량은 잡식인을 기준으로 하기 때문에, 일부 경우 베지테리언과 비건의 영양소 필요량은 이보다 높을 수 있다. 보통 식물성 단백질은 동물성 단백질만큼 소화율이 높지 않아 조금 더 많이 섭취할 필요가 있다고 여겨진다. 하지만 이는 작은 차이에 불과하므로, 고단백 식물성 식품을 포함하는 식단으로 필요한 열량을 충분히 섭취하면 비건 식단으로도 충분히 극복이 가능하다. 아연의 필요량도 더 높을 수 있는데, 일부 비건의 경우 최적의 양보다 적은 양을 섭취할 수도 있다.

철분의 경우는 논쟁의 여지가 있다. 비건의 철분 필요량이 더 높다는 점은 이미 알려져 있으나, 얼마나 더 섭취해야 하느냐의 문제는 의견이 분분하기 때문이다. 본 책의 90쪽에 있는 '비건의 영양소 섭취량' 표에 국립과학원에서 제시하는 철분의 권장량을 포함시켰는데, 우리는 비건이 이 정도의 철분 섭취에 관해 크게 우려할 필요는 없다고 생각한다. 이는 8장에서 더욱 자세히 다루도록 하겠다.

비건의 영양 섭취: 권장량과 어떻게 다를까?

연구 결과에 따르면 비건은 잡식인에 비해 비타민 C, 티아민, 리보플라빈, 니아신, 엽산, 때로는 철분 등과 같은 특정 영양소를 더 많이 섭취할 가능성이 높다.[1] 이와 대조적으로 많은 비건은 권장량보다 적은 양의 칼슘과 아연을 섭취한다. 우리는 90쪽의 '비건의 영양소 섭취량' 표에서 영국 비건과 북미 비건의 특정 영양소 권장량과 실제 섭취량을 비교했다. 북미의 비건에 대한 연구는 보충제와 강화식품을 포함하고 있지만, 영국의 비건에 대한 연구는 이를 포함하고 있지 않다. 또한 해당 연구의 식이 조사 방식이 영양 성분의 권장량과 실제 섭취량을 비교하는 이상적인 방법이 아니라는 점도 염두에 두어야 할 것이다. 따라서 우리는 특정 식단의 적절성에 관한 절대적인 결론을 도출하기 위함이 아니라, 추세와 문제를 파악하기 위한 용도로 해당 조사를 사용했다.

또한 비건의 단백질, 철분, 아연 권장섭취량이 더 높을 수 있다는 점을 감안해 비건 기준으로 수정된 수치를 함께 표기했다. 이에 대해서는 추후에 더 자세히 다루도록 하겠다.

비건의 영양소 섭취량

	성인의 권장섭취량 (*비건 기준으로 수정된 수치)		2003년 기준 영국 비건의 섭취량[2]		2013년 기준 북미 비건의 섭취량[3]	2016년 기준 영국 비건의 섭취량[4]	
	남성	여성	남성	여성	남성 및 여성	남성	여성
단백질(g)	54 (*60)	46 (*51)	62	56	71		
비타민 A(RAE)	900	700			1,108 (베타카로틴의 섭취로 계산)	623	623
비타민 C(mg)	90	75	155	169	293		
비타민 E(mg)	15	15	16.1	14	18.5		
비타민 B6(mg)	1.3	1.3	2.2	2.1	3.2		
엽산(mg)	400	400	431	412	723		
칼슘(mg)	1,000	1,000	610	582	933	862	839
철분(mg)	8 (*14)	18 (*33)	15.3	14.1	22.2	20	18
마그네슘(mg)	420	320	440	391	591		
아연(mg)	11 (*16)	8 (*12)	7.9	7.2	11.3	9	8
칼륨(mg)	4,700	4,700	3,937	3,817	4,120		

좋은 식단은 좋은 광고다

당신이 이미 비건이건, 혹은 비건을 향해 이제 막 발을 내딛기 시작한 단계이건 상관없이, 실생활에서 동물성 제품의 사용을 없애는 것은 변화를 가져오는 효과적인 방법이다. 이는 동물의 고통을 줄이고, 공장식 축산에 이익을 가져다주는 것을 중단하며, 동물의 사용을 반대하는 입장을 대변하는 것으로 이어진다. 그리고 동물을 아끼는 많은 사람들이 비건 식단에 더욱 관심을 가지도록 유도한다.

정육업계와 낙농업계, 양계업계에서는 비건 식단을 부적절한 것으로 묘사하고 싶어하기에, 우리는 이에 대한 빌미를 제공하지 않으려 한다. 일부 비건은 비타민 B12 보충제 복용이 비건 식단을 불충분한 식단으로 보이게 할 것을 우려해, 복용을 꺼리기도 한다.

하지만 영양소 결핍의 위험을 감수하는 것은 우리의 건강에 있어 최악의 선택이며, 다른 사람들의 비건에 대한 인식에도 악영향을 미칠 수 있다.

비건들이 다양한 종류의 '자연식품(whole foods)'을 섭취하는 것만으로 모든 영양소 필요량을 섭취할 수 있다는 주장은 솔깃한 일이다. 사람들은 영양 성분에 대한 이해가 있기 전부터 쭉 음식을 먹어왔다. 하지만 우리의 선조들은 오랜 세대를 거쳐온 시행착오를 통해 무엇을 먹어야 하는지 배웠다. 그리고 건강과 생명을 유지해주는 음식을 먹은 사람들만이 살아남아, 자신들의 식습관을 후세에 물려주었다. 비건 식단은 이러한 역사나 문화적 맥락을 가지고 있지 않다. 많은 인류가 식물 위주 식단을 통해 번창해오긴 했지만, 이 식단에도 일부 동물성 식품이 포함되었다. 비건을 이끌어줄 문화적 배경은 없으나, 다행히 우리는 과학의 도움을 받을 수 있다.

그리고 현대의 영양 지식은 비건에게만 필요한 것이 아니다. 건강한 식습관의 긴 역사에도 불구하고, 영양소의 결핍은 수 세기에 걸쳐 발생해왔다. 20세기 초, 요오드 결핍이 미국 전역에 만연했다. 그리고 이 문제는 요오드 결핍 문제에 효과적인 것으로 입증된, 소금에 요오드를 첨가하는 방법으로 해결되었다. 이 경우, 과학뿐 아니라 식품 가공이 큰 역할을 했다.

비거니즘을 실용적이고, 쉽고, 현실적인 생활 방식으로 장려하는 것 또한 중요하다. 시간과 편의성, 맛은 사람들의 식품 선택에 있어 가장 중요한 요소이다. 지나치게 제한적인 식단은 비거니즘에 관한 부정적인 이미지를 만들 수 있다. 일부 비건들은 지방, 익힌 음식, 식물성 고기 및 치즈와 같은 식품도 제한하려는 경향을 보이는데, 이는 대부분의 사람들에게 건강상의 이득이 없기 때문에 오히려 역효과를 가져올 수 있다.

예를 들어, 생식은 불분명한 과학적 원리에 기초하고 있는데, 날 음식을 주로 섭취하는 것이 익힌 자연상태 식물성 식품을 주로 섭취하는 것보다 더 낫다는 것을 증명할 충분한 근거는 존재하지 않는다. 오히려 라이코펜(전립선 암을 예방하는 토마토의 항산화 성분) 같은 음식 내의 이로운 성분 중 일부는 익혔을 때에 나오기도 한다. 비타민 A의 전구체인 베타카로틴은 익힌 음식에 더 많으며, 지방과 함께 섭취할 때 흡수율이 높아진다. 생식은 체중 조절에 도움이 될 수 있으나, 비교적 낮은 열량 밀도를 가지기 때문에 어린이들에게는 적합하지 않다.

글루텐프리 식단은 글루텐을 소화하지 못하는 셀리악병(소장에서 발생하는 유전성 알레르기 질환-편집자)을 앓는 사람들에게는 절대적으로 필요하다. 하지만 이 자가면역질환은 인구 전체의 1%만이 가지고 있으며, 셀리악병이 아닌 글루텐 불내증을 가진 사람의 숫자도 비교적 적다. 이는 대부분의 비건이 식단에서 굳이 글루텐을 제외할 필요는 없다는 것을 의미한다. 오히려 글루텐프리 식단이 장내 유익균의 감소와 유해한 미생물의 증가에 영향을 미친다는 연구 결과도 있다. 셀리악병을 가지고 있지 않은 사람들은 글루텐을 섭취하는 것이 더 이로울 수도 있다(물론 밀가루 알레르기와 같은 알레르기 질환을 가진 사람들은 그에 알맞게 식단을 조절해야 한다.).

대부분의 사람들에게 특별한 건강상의 이점이 없는 추가적인 제한을 권장하는 것은 동물을 보호하거나 비건을 장려하는 데에 아무 도움이 되지 않는다. 오히려 이는 비건 식단의 이미지를 더 어렵고 지루하게 만들 뿐이다. 만약 사람들이 더 인도적인 식품을 선택하도록 이끌고 싶다면, 불필요한 제한을 없애고 실천하기 쉬운 비건 식단을 제시하는 것이 옳다.

이 책에서 제시하는 영양소 권장량은 현대 과학에 기초하고 있으며, 비건 식단을 더욱 건강하고 현실적으로 만드는 것을 목표로 한다. 다양한 종류의 화식과 생식을 병행함으로써 영양소 필요량을 충분히 섭취하고, 건강을 해치지 않는 선에서 간편 식품을 이용해 가족의 식단을 구성하는 것이 합리적이다.

비건 식단에서의 보충제

식물성 식품과 햇빛으로부터 비타민 B12를 제외한 모든 필요한 비타민과 미네랄을 얻는 것이 가능하다(햇빛은 비타민 D의 합성에 필요하다.). 특히 비타민 D, 요오드, 칼슘, 오메가3의 경우, 비타민 보충제는 개인의 상황에 따라 영양소 필요량의 섭취를 위한 중요한 방법이 될 수 있다.

식품 농축물로 만든 비타민 보충제도 시중에 판매되고 있지만, 대부분의 비타민 보충제는 실험실에서 합성된 합성물이다. 합성 비타민 보충제와 미네랄 보충제도 소화만 잘 된다면 문제가 없다. 오히려 식품 농축물 보충제보다 더 나은 경우도 있다. 예를 들어, 일부 회사에서 생산하는 '자연' 비타민 B12 보충제는 적절한 시험 기준을 따르고 있지 않기 때문에 안전한 비타민 B12의 공급원이라 볼 수 없다. 그리고 많은 사람들, 특히 노년층에게는 동물성 식품에 함유된 비타민 B12보다 보충제에 함유된 비타민 B12의 흡수가 훨씬 용이하다.

미국 약전(USP: US Pharmacopeia)은 해당 기관을 통해 인증을 받는 건강 보충제의 품질, 순도 및 효능을 검증한다. 라벨에 'USP 검증 건강 보충제(Dietary Supplement USP Verified)' 마크가 표시된 제품은 해당 제품이 제대로 용해되는지에 대한 시험을 통과한 것이다(USP 마크가 없는 비타민 및 미네랄 보충제는 인증을 받지 않았다는 뜻일 뿐, 품질이 떨어진다는 것을 의미하지는 않는다.). 이와 비슷한 인증 시스템을 가진 다른 독립 기관으로는 컨슈머랩(ConsumerLab.com)과 미국 국립위생협회(NSF International)가 있다.

우리가 이 책을 통해 추천하고 10장에 요약해놓은 보충제들은 비건 식단의 실천 과정에서 부족해지기 쉬운 영양소를 위한 것이다. 비록 종합비타민 보충제가 여러 가지 영양소를 한 번에 제공할 수 있지만, 개별 영양소의 보충제를 별도로 보충하면 내가 필요한 영양소만 충족시킬 수 있다. 다음은 보충제의 섭취와 관련해 기억해야 할 몇 가지 사항이다. 우선, 대부분의 사람들은 영양소의 완전한 흡수를 위해 보충제를 용해할 수 있는 충분한 위산을 가지고 있다. 하지만 보충제의 완전한 소화가 어려운 사람들이 있다면, 보충제를 으깨거나 씹어서 섭취하는 것이 좋다. 또한, 보충제를 섭취할 때도 영양의 균형을 위해 주의를 기울일 필요가 있다. 예를 들어, 지나친 아연의 섭취는 구리의 흡수를 방해할 수 있다. 하루 50mg의 아연을 섭취하면(비건 기준 영양권장량은 12~16mg), 단 몇 주 만에 구리의 결핍이 올 수 있다. 이는 충분한 영양소를 섭취하기 위해 우선 균형 잡힌 식사를 하고, 부족한 부분을 보충하기 위해 보충제를 섭취해야 하는 이유 중 하나이다.

영양 섭취는 어려운 일이 아니다

인간은 40가지 이상의 필수 영양소를 필요로 한다. 대부분의 사람들은 비타민 C, 단백질, 칼슘과 같은 영양소들이 필수적이라는 것을 알고 있다. 하지만 비타민 B 비오틴이나 바나듐에 대해 들어보지 못한 사람들도 있으며, 이러한 영양소를 함유한 식품을 섭취해야 한다는 것을 전혀 알지 못하는 사람들도 있다. 하지만 이는 크게 걱정할 문제가 아니다. 대부분의 영양소는 모든 종류의 식단에서 쉽게 섭취 가능하기 때문에, 우리는 이 영양소들을 특별히 신경 쓰지 않아도 된다.

이 책은 9가지 영양소(단백질, 칼슘, 철분, 아연, 요오드, 알파 리놀렌산, 비타민 B12, 비타민 A, 비타민 D)의 섭취에만 초점을 맞출 것이다. 기타 영양소에 대해서는 간략하게 언급하고, 정해진 필수 영양소 섭취량이 없는 오메가3, DHA를 다룰 것이다(오메가3의 중요성에 대한 증거가 점점 많아지고 있기는 하지만, 아직 필수 영양소로 지정되지는 않았다.). 이는 비건들의 특별 관심사이자 비건 영양의 중심이 되는 영양소들이다. 이 영양소들의 충분한 섭취는 어려운 일이 아니다. 그저 어떻게 섭취해야 하는지에 대한 방법만 알면 된다.

영양소 권장량에 관한 용어

일부 영양소는 다른 영양소에 비해 정확한 필요량을 결정하는 것이 더 쉽다. 하지만 연구 과정에서의 충분한 데이터가 존재하지 않거나, 결과가 상충되는 경우에는 최적의 섭취량에 관한 결론을 내리기 어려워진다. 따라서 현재의 권장량은 '영양섭취기준(DRI: Dietary Reference Intakes)'이라고 알려진 몇 가지 범주로 분류된다.

영양권장량(RDA: Recommended Dietary Allowance): 인구의 97~98%에 해당하는 사람들의 필수 섭취량을 충족시키기에 충분한 영양소의 양을 뜻한다. 연령과 성별에 따라 달라질 수 있다.

충분섭취량(AI: Adequate Intake): 영양권장량을 결정하기 위한 충분한 데이터가 존재하지 않을 경우, 국립과학원이 충분섭취량 수치를 설정하는데, 이는 건강한 사람이 소비하는 영양소의 양에 관한 연구와 관찰에 기반한다.

상한섭취량(UL: Tolerable Upper Intake Level): 이는 인체 건강에 유해한 영향을 주지 않는 최대 영양소 섭취 수준을 뜻한다. 일부 영양소의 경우 정상 수치보다 많은 양을 섭취하게 되면 극도의 독성을 지닐 수 있으며, 대부분의 영양소 과다 섭취는 보충제와 관련이 있다.

영양권장량과 충분섭취량은 식품 성분 표시를 위한 '일일영양성분기준치(DV: Daily Value)'의 설정에도 사용된다. 식품에 함유된 비타민과 미네랄의 양은 일일영양성분기준치에 대한 백분율로 표시된다. 예를 들어, 칼슘의 일일영양성분기준치는 1,300mg이므로, 만약 어떤 식품의 1회 제공량이 일일영양성분기준치의 10%를 함유한다고 기재되어 있다면, 이 식품은 칼슘 130mg을 제공한다는 뜻이다. 이러한 일일기준치 권장량 수치는 특정 영양소를 위해 무엇을 섭취할지를 결정하는 데 도움을 준다. 일일영양성분기준치의 최소 20%를 공급하는 음식은 좋은 영양소 공급원이라 볼 수 있다. 또한 이러한 식품의 영양소 표시는 과도한 섭취를 자제해야 하는 영양소를 제한하는 데 도움이 되기도 한다. 일반적으로 포화 지방과 나트륨의 경우, 일일영양성분기준치의 5% 이하를 함유하는 식품을 섭취하는 것이 좋다.

영양 연구의 이해

미디어와 인터넷은 어마어마한 양의 영양 정보를 가지고 있다. 하지만 많은 정보가 서로 상충하며, 많은 연구가 동일한 문제에 관해 다른 결론을 제시하고 있다.

특히 많은 연구가 진행된 분야에서 내가 어떠한 주장을 하고자 하면, 사실 이를 뒷받침하는 특정 연구 결과를 찾아내는 것은 어렵지 않다. 일부 비건은 비건 식단이 유익해 보이도록 하기 위해 그런 선택을 하기도 한다. 그리고 일부 비건 반대자들은 비건 식단이 부정적으로 보이도록 하기 위해 완전히 다른 일련의 연구 결과를 고르기도 한다.

영양학 연구를 이해하기 위해서는 '전체'를 보고, '대부분의 연구'가 제시하는 결론을 참고해야 한다. 단 한 건의 연구가 문제에 관한 결정적인 답변을 제공하는 경우는 매우 드물다. 연구에는 모순이나 결점이 있을 수 있고, 다양한 유형의 연구가 각자 다른 수준의 설득력을 가진다. 따라서 특정 유형 연구의 장단점은 다른 유형 연구의 장단점과 균형을 이루어야 한다.

우리는 다양한 유형의 연구를 참고해 이 부분에 대해 좀 더 자세하게 다룰 것이다. 영양 연구에 관한 방대한 정보의 바다에 뛰어들지 않고도 비건 식단을 통해 건강을 지키는 방법을 배울 수 있기에, 원한다면 다음 섹션은 건너뛰어도 좋다. 그러나 우리가 이 책에서 제시하는 권장량을 어떻게 도출했는지를 알고 싶은 독자들에게는 이 정보가 유용한 배경지식을 제공하게 될 것이다.

연구 유형

가장 약한 증거

이 유형의 연구는 결정적인 증거를 제시하는 것은 아니지만, 추가 연구가 필요한지 여부를 결정하기 위해 수행된다.

- ‘시험관내 연구(in vitro, 시험관이나 세포 배양에서 단일 세포를 사용해 수행되는 연구)’나 ‘동물 연구(animal study)’는 모두 식단이나 질병에 대한 결론의 근거가 되지 못한다. 윤리적인 문제나 그 범용성은 차치하더라도, 동물 연구에서 비롯한 영양 정보가 인간에게 어떻게 적용될지 예측할 수 없기 때문이다.
- ‘증례 연구(case study)’는 과학 저널에 게재된, 하나 또는 그 이상의 환자의 병력이나 그들의 치료 및 질병 경과 등에 대한 관찰이다. 종종 이러한 유형의 연구가 가설을 생성하는 기준으로 사용될 수는 있으나, 결정적인 해답을 제시해주지는 못한다. 오히려 연구가 상호 심사 저널에 게재되지 않는 경우, 이는 단지 하나의 일화에 지나지 않으며 영양 지식에 기여하는 가치는 거의 없다고 볼 수 있다. 인터넷과 서적에 존재하는 (의사 및 기타 의료 전문가의 저서를 포함한) 많은 영양 정보는 실제 과학보다는 사례를 바탕으로 하고 있다.

더 나은 증거: 역학 연구

역학 연구(epidemiologic study)는 모집단의 건강 상태를 살펴보고 이러한 상태가 다른 요소와 연관이 있는지 여부를 확인하는 것이다. 예를 들어, 암에 걸린 사람은 과일을 덜 먹는 경향이 있는지를 판단하기 위한 연구가 있다고 하자. 이 연구는 두 요인이 함께 발생한다 하더라도 한 요인이 나머지 요인의 원인이라는 것을 증명할 수 없다. 이는 '교란 변수(confounding variables)'에 취약하며, 이는 두 요인을 연관시키는 확인되지 않은 문제가 있을 수 있음을 의미한다. 과일 섭취량이 적은 사람이 암에 걸리기 쉽다는 연구 결과가 있다면, 과일이 해당 질병에 관한 보호 효과가 있다고 말하는 것이 논리적으로 보일 수 있다. 하지만 과일을 먹지 않는 사람이 운동을 하지 않는다면 어떨까? 과일 섭취의 부족이나 운동 부족, 또는 이 둘의 결합이 위험을 높인다고 단정하기는 어려운 것이다.

역학 연구에는 몇 가지 유형이 있으며, 이들 중 일부는 다른 종류의 연구보다 더 강력한 증거를 제공하는 경우도 있다.

- '생태 연구(ecological study)'는 상관 연구(correlational study)라고도 불리는데, 여러 그룹에 속한 사람들의 식습관과 질병 발생률을 비교한다. 많은 비건들에게 친숙한 생태 연구 중 하나는 '차이나 스터디(The China Study, 국내에는 《무엇을 먹을 것인가》라는 제목으로 해당 연구를 다룬 책이 출간되었다.-편집자)'로, 1980년대 중국의 여러 지방에서 소비된 음식의 종류와 평균 질병 발생률을 비교한 것이다. 차이나 스터디가 비건 식단을 조사한 것은 아니나, 식물성 식품의 소비가 많고 동물성 식품의 소비가 적은 지역이 심장병이나 특정 암과 같은 만성 질환에 있어 더

낮은 발병률을 보였다는 것을 밝혀냈다. 차이나 스터디와 같은 생태 연구만으로 식단과 건강에 대한 확고한 결론을 도출하는 것은 불가능한데, 이러한 종류의 연구는 다른 요소들을 통제하지 못하기 때문이다. 하지만 이 연구가 제시하는 식단에 대한 가설이 더 나은 답을 위한 추가 연구를 불러올 수 있다는 점은 부정할 수 없을 것이다.

많은 비건에게 잘 알려진 또 다른 생태 연구는 각 나라별로 고관절 골절률과 단백질 소비율을 조사한 것이다. 이 연구에 따르면 단백질 섭취가 증가할수록 고관절 골절률이 증가하는 것으로 나타났다. 하지만 이 연구는 많은 양의 단백질 섭취가 뼈를 약하게 한다는 것을 증명하는 것은 아니며, 이는 단백질과 뼈 건강의 관계에 대한 오해를 불러왔을 수 있다(이 책의 5장에서 이에 관해 더 자세히 다루도록 하겠다.). 확실한 것은, 이 연구가 단백질이 칼슘 대사에 어떤 영향을 미칠 수 있는지에 관한 임상 연구의 장을 마련했다는 점이다.

이주 연구(migration study)는 생태 연구의 흥미로운 유형 중 하나이다. 이 연구는 다른 국가로 이주해 새로운 식단과 생활 방식을 가지게 된 사람들의 건강상의 변화를 살펴보는 것이다. 이러한 종류의 연구는 특정 질병에 대한 위험이 유전적 요인과 생활 방식 중 어떤 요소와 더 깊은 관련이 있는지를 보여주는 데 도움이 될 수 있다.

생태 연구는 건강 결과에 영향을 미치는 많은 요소들이 존재하고, 데이터의 분석에 있어 이러한 요소들을 완벽하게 제어할 수 없다는 점에서 한계가 있다. 또한 각 식품 섭취량은 대략적으로만 추정할 수 있을 뿐이다.

- '후향 연구(retrospective study)'는 특정 질병을 가진 사람과 가지지 않은 사람들 사이의 과거 식습관을 비교하는 연구이다. 예를 들어, 심장 질환을 가진 환자가 포화 지방의 함량이 높은 식단을 섭취했을 가능성이 높다면, 포화 지방이 심장 질환의 한 요인이 될 수 있음을 시사한다. 일부 콩 식품의 소비와 유방암의 위험에 관한 흥미로운 연구 결과들은 유년 시절과 청소년기에 대두 식품을 섭취한 여성들의 유방암 발병률을 조사한 후향 연구에서 비롯된 것이다. 영양학 연구에 있어 이러한 연구 방식의 주요 단점은 시간에 따라 식습관이 변해온 경우에는 과거 식단에 대한 사람들의 기억에 결함이 있을 수 있다는 점이다.
- '단면 연구(cross-sectional study)'는 한 그룹 내의 사람들이 가진 식습관과 질병 발생률을 한 번에 비교한다. 이 연구의 문제는 우선 비슷한 식단을 가진 집단의 사람들이 질병률에 영향을 미칠 수 있는 다른 생활 습관을 공

통적으로 가지고 있을 수 있다는 것이다. 또 다른 문제는 질병에 걸린 사람들이 최근에 식단을 바꿨을 수도 있다는 점이다.

- '전향 연구(prospective study)'는 코호트 연구(cohort study)로도 불리는데, 연구가 시작될 때 건강한 상태에 속하는 많은 수의 사람들을 추적 관찰한다. 모집단을 추적 관찰하면서 추후 질병에 걸리는 사람과 그렇지 않은 사람들의 식습관을 비교하는 것이다. 이러한 연구는 수많은 조사 대상(수만 명에 달하는)이 필요하고 오랜 시간에 걸쳐서 연구가 이루어지며, 역학 연구에서 가장 큰 비중을 차지한다. 우리가 비건의 건강에 대해 알고 있는 것의 대부분은 북미에서 진행된 '제7일 안식교인에 대한 코호트 연구(AHS: Adventist Health Study, 이하 AHS)'과 영국에서 진행된 '에픽 옥스퍼드 연구(EPIC-Oxford Study)'라는 두 가지 대규모 전향 연구에서 비롯된 것이다. 이에 대해서는 15장에서 더 자세히 다룰 것이다.

최상의 증거: 임상 시험

'무작위 임상 시험(RCT: Randomized Clinical Trial, 이하 RCT)'은 최적의 영양학 연구 기준이다. 이 연구는 사람들을 여러 그룹에 무작위로 할당한 후 그들이 먹는 음식을 통제하기 때문에 가장 신뢰성이 높은 유형의 연구라 할 수 있다. 이상적인 경우,

이중 맹검의 방식으로 연구가 진행되는데, 이는 연구 대상자나 연구자가 연구가 완료될 때까지 실험군이나 대조군에 속한 사람을 알 수 없다는 것을 뜻한다. 이러한 연구는 매우 효과적이며, 이론적으로는 RCT를 통해 우리가 영양학에 관해 알고자 하는 모든 것을 검증할 수 있다. 이는 콜레스테롤이나 골밀도와 같은 질병 표지자에 대한 특정 보충제나 식품의 영향을 검사하는 데 유용하다. 그러나 문제는 이러한 연구가 많은 비용을 필요로 하며 오랜 기간 진행하기 어렵다는 점이다. 때문에 이러한 방식의 연구는 포화 지방이 혈중 콜레스테롤 수치에 미치는 영향을 시험하는 단기 연구에는 사용되지만, 포화 지방이 심장 질환으로 인한 사망의 원인이 되는지를 판단하는 데는 거의 사용되지 않는다.

15장에서는 여러 RCT 결과를 통해 식단이 만성 질환에 영향을 미치는 방식을 살펴볼 것이다. '오니쉬 연구(Ornish Study)'는 다양한 생활 방식의 변화와 베지테리언 식단의 섭취가 동맥경화에 미치는 영향을 탐구한 임상 시험 연구로 유명하다.

기타 고려 사항

통계에 대하여

통계 분석은 우연에 의해 발생하는 다른 결과들의 가능성을 제거하기 위해 수행된다. 일반적으로 결과가 우연에 의해 발생되는 확률이 5% 미만일 경우, '통계적으로 유의미(statistically significant)'하다고 본다. 연구의 규모가 작을 경우에는 통계적 유의성을 나타내기 어렵다. 각각의 식품, 보충제, 또는 식단 간에 측정 차이가 존재한다 하더라도 그것들이 통계적으로 유의미하지 않다면, 연구자들은 아무 효과가 없다는 결론을 내린다.

소규모 연구의 데이터를 잘 활용하는 방법 중 하나는 '메타분석(meta-analysis)'을 수행하는 것이다. 이는 연구 결과를 통합하기 위한 다수의 연구에 대한 통계 분석을 의미하는 것으로, 주로 개별 연구의 작은 규모를 보완하기 위해 진행된다.

연구 자금 및 기타 유형의 편향

과학 저널은 자격을 갖춘 다른 연구자들의 검토를 통해 해당 연구가 신뢰할 수 있고 출판될 가치가 있는지를 확인하는 역할을 한다. 검토자들은 연구 설계 및 기타 요소들에 근거해 해당 연구의 발표 여부를 권고할 수 있다. 그러나 출판편향(publication bias)이라 알려진 현상은 과학 저널이 긍정적인 결과를 가진 연구를 발표할 가능성이 더 높다는 것을 보여주고 있는데, 이는 다시 말해 부정적인 결과보다는 무언가 '효과가 있다'고 주장하는 연구 결과를 선호한다는 뜻이다. 예를 들면, 비타민 C가 감기 예방에 효과가 있다는 결론을 제시하는 연구가 비타민 C의 효과를 발견하지 못한 연구보다 출판될 가능성이 더 높다. 연구자들은 잘 연구된 주제에 대한 출판편향을 테스트하는 방법들을 개발해왔으나, 이는 여전히 현대 영양 과학에 영향을 미치고 있다.

자금이 연구에 미치는 영향에 대한 우려도 많다. 대부분의 영양학 연구는 정부의 자금 지원을 받고 있지만, 일부는 식품 산업의 지원을 받기도 한다. 데이터가 조작되는 경우는 거의 없지만, 자금 지원이 연구 설계 방식이나 연구 결과 보고 방식에 영향을 미칠 수는 있다. 따라서 자금의 출처를 확인하는 것이 중요하다.

산업으로부터의 자금 지원이 편향의 유일한 요인은 아니다. 많은 연구원들이 특정 이론에 관한 기득권을 가지고 있으며, 영양과 건강에 관한 특정 믿음에 근거해 책을 쓰거나 경력을 쌓아왔을 수 있다.

결론적으로 우리는 개별 연구에서 결론을 도출하는 대신 대부분의 연구에서 제시하는 결론, 그리고 가장 신뢰할 수 있는 정보를 제공하는 연구들을 참고해 비건 식단의 영양에 대한 논리적인 주장을 펼쳐야 할 것이다. 이 책에서 제시하는 정보는 이러한 접근 방식에 근거하고 있다.

제4장

식물성 단백질

영양학자들은 30여 년 전에 식물성 식품이 충분한 단백질을 공급할 수 있다고 주장했다.[1] 하지만 대부분의 비건들은 '어떻게 단백질을 섭취하는가' 하는 질문을 셀 수 없을 만큼 많이 들어왔다. 식물 위주 식단에서의 단백질 섭취에 관한 많은 질문들은 대부분 '완전한 단백질'이 무엇을 의미하는지에 대한 혼란에서 비롯된다.

완전한 단백질과 불완전한 단백질

단백질은 20가지 서로 다른 아미노산의 사슬로 구성된다.

일부 아미노산은 (보통 다른 아미노산으로부터) 신체에서 생산되기 때문에 따로 식품으로 섭취할 필요가 없다. 하지만 '필수 아미노산(EAA: Essential Amino Acid)'이라 불리는 종류의 아미노산은 식품 섭취를 통해 공급되어야 한다.

인체 내 단백질은 일정한 비율의 필수 아미노산을 가지고 있다. 동물성 식품과 대두에 함유된 필수 아미노산 비율은 인체의 필수 아미노산 비율과 거의 일치하기 때문에, 이러한 단백질은 '완전'하다고 여겨진다. 반면에 곡물, 콩, 견과류와 같은 식물성 식품은 최소 하나 이상의 필수 아미노산 비율이 낮아 '불완전'하다고 여겨진다. 예를 들면, 콩(대두 제외)은 필수 아미노산 메티오닌의 함유량이 낮고, 곡물은 라이신의 함유량이 낮다. 하지만 콩과 곡물을 함께 섭취하면 아미노산 구성이 상호 보완되어 신체가 필요로 하는 '완전'한 혼합물을 만들어낸다.

1970년대 초, 베지테리언 식단이 단백질을 포함해야 한다는 개념이 프란시스 무어 라페의 《작은 행성을 위한 식단》을 통해 대중화되었다.[2] 그리고 얼마 지나지 않아 사람의 신체는 필수 아미노산을 위한 저장고를 가지고 있기 때문에 반드시 매끼니마다 단백질을 섭취할 필요는 없다는 연구 결과가 발표되었다.[3] 우리는 다양한 식물성 식품의 섭취를 통해 이 저장고에 모든 아미노산을 보충해야 한다. 그러나 특정 조합을 통해 식물성 식품을 상호 보완적으로 섭취해야 한다는 오래된 주장은 사실이 아니다.

과일은 단백질의 함량이 매우 낮고 식용유는 단백질을 전혀 포함하지 않는데 반해, 다른 모든 식물성 식품은 단백질을 함유하고 있다. 흔한 오해 중 하나는 식물성 식품에 하나 이상의 아미노산이 전혀 포함되어 있지 않다는 것이다. 하지만 이는 사실이 아니며, 식물성 단백질 공급원은 적어도 모든 필수 아미노산의 일부를 포함한다. 오히려 핀토콩이라는 단 한 종류의 식품을 섭취하는 것만으로도 모든 필수 아미노산과 충분한 단백질을 섭취할 수 있다. 물론 권장량을 충족시키기 위해서는 하루에 4컵 분량에 달하는 많은 양을 섭취해야 한다. 이는 현실적이지 못한 식단이라 할 수 있는데, 한 가지 식품을 대량으로 섭취하는 것은 너무 단조롭기도 하거니와 여러 종류의 콩으로 다른 영양소 요구 사항을 만족시킬 수 있다. 따라서 다양한 공급원을 통해 단백질을 섭취하는 것이 영양학적 관점에서 더 낫다.

비건을 위한 단백질 영양권장량

단백질 필요량은 체중에 근거해 계산된다. 과학계에서는 미터법이 사용되기 때문에, 미국인의 단백질 필요량 또한 kg 기준으로 결정된다.

성인 기준 단백질 영양권장량은 체중 1kg당 단백질 0.8g이다. 세계보건기구(WHO: World Health Organization)가 권장하는 섭취량은 체중 1kg당 0.83g으로 이보다 약간 많다.[4] 단백질 필요량은 사람에 따라 크게 달라질 수 있으며, 영양권장량은 인구의 97%에 해당하는 사람들의 필요량을 충족시키는 것을 기준으로 하기 때문에 실제 많은 사람들이 필요로 하는 양보다 더 많을 수 있다. 이 단백질 필요량 스펙트럼에서 내가 정확히 어디쯤에 속하는지 알기가 쉽지 않고, 일부 전문가들은 현재의 단백질 권장량이 너무 낮다고 주장하기 때문에, 가급적 영양권장량을 채우는 것을 목표로 하는 것이 좋다.[5]

하지만 대부분의 비건 영양학자와 마찬가지로, 우리는 비건에게 권장량보다 다소 많은 양의 단백질 섭취를 권장한다. 이는 식물성 단백질이 동물성 단백질에 비해 소화 흡수가 떨어지기 때문이다.[6] 요리와 가공 과정을 통해 단백질의 소화 흡수율이 향상되기 때문에, 일부 가공식품을 섭취하는 비건에게는 이 부분이 크게 문제가 되지 않을 수 있다. 분리대두단백으로 만든 식물성 고기, 에너지바, 단백질 파우더 등에 포함된 단백질은 소화가 잘 되는 편이다. 그에 반해 콩류, 견과류, 곡물 등과 같은 자연식품에만 의존하는 사람들은 소화 흡수의 문제가 있을 수 있다.

그 차이가 큰 것은 아니지만, 비건은 체중 1kg당 0.9g의 단백질을 섭취하도록 노력해야 한다. 체중이 68kg인 비건은 약 61g의 단백질이 필요하다. 단백질의 영양권장량은 물론 체중을 기준으로 하지만, 영양학자들은 종종 '이상적인' 체중에 근거해 단백질 필요량을 계산한다. 지방 조직을 유지하는 데에는 단백질이 거의 필요하지 않기 때문이다. 나의 적정 체중은 온라인의 계산 프로그램을 통해 쉽게 확인해볼 수 있다(이 계산 프로그램은 단백질 필요량을 추정하는 데 유용하지만, 체중 감량의 목표를 설정하는 최선의 방법은 아니다. '이상적인' 체중의 개념에 대해서는 17장에서 더 자세히 다룬다.). 단백질 필요량 계산은 정밀과학이 아니기 때문에, 이상적인 체중이 요구하는 것보다 조금 더 많은(10~15% 정도) 단백질을 섭취할 것을 권장한다.

우리는 어린이와 청소년을 위해 연령별 단백질 필요량에 따른 영양권장량을 기반으로 다음과 같이 권고한다(운동선수를 위한 단백질 필요량은 14장에서 다룰 것이다.).

저연령 비건을 위한 일일 단백질 권장량

나이	여성	남성
1~2세	18~19g	18~19g
2~3세	18~21g	18~21g
4~6세	26~28g	26~28g
7~10세	31~34g	31~34g
11~14세	51~55g	50~54g
15~18세	50~55g	66~73g

114쪽의 '비건 식품의 단백질 및 라이신 함유량' 표는 많은 식물성 식품이 좋은 단백질 공급원이 될 수 있다는 것을 보여준다. 그중에서도 콩류는 단백질이 매우 풍부하다. 여기서 콩류라 함은 콩, 완두콩, 렌틸콩, 대두 식품(두부, 두유, 식물성 고기 등), 땅콩을 통칭한다(많은 사람들이 땅콩을 견과류라고 생각하지만, 식물학적으로 땅콩은 콩류에 속하며 영양학적인 면에서 호두나 피칸보다는 핀토콩이나 렌틸콩과 더 많은 공통점을 가진다.). 이 책에서 제시하는 식품 가이드는 하루 최소 3, 4회 분량을 기준으로 한다. 1회 분량은 익힌 콩 ½컵, 두부나 템페 ½컵, 베지버거 3온스, 두유 1컵, 또는 땅콩버터 2큰술 정도로 그리 많지 않다.

이 식품들은 단백질이 풍부할 뿐만 아니라 (몇몇 예외는 있지만) 필수 아미노산인 라이신의 좋은 식물성 공급원이다. 대부분의 단백질을 곡물, 견과류, 채소에서 얻는 식단은 라이신의 함량이 너무 낮을 수 있다.

섭취해야 하는 라이신의 양은 체중 1lb(파운드)당 19를 곱해(체중 1kg 기준으로는 41.9를 곱한다.) 대략적으로 알 수 있다. 이 계산법은 자연상태 식물성 식품 단백질의 부족한 소화 흡수율을 감안한 것이다. 이를테면, 체중이 140lb인 사람(약 63.5kg)은 하루에 2,660mg의 라이신을 필요로 한다. '비건 식품의 단백질 및 라이신 함유량' 표는 라이신의 가장 좋은 공급원이 콩류,

비건 식품의 단백질 및 라이신 함유량

식품명	단백질(g)	라이신(mg)
콩류, 땅콩, 대두 식품(별도 기재되지 않은 경우 익힌 것 1/2컵)		
검정콩	7.6	523
병아리콩	7.5	486
강낭콩	8.1	526
렌틸콩	8.9	623
네이비 빈	8.7	598
핀토콩	7.7	488
세이탄* 3온스	22.5	656
에다마메	11	665
콩 단백질 파우더 1스쿱	25	1,598
완두콩 단백질 파우더 1스쿱	22	1,634
쌀 단백질 파우더 1스쿱	25	741
템페	15.5	754
TVP	11	657
두부	10~20**	582**
부드러운 두부	8~10**	534**
베지테리언 베이크드 빈	6	378
식물성 고기 3온스	6~18	***
땅콩 1/4컵	9	330
땅콩버터 2큰술	8	290
병아리콩, 렌틸콩, 혹은 검정콩으로 만든 파스타	11	해당 없음
에다마메로 만든 파스타	12	해당 없음

식물성 대체유(1컵)		
아몬드 대체유	1	해당 없음
헴프씨드 대체유	2	해당 없음
귀리 대체유	3~4	해당 없음
완두콩 두유	8	해당 없음
쌀 대체유	1	해당 없음
두유	7-10***	439
견과류와 씨앗		
아몬드 1/4컵	7.3	205
아몬드버터 2큰술	7	196
브라질넛 1/4컵	4.7	139
캐슈넛 1/4컵	5.2	280
간 아마씨 1작은술	0.5	22
피칸 1/2컵	2.5	78
피스타치오 1/4컵	6.4	367
참깨 2큰술	3.2	102
해바라기씨 2큰술	3.6	164
타히니 2큰술	5.3	172
호두 1/4컵	4.4	124
곡물 및 녹말 채소(별도 기재되지 않은 경우 익힌 것 1/2컵)		
보리	1.7	66
오트밀	3	158
파스타	3.5	162
구운 감자 1개	4.5	131
퀴노아	4.0	221
현미	2.5	86
백미	2.0	80

중간 크기 고구마 1개	2.2	88
중간 크기 5인치 타코 쉘 1개	1.0	26
통밀빵	2~6	85
채소(생채소의 경우 1컵, 익힌 것은 ½컵)		
브로콜리	2.3	117
당근	0.6	62
콜라드	2.6	96
옥수수	2.3	116
가지	0.4	19
껍질콩	1.2	57
케일	1.75	104
시금치	2.6	164
순무	0.5	22
순무잎	0.8	54

* 세이탄은 밀 단백질이다. 콩류에 속하지는 않지만, 단백질 함량이 높기 때문에 보통 식단을 계획할 때 콩류 및 대두 식품과 함께 분류된다.

** 단단한 두부는 부드러운 두부보다 단백질 함량이 높지만, 브랜드와 두부의 종류에 따라 단백질 함량은 달라진다.

*** 브랜드에 따라 용량이 달라진다.

퀴노아, 피스타치오라는 것을 보여준다.

하루에 적어도 3, 4회 분량의 콩류 식품을 섭취해야 한다는 권고를 따르면 라이신 필요량은 쉽게 충족시킬 수 있다. 그렇다고 해서 콩, 땅콩, 대두 식품이 비건 식단에서 필수라는 뜻은 아니다. 이러한 식품들의 섭취 없이 단백질과 라이신을 필요량만큼 섭취하는 일이 다소 어렵기는 하지만 불가능한 것은 아니다. 이에 관한 내용은 10장에서 다룰 것이다.

단백질과 열량

국립과학원은 영양소의 최소 필요량을 관리하는 것 외에도 단백질, 탄수화물, 지방 등에 대한 '에너지적정비율(AMDR: Acceptable Macronutrient Distribution Range)'을 명시하고 있다. 여기서 제시하는 권장량에 따르면, 단백질의 섭취 허용량은 총 열량의 10~35% 정도이다.

많은 비건들은 어떻게 해야 단백질로부터 총 섭취 열량의 10%를 얻을 수 있는지 알고 싶어한다. 인간의 모유에서 단백질은 겨우 6%에 불과하지만 인간의 전체 생애주기 중 가장 빠른 성장을 보이는 영아 초기의 건강을 책임진다. 그렇다면 왜 성장이 멈춘 성인의 식단이 아기보다도 더 높은 비율의 단백질을 필요로 하는 것일까?

영아는 사실 체중에 비해 단백질 필요량이 매우 많다. 체중 1lb당 성인 비건의 단백질 필요량은 0.4g 정도(체중 1kg당 약 0.9g)에 그치는 데 반해 영아는 거의 0.7g(체중 1kg당 약 1.54g)에 달하는 단백질을 필요로 한다. 하지만 단백질 필요량을 섭취하는 데 있어 영아들에게는 매우 유리한 점이 있다. 영아는 크기가 작은 먹는 기계와도 같다. 13lb(약 5.9kg)의 아기는 하루에 500칼로리를 소모한다. 영아가 섭취하는 식품은 단백질 밀도가 낮지만, 많은 양을 섭취함으로써 충분한 단백질을 얻는다.

그리고 또 다른 이점은 모유 단백질의 생체 이용률이 높다는 것이다.

체중을 증가시키려는 미션을 수행하고 있는 게 아닌 이상, 성인이 생후 한 달 된 아기만큼 열성적으로 먹을 수는 없다. 어린 영아는 하루에 약 9g의 단백질과 500칼로리를 필요로 한다. 이를 체중이 135lb(약 61kg)인 성인 비건 여성과 비교하면, 성인 여성의 필요 열량은 아기의 4배에 그치는 데 반해 단백질 필요량은 적어도 6배 이상에 달한다. 즉, 성인 여성은 더 많은 단백질을 통해 필요 열량을 섭취해야 하므로, 단백질 밀도가 더 높은 식단이 필요하다.

신체 활동이 많은 사람들은 보통 아기만큼이나 많은 열량을 섭취하기 때문에 단백질 섭취가 부족한 경우는 많지 않다. 반면 열량을 제한하는 사람들은 적은 열량으로 충분한 단백질을 섭취해야 하기 때문에 단백질 밀도가 더 높은 식단을 필요로 한다.

그렇다고 단백질 섭취를 위해 복잡한 계산을 해야 한다는 뜻은 아니다. 이 책에서 제시하는 콩류의 권장량을 잘 따르기만 하면 된다. 비건이 꼭 지켜야 할 단 한 가지는 적어도 전체 열량의 10%는 단백질로 섭취하는 것이다.

단백질 함유 식단

충분한 단백질을 함유한 비건 식단을 구성하는 것은 생각보다 쉽다. 아래의 식단은 모두 적어도 20g의 단백질을 함유하고 있다.

간편한 오트밀 아침 식사

- 오트밀 1컵과 두유 1/2컵
- 아몬드버터 2큰술을 얹은 통밀빵 1조각

총 단백질 함량: 20.5g

땅콩 소스를 곁들인 인도네시아식 템페

- 쌀 1컵
- 템페 1/2컵
- 땅콩소스 1/4컵
- 삶은 브로콜리 1 1/2컵

총 단백질 함량: 35g

콩과 '소고기' 타코 저녁 식사

- 타코쉘 2개
- 리프라이드 빈 1/2컵
- 토마토소스로 요리한 식물성 '간 소고기' 1/4컵
- 잘게 썬 토마토와 상추
- 데친 시금치 1컵

총 단백질 함량: 20g

파스타 프리마베라

- 파스타 면 1컵
- 병아리콩 1/2컵
- 잣 2큰술
- 잘게 썬 브로콜리 1컵
- 길게 썰어 구운 피망 1/2컵

총 단백질 함량: 23g

점심 도시락

- 호박씨 2큰술을 넣은 인스턴트 렌틸콩 수프
- 으깬 아보카도를 곁들인 통밀빵 1조각

총 단백질 함량: 21g

부적절한 섭취

단백질 결핍은 미국 내에서는 드물지만, 식량이 부족한 곳서는 여전히 발생하는 문제이다. 많은 비건 옹호론자들은 사람들이 단백질 결핍으로 병원 신세를 지게 되는 것은 아니라고 주장한다. 식량 자원이 풍족한 나라에서 단백질의 급성 결핍이 발생하지 않는 것은 사실이다. 하지만 단백질이 풍부하지 못한 식단(결핍은 아니지만 최적량은 아닌)은 근육량 감소, 뼈 건강의 악화, 면역력 저하 등을 초래할 수 있다. 그리고 이러한 문제들은 미국 내에서도 찾아볼 수 있다.

우리는 비건이 단백질에 관해 걱정할 필요가 없다고 말하고 싶지만, 이는 전혀 사실이 아니다. 비건이 단백질을 필요량만큼 섭취하지 못하는 몇 가지 상황이 존재한다.

콩류과 같이 단백질이 풍부한 식품을 충분히 섭취하지 않는 비건은 단백질이 부족할 가능성이 높다. 그리고 저열량의 식단은 더 높은 단백질 필요량을 요구하기 때문에, 다이어트 중이거나 만성 질환과 같은 기타 사유로 충분한 양의 식품을 섭취하지 않는 사람들은 콩류나 대두 식품 같은 단백질이 풍부한 식품의 섭취를 늘릴 필요가 있다.

비건에게 흔한 경우는 아니지만, 감자칩, 감자튀김, 탄산음료와 같은 정제된 탄수화물을 많이 함유하는 음식에 크게 의존하는 사람은 단백질을 비롯한 모든 영양소의 필요량을 충족시키지 못할 가능성이 높다.

그리고 생식이나 과일 위주의 섭생을 지향하는 극단적 비건 식단은 종종 콩류나 대두 식품과 같은 고단백 식물성 식품의 섭취가 충분하지 않기 때문에(혹은 거의 없기 때문에) 단백질 섭취 부족으로 이어질 수 있다. 때문에 이러한 유형의 식단은 어린 아이들에게 권장되지 않는다. 앞서 언급한 대로, 단백질 필요량에 대한 과학은 여전히 발전 중이며, 일부 전문가들은 평균보다 조금 더 섭취하는 것이 바람직하다고 주장한다. 더 높은 단백질의 섭취는 식욕을 조절하고,[7] 혈압을 조절하는 데 도움을 주며,[8] 뼈와 근육량을 유지하게끔 한다.[9] 특히 노인들은 근육과 뼈가 약해지는 것을 예방하기 위해 더 많은 단백질을 필요로 한다는 주장도 있다.[10~12] 고단백 식단은 때때로 높은 콜레스테롤, 심혈관 질환, 암, 신장 질환의 원인이 되기도 하지만, 대부분의 경우 이는 육류와 유제품의 지나친 섭취에서 비롯되는 경우가 많다. 식물 위주 식단에서 약간의 단백질을 추가로 섭취하는 것은 이러한 위험을 수반하지 않는다.[13]

이 책이 제시하는 식품 선택에 대한 권장 사항들은 단백질 필요량을 충족시키는 데에 목적이 있다. 건강한 식물성 식품을 통해 단백질을 조금 더 섭취하는 것은 아무런 문제가 되지 않는다. 노년층, 체중 감량, 운동선수를 위한 단백질 섭취는 후에 더 자세히 다루도록 하겠다.

비건은 충분한 트립토판을 섭취하고 있는가?

비거니즘을 비판하는 이들이 종종 제기하는 문제점 중 하나는 식물성 식품이 충분한 양의 트립토판을 함유하지 않는다는 점이다. 필수 아미노산인 트립토판은 신경전달물질인 세로토닌을 생성하는 데 필요한 것으로, 세로토닌의 수치가 낮아지면 우울증으로 이어질 수 있다. 채소보다 육류에 트립토판의 함량이 높은 것은 사실이지만, 균형 잡힌 비건 식단은 이 아미노산을 충분히 공급할 수 있다. 트립토판의 권장량은 체중 1kg당

5mg이다. 식물성 단백질 소화율을 감안하면, 비건의 트립토판 영양권장량은 체중 1kg당 5.5mg, 혹은 1lb당 2.5mg이다.

예를 들어, 체중이 130lb(약 59kg)인 비건은 325mg의 트립토판을 필요로 하는데, 이는 비건 식단을 통해 쉽게 섭취 가능한 양이다. 검정콩 1컵에 두부 ½컵과 현미 1컵을 포함하는 식사는 약 400mg의 트립토판을 제공한다.

육류는 단백질이 풍부하지만 육류와 같은 고단백 식품을 섭취한다고 반드시 뇌의 트립토판 양이 증가하는 것은 아니다. 고단백 식품에 함유된 다른 아미노산의 높은 수치가 혈액 내의 트립토판이 뇌로 흡수되는 것을 방해하기 때문이다. 단백질과

비건 식품의 트립토판 함량

권장섭취량은 kg 기준 체중의 5.5배이다	
	트립토판(mg)
두부 ½컵	155
오트밀 ½컵	118
두유 1컵	105
익힌 검정콩 ½컵	90
땅콩버터 2큰술	78
익힌 병아리콩 ½컵	70
익힌 퀴노아 ½컵	48
익힌 현미 ½컵	29
익힌 브로콜리 ½컵	24

탄수화물을 모두 함유하고 있는 콩류와 같은 식품의 섭취는 오히려 트립토판이 뇌로 흡수되는 것을 돕는다.[14]

비건 식단에서 단백질 필요량 충족을 위한 팁

- 충분한 열량을 섭취한다. 만약 체중을 감량하는 중이거나 다른 이유로 낮은 열량을 섭취하는 중이라면, 단백질이 풍부한 식품 몇 가지를 식단에 추가한다.
- 다양한 종류의 식물성 식품을 매일 섭취한다.
- 10장의 식품 안내 지침을 따라, 매일 최소 3, 4회 분량의 콩류 식품을 섭취하는 것을 목표로 한다. 1회 분량에 해당하는 양은 익힌 콩 1/2컵, 두부나 템페 1/2컵, 땅콩 1/4컵, 두유 1컵, 또는 땅콩버터 2큰술 정도이다.
- 가스 때문에 콩 섭취가 불편한 경우, 이의 해결을 위해 424쪽에 나와있는 팁을 참조한다.
- 식물성 대체유를 식단에 추가하고자 한다면, 적어도 한동안은 두유나 완두콩 두유를 선택하는 것이 좋다. 아몬드, 헴프씨드, 쌀로 만든 대체유는 보통 단백질이 부족하다.

제5장

건강한 뼈를 위한 식사:
칼슘과 비타민 D

비건 식단에서의 칼슘은 혼란스러운 주제이기도 한데, 뼈 건강에 미치는 영향에 관해 많은 상반된 정보들이 존재하기 때문이다. 이 장에서는 칼슘, 비타민 D, 뼈 건강에 대한 증거들을 자세히 살펴보고, 뼈 건강에 영향을 미치는 다른 영양소들도 다룰 것이다.

칼슘

대부분의 인류 역사에서, 사람들은 주로 잎이 무성한 야생의 식물을 통해 칼슘을 섭취했다. 유제품은 약 1만 년 전까지만 해도 인간의 식단에 포함되지 않았으며, 인간이 섭취를 시작한 이후에도 이는 일부 지역에서만 이루어졌다. 당시에는 칼슘이 풍부한 채소가 매우 많았기 때문에 일부 영양 인류학자들은 당시 사람들이 하루에 적어도 1,000mg에서 최대 3,000mg에 달하는 칼슘을 섭취했을 것이라 추측하는데, 이는 현재 권장섭취량의 약 3배에 달한다.[1, 2] 오늘날 비건이 소비하는 경작 채소는 당시 사람들이 섭취하던 야생 채소에 비해 칼슘 함유량이 낮기는 하지만, 여전히 칼슘의 섭취에 있어 중요한 역할을 하고 있다. 현대의 비건은 또한 일부 콩류, 견과류, 강화식품 등을 통해 칼슘을 보충할 수도 있다.

비건 식단을 통해 충분한 칼슘을 섭취할 수 있는지에 관해서는 의문의 여지가 없다. 하지만 비건 식단이 항상 충분한 칼슘을 제공한다는 뜻은 아니다. 많은 연구에서 비건의 평균 칼슘 섭취량이 종종 권장량을 크게 밑도는 것으로 나타났다.[3] 그러나 더 최근의 연구들은 비건의 칼슘 섭취가 나아지고 있다고 시사하고 있다.[4, 5] 이는 아마도 칼슘 강화식품이 더 다양해지고 식물성 식품의 칼슘 함량 정보가 늘어나고 있기 때문인 것으로 보인다.

칼슘과 뼈

인간의 뼈는 단단하고 고정적인 것처럼 보이지만 사실은 매우 역동적이다. 골격은 칼슘의 저장고 역할을 하며, 근육 이완, 신경 세포 전달 및 기타 신체 기능에 필요한 칼슘을 혈액에 지속적으로 공급한다. 이 칼슘의 일부는 소변을 통해 정기적으로 배출되기 때문에 식품 공급원을 통해 보충되어야 한다. 따라서 뼈는 혈액에 칼슘을 공급하기 위해 분해되고, 새로운 칼슘을 흡수해 재생하며 끊임없이 움직인다. 뼈 건강을 위해서는 충분한 칼슘을 섭취하는 것도 중요하지만, 소변을 통해 손실되는 양을 줄이는 것 또한 중요하다.

뼈는 생후 30년간 길어지고, 무거워지며, 밀도가 높아진다. 사람은 20대 후반이나 30대 초반 즈음 '최대 골량(peak bone mass)'에 도달하기 때문에, 이 시기의 골격은 가장 무겁고 밀도가 높다. 최대 골량은 이후의 뼈 건강과 골다공증 위험을 결정한다는 증거도 있다.

45세쯤부터는 신진대사에 변화가 생기고 골량이 감소하기 시작한다. 칼슘이 손실되는 것을 늦추고 뼈를 튼튼하게 유지하기 위해 충분한 칼슘을 섭취하는 것은 골다공증의 예방에 있어 매우 중요한데, 특히 여성은 완경 후 골밀도 손실이 빨라지기 때문에 이는 더욱 중요한 문제이다.

뼈 건강은 칼슘의 흡수와 손실 모두에 영향을 미치는 요인들의 복잡한 상호 작용에 달려있다. 식단, 생활 방식, 유전은 모두 칼슘 균형에 영향을 미친다. 이러한 요인들이 어떻게 상호 작용하고 칼슘 필요량에 영향을 미치는지 알아내는 것은 연구자들에게 오랜 논쟁의 주제가 되어왔으며, 이 중 몇몇 이슈는 비건에게 특히 더 중요하다.

칼슘은 급성 결핍증이 없다는 점에서 다른 영양소와는 다르다. 대부분의 영양소는 섭취가 부족하면 병에 걸린다. 하지만 칼슘은 혈액 내에서 그 수치가 엄격하게 통제된다. 칼슘의 수치는 아주 작은 변화로도 생명을 위협할 수 있기에, 신체는 뼈에 저장된 칼슘과 신장의 여과 시스템을 이용해 칼슘 농도를 범위 내로 엄격하게 유지한다. 따라서 칼슘의 혈액 내 수치는 항상 같기 때문에, 이 수치를 확인함으로써 칼슘 상태를 확인하는 것은 불가능하다. 저칼슘 식단이 급성 영양 결핍을 야기하지 않는다고 해도, 만성적인 칼슘 섭취 부족은 노년기의 골다공증으로 이어질 수 있다.

골다공증은 심각한 골손실(총 골질량의 30~40%에 달하는)을 초래하는 치명적인 질병으로, 약 1천만 명의 미국인이 앓고 있다. 그리고 골다공증을 앓는 이들의 80%는 여성이다.

영양학자들이 식단과 뼈 건강의 관계를 살펴볼 때에는 골밀도와 골절률을 모두 조사하는데, 그 결과는 명확하지 않다. 인간이 필요로 하는 칼슘의 양과 칼슘 섭취의 다양한 정도가 뼈 건강에 미치는 영향에 관해서는 심도 깊은 연구가 필요하다. 많은 대규모 역학 연구가 높은 칼슘 섭취로 골절을 예방할 수 있다는 것을 증명하는 데 실패했다.[6, 7]

단백질과 칼슘

20년 전, 각기 다른 국가 사람들의 뼈 건강에 관한 연구는 흥미로운 패턴 하나를 밝혀냈다. 뼈 건강의 표지자로 자주 사용되는 고관절 골절률이 칼슘 섭취량이 높았음에도 불구하고 동물성 단백질 섭취 또한 많은 국가에서 가장 높게 나타난 것이다.[8] 이 연구 결과는 지나친 단백질 섭취가 칼슘 섭취의 부족보다 뼈에 더 악영향을 미친다는 것을 보여준다. 그리고 이를 뒷받침하는 생물학적 설명도 존재한다.

특정 단백질의 과다 복용은 혈액의 산도를 증가시키며, 혈액을 중성으로 되돌리기 위한 일련의 반응을 일으킨다. 뼈에서 칼슘이 방출되는 것은 이 과정의 한 부분이다. 이 이론은 혈액의 산도가 높을수록 뼈에서 더 많은 칼슘이 손실된다는 것이다. 육류의 단백질은 산을 가장 많이 생성하는 식품이며, 곡물과 유제품이 그 뒤를 잇는다. 과일과 채소가 풍부한 식단은 산도가 가장 낮다.

이 이론에 따르면 동물성 단백질을 섭취하는 사람들이 뼈에서 손실되는 칼슘의 보충을 위해 더 많은 칼슘을 섭취하는 것이 타당하게 보인다. 그렇다면 반대로, 동물성 단백질을 섭취하지 않는 비건은 칼슘이 더 적게 필요한 게 아닐까? 이는 뻔한 결론처럼 들리지만, 그렇게 단순한 문제만은 아니다.

먼저, 서로 다른 모집단을 비교하는 연구는 유용성에 한계가 있다. 이러한 유형의 연구는 생태 연구로, 3장에서 언급한 것처럼 설득력이 떨어진다. 아시아인, 아프리카인, 백인 간에는 문화적, 유전적 차이가 크기 때문에 단백질 섭취와 뼈 건강에 관한 직접적인 비교를 하기 어렵다. 예를 들어, 아프리카계 사람들은 유전적으로 더 강하고 무거운 뼈를 가진 반면,[9] 아시아인들은 고관절 구조에서 골절을 예방하는 약간의 유전적 이점이 있다.[10, 11]

문화적 차이도 존재한다. 노년층의 아시아인은 넘어질 가능성이 낮아 골절의 위험도 낮다.[12] 사실, 아시아인들은 서양인들에 비해 고관절 골절률은 낮지만 척추 건강은 비슷하다.[13, 14] 이는 아시아인이 고관절 골절의 예방과 관련이 있는 유전자나 생활 방식을 가지고 있을 수 있으나, 그 이점이 무엇이든 골격의 다른 부분에는 영향이 미치지 않는다는 점을 시사한다. 만약 식단이 이러한 예방 요소와 관련이 있었다면 그 효과는 골격의 모든 부분에서 나타났을 것이다.

결론적으로 이러한 비교 문화 연구는 식단보다는 문화 및 유전과 더 깊은 연관이 있기 때문에, 이러한 비교가 서구 비건이 얼마나 많은 칼슘을 필요로 하는지를 설명해주지는 못한다. 따라서 단백질의 효과를 직접 관찰하고 측정하는 임상 연구를 살펴보는 것이 더 나을 것이다. 다음은 임상 연구를 통해 얻은 결론이다.

- 분리된 단백질의 섭취(식품에서 분리된 순수한 단백질만을 섭

취하는 것을 뜻한다.)는 칼슘 손실에 직접적이고 지대한 영향을 미치지만, 피실험자가 고단백 식품을 천연 상태로 섭취하는 경우 이러한 문제는 대부분 사라진다. 그 이유는 인과 같은 음식 내 다른 영양소가 소변을 통한 손실을 막아주기 때문일 수 있다.[15]

- 단백질은 칼슘 손실을 증가시킬 수 있지만, 동시에 음식으로부터의 칼슘 흡수를 돕는다. 칼슘의 흡수에 대한 긍정적인 작용은 칼슘 손실에 대한 부정적인 작용을 능가하거나 적어도 충분히 보완할 수 있다는 증거가 존재한다.[16, 17] 더 많은 단백질을 흡수했을 때 소변에서 검출되는 칼슘은 뼈에서 나오는 것이 아닌 것으로 보이는데, 이는 단순히 섭취한 칼슘의 양이 늘었기 때문일 수 있다.[18, 19]
- 몇몇 연구에 따르면, 더 많은 단백질의 섭취는 실제로 더 나은 뼈 건강과 관련이 있으며 단백질 보충제는 골절에서 더 빨리 회복되도록 돕기도 한다.[20~23]

단백질이 칼슘의 흡수에 미치는 긍정적인 영향 외에도, 고단백의 식단은 근육량을 향상시켜 뼈 건강을 증진시키기도 한다. 단백질은 또한 뼈의 형성을 자극할 수 있는 화합물의 수치를 증가시킨다.[24]

베지테리언에 대한 연구는 단백질이 풍부한 음식에 중점을 두는 것이 뼈 건강에 좋다고 주장한다. 제7일 안식교인 중, 콩류 식품과 식물성 고기를 가장 많이 섭취한 여성들은 손목 골절을 겪을 확률이 낮았으며, 남성과 여성 모두 이러한 음식을 더 많이 섭취한 사람이 더 낮은 고관절 골절률을 보였다.[25, 26] 뼈 건강을 위한 최선의 방법은 칼슘과 단백질이 풍부하고 과일과 채소가 충분히 포함된 식단으로, 이는 단백질이 풍부한 식품의 산성화 효과를 중화하는 데 도움을 준다.[27]

이는 지난 수십 년 동안 비건들의 건강한 식단을 위한 연구가 어떻게 발전해왔는지를 보여주는 사례이다. 한때 비건의 단백질 섭취가 많지 않기 때문에 칼슘 섭취가 적은 것이 문제가 되지 않는다고 여겨지기도 했지만, 이제 우리는 충분한 단백질과 칼슘을 섭취하는 것이 뼈 건강을 위해 중요하다는 것을 잘 알고 있다.

비건 식단과 뼈 건강

비건의 뼈 건강에 관한 많은 정보가 존재하는 것은 아니지만, 몇몇 연구에 따르면 비건은 비교적 낮은 골밀도를 가진다.[28] 영국의 한 연구는 칼슘의 섭취가 낮은 비건이 더 높은 골절률을 보인다는 것을 발견했다.[29] 대만의 한 연구는 단백질의 낮은 섭취가 척추 골절의 위험을 높일 수 있다고 한다.[30] 이러한 연구들은 많은 비건이 뼈 건강을 위해 칼슘과 단백질 섭취에 더 관심을 기울여야 한다는 것을 보여준다.

우유 없이 칼슘 섭취하기

서양인의 일일 칼슘 섭취 권장량은 영국 기준 700mg, 미국 기준 1,000mg 정도이다. 대부분의 사람들은 700mg 정도의 칼슘이면 충분하지만, 모든 사람에게 충분한 수치는 아니라는 연구 결과가 있다. 칼슘의 필요량은 개인마다 크게 달라질 수 있는데, 이는 칼슘의 흡수율이 유전적 요인에 따라 크게 달라지기 때문이다. 미국 권장량인 성인 1,000mg, 50세 이상 노년층 1,200mg 정도를 섭취하는 것이 안전하다고 볼 수 있다. 현재로서는 비건이 다른 유형의 식단을 가진 사람들보다 더 적은 칼슘을 필요로 한다고 말할 수 있는 근거가 존재하지 않는다.

식물성 식품을 통해 칼슘을 섭취하는 것은 유제품을 칼슘의 주요 공급원으로 여기는 현대 사회에서 이상하게 보일지도 모른다. 유제품 업계의 강력한 로비로 인해 많은 소비자들이 우유와 유제품이 건강한 식단을 위해 필수적이라 생각하게 되었지만, 사실 성년에 이를 때까지 우유를 마실 수 있는 능력이 전 세계적으로 일반적인 것은 아니다.

세계 대부분의 나라 사람들은 모유를 뗀 이후 자라면서 점차 유당을 소화하는 데 필요한 효소가 줄어들게 된다. 약 10세기 전, 북부 유럽인 사이에서 돌연변이가 발생해 체내에서 이 효소를 계속 생산하게 되었고, 성인이 되어서도 우유를 마실 수 있게 되었다. 이러한 효소가 부족한 것을 '유당분해효소결핍증'이라 부른다. 이 '소화 장애'는 무언가 부족하거나 비정상적인 것이 아니라, 대부분의 사람들에게 있어 정상적인 발달의 일부이다.

비건 식단을 통한 충분한 칼슘 섭취

식품이 함유하고 있는 영양소의 양이 장을 통해 혈액으로 흡수되는 영양소의 양과 일치하지는 않는다. 특정 식품에 함유된 영양소의 '생체 이용률'은 해당 영양소가 신체 내에서 흡수되고 사용되는 양을 뜻하며, 이는 여러 가지 요인의 영향을 받는다.

시금치, 비트잎, 근대, 루바브와 같은 칼슘이 풍부한 몇몇 녹색 잎채소는 옥살산염이라 불리는 천연 화합물 또한 풍부한데, 이는 칼슘을 응고시켜 체내에서 사용할 수 없게 만든다. 그러나 케일, 콜라드, 브로콜리, 순무잎과 같은 옥살산염 함량이 낮은 채소에 함유된 칼슘은 그 효용성이 약 50%에 이른다. 즉, 우리는 이러한 식품이 함유하고 있는 칼슘의 절반 정도를 흡수하는 것이다. 절반이라는 수치는 많지 않은 것처럼 들릴 수 있으나, 다른 식품에 비하면 흡수율이 매우 좋은 편이다. 황산 칼슘으로 가공한 두부나 두유 같은 대두 식품의 칼슘 흡수율 또한 25~30% 정도로 좋은 편이라 할 수 있는데, 이는 우유와 비슷한 수준이다. 견과류와 콩류의 칼슘 흡수율은 약 20%로 비교적 낮은 편이다.[31~34]

1,000mg이라는 권장섭취량은 사람들이 식품을 통해 섭취

하는 칼슘의 약 30% 정도를 흡수한다는 가정에 기초한 것이다. 저옥살산염 잎채소와 대두 제품을 포함해 다양한 식품을 통해 칼슘을 섭취한다면, 칼슘 흡수율이 낮은 식품을 일부 섭취하는 것에 관해서는 걱정할 필요가 없다.

보충제 없이 천연 식품을 통해 충분한 칼슘을 섭취하는 것이 가능하긴 하지만, 이를 위해서는 약간의 노력이 필요하다(이는 유제품을 섭취하는 사람들도 마찬가지인데, 우유를 마시는 많은 사람들 역시 칼슘 필요량을 충족시키고 있지 못하기 때문이다. 이것이 바로 칼슘이 강화된 시리얼, 주스, 단백질 바와 같은 다양한 제품들이 시중에 많이 나와있는 이유이다.). 주스나 식물성 대체유와 같은 칼슘 강화 식품을 함께 섭취하면 비건 식단으로도 칼슘 권장량을 쉽게 충족시킬 수 있다.

식품 가공의 효과에 관심을 갖는 것 또한 도움이 된다. 예를 들어, 냉동 잎채소는 생채소에 비해 칼슘의 함량이 높은데, 이는 그저 냉동 과정에서 채소의 부피가 줄면서 농축되는 효과가 생기기 때문이다. 식품 가공은 다양한 종류의 두부에 들어있는 칼슘 함유량에도 영향을 미친다. 두부의 생산 과정에서 두유를 응고시키기 위한 성분이 첨가되는데, 가장 일반적인 두 가지 성분은 염화 마그네슘과 황산 칼슘이다. 황산 칼슘이 첨가된 두부는 칼슘의 훌륭한 공급원이 된다. 또한 단단한 두부는 부드러운 두부보다 일반적으로 칼슘 함량이 더 높다. 하지만 브랜드와 종류에 따라 칼슘의 양은 크게 달라지므로, 포장 라벨을 확인해보는 것이 중요하다.

흡수가 잘 되는 칼슘을 함유한 여러 식품을 조합해 하루에 최소 3컵 분량 이상을 섭취하는 것이 좋다. 칼슘 강화 식물성 대체유와 주스, 칼슘이 함유된 두부, 오렌지, 케일, 겨자잎, 순무잎, 청경채, 콜라드잎과 같은 저옥살산염 잎채소가 이에 해당된다.

충분한 칼슘 섭취를 위한 팁

- 칼슘 강화 식물성 대체유를 선택하고, 칼슘이 바닥에 가라앉을 수 있으므로 따르기 전에 잘 흔들어 준다.
- 황산 칼슘이 함유된 두부를 고른다.
- 잎채소를 가까이 한다. 케일, 순무잎, 겨자잎, 콜라드잎과 같은 저옥살산염 잎채소는 흡수가 잘 되는 칼슘의 좋은 공급원으로, 다른 영양소들만큼이나 뼈 건강에 중요하다.
- 소이넛, 아몬드, 잘게 썬 무화과 등을 이용해 간식을 만들어 자주 섭취한다.
- 과일 주스를 마실 때에는 칼슘 강화 브랜드를 선택한다.
- 섭취량이 부족한 경우에는 보충제로 부족한 양을 보충한다(고용량 칼슘 보충제는 심장병의 원인이 될 수 있으나, 일일 섭취량 500mg 이하의 저용량 보충제는 안전하다.).[35]

비타민 D

충분한 비타민 D의 섭취는 뼈 건강을 유지하는 데 칼슘만큼이나 중요하다. 이는 칼슘의 흡수를 돕고 소변을 통한 칼슘 손실을 줄인다. 그렇다면 비타민 D는 꼭 섭취해야 하는 영양소일까? 그렇지만은 않다. 우리 신체는 피부가 태양 자외선에 노출될 때 얼마든지 필요한 만큼의 비타민 D를 생산할 수 있기 때문이다. 식품을 통한 비타민 D의 섭취는 매우 제한적이기 때문에 우리는 인류 역사의 대부분에서 이러한 방식으로 비타민 D를 얻어왔다. 하지만 사람들이 점점 적도 부근을 벗어나 이동하고 실내에서 생활하는 시간이 많아지면서 비타민 D 결핍이 문제가 되기 시작했다. 1900년대 초반 구루병(아이들에게 주로 나타나는데, 뼈가 제대로 발달하지 못하는 병이다.)은 중대한 공중보건 문제였으며, 이로 인해 비타민 D를 강화한 우유가 나오게 되었다.

비타민 D에 관한 연구는 오랜 기간 주로 뼈 건강에 초점을 두고 진행되었지만, 최근의 연구들은 비타민 D의 수치가 섬유근육통, 류마티스 관절염, 다발성 경화증, 우울증, 근육 약화, 당뇨병, 고혈압, 암 등과 관련이 있다고 밝히고 있다.[36] 그리고 이는 우리가 실제로 얼마나 많은 양의 비타민 D를 필요로 하는지에 관한 논란으로 이어졌다. 국립과학원에 따르면 우리는 혈액 내 비타민 D 수치를 최소 20ng(나노그램)/ml로 유지할 수 있을 만큼의 비타민 D가 필요하다. 이 수치를 유지하기 위한 성인의 비타민 D 영양권장량은 600IU(international unit) 혹은 15μg(마이크로그램)이다(비타민 D는 두 가지 단위 모두를 사용해 측정 가능하며, 1μg은 40IU이다.). 하지만 많은 전문가들은 혈중 수치가 훨씬 높아야 하며, 최적의 건강 상태를 위해서는 30ng/ml 이상이 되어야 바람직하다고 주장한다.[37] 이 문제의 결론이 나기 전까지는 600~1,000IU 분량의 비타민 D를 섭취하는 것이 합리적일 것이다. 혈액 검사를 받을 때 비타민 D 수치를 함께 측정하는 것도 좋은 방법이다.

비타민 D2와 비타민 D3

비타민 D 강화식품과 보충제에는 두 종류의 비타민 D가 있다. '콜레칼시페롤(cholecalciferol)'이라고 불리는 비타민 D3는 양털이나 어유에서 추출된다. 비타민 D2는 '에르고칼시페롤(ergocalciferol)'이라고 불리는데, 보통 효모에서 얻을 수 있으며 식물성이다. 연구에 따르면 두 유형 모두 동일한 비율로 흡수되지만, 고용량 섭취 시 비타민 D2의 혈중 수치가 더 빨리 감소한다.[38, 39]

독일의 한 연구에 따르면, 8주간 비타민 D3 보충제를 복용한 사람들은 비타민 D2 보충제를 복용한 그룹에 비해 더 높은 혈중 비타민 D 수치를 보였다. 그러나 두 종류의 보충제 모두 국립과학원이 제시하는 건강한 혈중 수치를 충분히 충족시키

는 결과를 보였다.[40]

비타민 D 결핍이 없는 비건이 건강한 혈중 수치를 유지하기 위해 매일 600~1,000IU 정도의 비타민 D2를 섭취하는 것은 비타민 D3를 섭취하는 것만큼이나 효과가 있는 것으로 보인다. 만일 현재 비타민 D가 부족한 상태이며 이 수치를 끌어올리는 데 어려움을 겪고 있다면, 비타민 D3가 최선의 선택일 수 있다. 현재 비건으로 검증된 비타민 D3가 하나 존재한다. 바이타샤인(Vitashine)이라 불리는 제품으로, 이끼에서 유래한 것이다.

최적의 건강을 위한 충분한 비타민 D 섭취

사람들은 피부암을 우려해 강력한 자외선 차단제를 사용하거나 햇빛에 노출되는 것을 가급적 피하려 한다. 하지만 자외선 차단제는 피부에 미치는 해로운 영향만 차단하는 것이 아니라 비타민 D의 합성도 차단한다. 피부의 비타민 D 합성에 영향을 미치는 다른 많은 요인들도 존재한다. 노년층이나 어두운 피부색을 가진 사람들은 햇빛에 더 긴 시간 노출되어야 한다. 스모그는 비타민 D의 합성을 방해할 수 있으며, 적도에서 먼 지역의 사람들은 비타민 D의 생성을 위해 햇빛에 더 많이 노출되어야 한다. 일부 연구에 따르면 미국 북부에 사는 미국인들은 겨울철에 비타민 D를 전혀 합성하지 못한다고 한다.[41]

낮 시간 동안 충분한 비타민 D를 합성하기 위해, 피부색이

밝은 사람은 자외선 차단제의 사용 없이 일광욕이 가능한 시간대인 한낮에(오전 10시에서 오후 2시 사이) 약 10분에서 15분 정도 햇빛을 쬐어야 한다.[42] 피부가 어두운 사람은 20분, 노인의 경우 30분의 시간이 필요하다.[43, 44]

이 권장 시간만큼 햇빛을 쬐기 어려운 사람은 보충제나 비타민 강화식품을 섭취할 필요가 있다. 손꼽히는 비타민 D의 천연 식품 공급원으로는 지방이 풍부한 생선, 비타민 D를 먹여 키운 닭의 달걀, 자외선 처리가 된 버섯 등이 있다. 많은 사람들은 우유가 비타민 D의 좋은 천연 공급원이라 생각하지만 이는 사실이 아니다. 우유는 비타민 D가 강화된 제품이 아닌 이상 비타민 D를 함유하지 않으며, 따라서 다른 비타민 강화식품에 비해 더 자연적인 식품 공급원이라 할 수 없다.

아침 식사용 시리얼을 포함해 비타민 D가 첨가된 대부분의 식품은 동물에서 추출한 비타민 D3를 함유한다. 비타민 첨가 두유나 대체유는 주로 자외선에 노출된 효모로부터 추출한 비타민 D2를 사용한다.

식품의 라벨에 표기되는 비타민 D의 일일영양성분기준치는 10㎍(400IU)이다. 따라서 한 식품이 비타민 D의 일일영양성분기준치의 25%를 제공한다면, 이는 1회 분량에 비타민 D를 2.5㎍(100IU) 함유한다는 것을 뜻한다. 비타민 D 강화 식물성 대체유는 보통 1컵당 2~3㎍(80~120IU)의 비타민 D를 함유한다. 이 수치는 비타민 강화 식품만으로 하루에 600IU의 비타민

D를 섭취하는 것이 쉽지 않다는 것을 보여준다. 따라서 만약 햇빛에 충분한 시간 동안 노출되기 어렵다면, 비타민 D 보충제를 섭취할 필요가 있다.

뼈 건강을 위한 과일과 채소의 섭취

칼슘과 비타민 D는 뼈를 튼튼하게 하는 영양소로 알려져 있지만, 이들이 단독으로 작용하는 것은 아니다. 과일과 채소는 뼈 대사에 관여하는 두 가지 미네랄인 칼륨과 마그네슘의 좋은 공급원이기 때문에 과일과 채소 위주의 식단은 뼈 건강에 도움이 된다.[45] 칼륨의 권장량은 여성의 경우 하루에 2,600mg, 남성의 경우 3,400mg인데, 많은 미국인이 충분한 칼륨을 섭취하지 않는다. 또한 고혈압의 위험을 줄이기 위한 연구에서는 권장량보다 훨씬 많은 양의 칼륨 섭취가 적용되었다. 따라서 전반적인 건강을 위해서는 권장량을 초과해 칼륨을 섭취하는 것이 좋다. 15장에서는 이에 대해 더 자세히 다룰 것이다. 과일과 채소를 많이 섭취하는 것 외에도 콩으로 고기를 대체하는 것 또한 더 많은 칼륨을 섭취하는 효과적인 방법이다. 칼륨의 가장 좋은 공급원으로는 시금치, 근대, 익힌 토마토나 토마토 통조림, 토마토 주스, 오렌지 주스, 바나나, 콩류 등이 있다.

칼륨이 풍부한 식품들 대부분은 마그네슘의 좋은 공급원이기도 하다. 통곡물과 일부 견과류, 씨앗류 또한 마그네슘이 풍부하다. 마그네슘 권장량은 여성의 경우 320mg, 남성의 경우 420mg이다. 앞서 언급한 대로 마그네슘의 충분한 섭취는 혈압 관리에 있어 매우 유용한데, 보충제가 아닌 식품으로 섭취하는 경우 영양권장량 이상의 칼륨과 마그네슘을 섭취하는 것은 안전하다 할 수 있다. 143~145쪽의 표는 식물성 식품에 함유된 칼슘, 칼륨, 마그네슘의 양을 나타낸 것이다.

과일과 채소에는 뼈의 결합 조직 합성에 필요하고 골손실을 방지하는 비타민 C와 뼈 건강을 위해 단백질을 활성화하는 데 필수적인 비타민 K가 풍부하다.[46] 비타민 C와 K는 잎채소에 풍부한데, 충분히 섭취하지 못하는 경우 골밀도 감소와 골절 위험의 증가로 이어질 수 있다.[47, 48] 비타민 C와 비타민 K는 8장에서 자세히 다룬다.

뼈를 위한 건강한 생활 방식

단백질, 칼슘, 비타민 D의 필요량을 충족시키고 많은 과일과 채소를 섭취하려고 노력하는 것은 뼈 건강을 지키는 중요한 습관이다. 나트륨의 섭취를 제한하고 음주를 줄이는 것도 골손실의 위험을 줄이는 데 도움이 된다.

하지만 골손실을 예방하는 데 있어 가장 중요한 요소는 운

식품의 칼슘, 칼륨, 마그네슘 함유량

성인 권장섭취량	칼슘 1,000mg	칼륨 여성: 2,600mg 남성: 3,400mg	마그네슘 여성: 320mg 남성: 420mg
콩류(별도 기재되지 않은 경우 ½컵)			
베이크드 빈	63	379	40
검정콩	51	400	45
병아리콩	40	239	39
에다마메	130	485	54
그레이트 노던 빈	60	346	44
렌틸콩	19	365	36
네이비 빈	62	415	61
리프라이드 빈	40	397	44
검정콩 파스타	57	550	해당 없음
병아리콩 파스타	22	480	해당 없음
에다마메 파스타	70	630	71
수제 후무스	56	208	32
땅콩버터 2큰술	17	189	57
강화 두유 1컵	300	284	36
소이넛 ¼컵	59	632	62
황산 칼슘으로 만든 단단한 두부	434	150	37
황산 칼슘과 간수로 만든 단단한 두부	253	186	47
황산 칼슘과 간수로 만든 부드러운 두부	138	149	33
두유 요거트 1컵	300	해당 없음	해당 없음
템페	92	342	67
TVP	80	594	해당 없음

채소(별도 기재되지 않은 경우 익힌 것은 1/2컵, 생채소는 1컵)			
비트잎	***	654	49
청경채	80	315	10
브로콜리	31	229	16
냉동 브로콜리	30	142	12
땅콩호박	42	291	30
양배추	36	147	11
당근 주스 1컵	60	683	33
익힌 콜라드잎	134	111	20
익힌 냉동 콜라드잎	178	213	25
옥수수 1컵	2	416	57
익힌 케일	88	85	15
익힌 겨자잎	82	113	9
익힌 냉동 겨자잎	76	104	10
오크라 1컵	81	303	57
파스닙 1컵	48	499	39
구운 감자	26	926	48
감자 1/2컵	3	256	16
루타바가 1컵	66	472	32
익힌 시금치 1/2컵	***	420	80
근대	***	480	75
겨울호박 1컵	32	406	16
큐브형 고구마 1컵	40	448	33
토마토 1개 큰 것	18	431	20
토마토 통조림	43	264	15
순무잎 1컵	104	163	17
큐브형 참마 1컵	26	1,224	32

과일			
바나나	6	422	32
대추야자 3개	46	696	39
말린 무화과 4개	54	228	23
무화과 2개	35	232	17
오렌지	61	238	14
강화 오렌지 주스 ½컵	349	443	27
견과류 및 씨앗류			
아몬드버터 2큰술	86	243	97
아몬드 ¼컵	88	259	97
브라질넛 3개	24	99	56
타히니 2큰술	39	129	99
곡물			
익힌 보리 ½컵	9	73	17
익힌 카무트 ½컵	8	170	48
익힌 오트밀 ½컵	11	82	16
익힌 스파게티 1컵	10	55	12
익힌 통밀 스파게티 1컵	26	395	16

*** 해당 식품의 칼슘은 잘 흡수되지 않는다.

동이다. 활동적으로 지내는 것은 뼈의 밀도와 강도에 있어 매우 중요하다. 가장 큰 효과를 위해서는 근력 운동, 조깅, 스텝 에어로빅과 같은 체중 부하 운동과 고충격 운동을 선택하는 것이 좋다. 자전거나 수영은 뼈를 튼튼하게 하는 데 크게 도움이 되지 않는다.

적정 체중을 유지하는 것 또한 뼈를 보호하는 데 도움이 되는데, 이는 체중이 너무 적게 나가면 안 된다는 것을 뜻한다. 뼈 건강에 있어서는 표준 체중보다 몇 kg 더 나가는 것이 적게 나가는 것보다 낫다. 급격한 체중 감량은 골손실과 관련이 있기 때문에, 체중을 감량해야 하는 상황이라면 운동을 통해 근육을 키우고 뼈를 보호하면서 천천히 진행하는 것이 좋다.

비건 식단을 통해 건강한 뼈를 만들기 위한 팁

뼈를 튼튼하게 만들고 유지하는 것은 다양한 생활 습관과 깊은 연관이 있다.

- 134~136쪽에 나와있는 칼슘 필요량에 관한 팁을 활용해 칼슘이 풍부한 식단을 실천하도록 노력한다.
- 하루에 최소 3, 4회 분량의 콩류 식품을 섭취해 단백질을 충분히 섭취한다.
- 칼륨과 마그네슘이 풍부한 여러 채소와 과일을 섭취한다.
- 따뜻한 계절에는 매일 햇빛을 쬐거나, 비타민 강화식품이나 보충제를 사용해 하루에 25㎍(1,000IU)의 비타민 D를 섭취하도록 한다.
- 활동적으로 지내도록 노력하고 체중 부하 운동과 같은

운동을 실천한다.

- 지나친 나트륨과 알코올 섭취를 피한다.

제6장

비타민 B12

비타민 B12가 비건 사이에서 논쟁의 여지가 있는 주제라는 말을 들어본 적이 있을 것이다. 하지만 영양 전문가들(비건 식단 전문가를 포함해)에게는 논란거리가 아니다. 모든 비건은 비타민 B12 강화식품이나 보충제를 섭취할 필요가 있다.

비타민 B12는 세포 분열과 건강한 적혈구 형성에 필요하다. 심각한 비타민 B12의 결핍은 혈액 세포가 정상적으로 분열 및 재생하지 않는 대적혈구빈혈 또는 거대적혈모구빈혈을 야기할 수 있다. 비타민 B12는 또한 신경 섬유 주변의 보호초인 미엘린을 생산하는 데 필요하다. 따라서 이 영양소의 결핍은 신경 손상 역시 초래할 수 있다. 또한 비타민 B12의 수치가 이와 같은 급성 결핍증을 불러올 만큼 낮지 않다고 해도 충분하지 못한 섭취는 치매와 같은 특정 만성 질환에 대한 위험을 증가시킬 수 있다.

비타민 B12의 학명은 코발아민인데, B12 분자가 구조의 중심에 코발트 미네랄을 포함하고 있기 때문이다. 보충제와 강화식품에 사용되는 비타민 B12의 상업용 제제는 사이아노코발아민이라 불린다. 사이아노코발아민은 체내에서 비타민 B12 작용에 필요한 화합물인 비타민 B12 조효소로 변환된다.

비타민 B12의 비건 공급원

세상에 존재하는 모든 비타민 B12는 박테리아에 의해 만들어지며, 이는 동물과 인간의 소화관에 사는 박테리아를 포함한다. 이 박테리아가 생산하는 비타민을 체내에서 그냥 사용하면 될 것 같지만 그럴 수가 없다. 사람의 몸은 소장에서 비타민 B12를 흡수하는데, 이를 생산하는 박테리아는 대장에 있기 때문이다.

또한 비타민 B12와 매우 유사하지만 인간 신체에서 비타민 활동을 하지 않는 분자도 있는데, 이를 비활성 비타민 B12 유사체라고 부른다. 식품 내의 비타민 B12를 측정하는 대부분의 방법은 실제 비타민 B12와 이 비활성 유사체를 구분하지 못하기에 오랜 시간 동안 많은 혼란을 불러왔다. 발효 대두 제품, 사워도우 빵(발효 빵), 일부 해초와 같은 식품이 모두 비타민 B12의 좋은 공급원이라 여겨지던 때가 있었다. 하지만 이 식품들이 포함하고 있는 것은 사실 비활성 유사체라는 연구가 있다.[1] 비타민 B12의 섭취를 위해 이러한 식품에 의존하는 것은 이중의 위험이 있는데, 비활성 유사체는 진짜 비타민 B12의 활동을 막을 수 있기 때문이다.[2]

일부 업체는 그들의 시험 방법이 활성 비타민 B12와 비활성 유사체를 구별할 수 없음에도 불구하고, 자신들의 제품이 비타민 B12를 함유한다고 주장하기도 한다. 현재 식품에 활성 비타민 B12가 포함되어 있는지를 알 수 있는 유일한 방법은 해당 식품을 사람이 섭취한 후 비타민 B12의 활동을 추적하는 것뿐이다. 이를 확인하는 방법은 여러 다른 식품이 메틸말론산(MMA: Methylmalonic Acid, 이하 MMA)라 불리는 화합물의 수치에 어떻게 영향을 미치는지 관찰하는 것이다. 비타민 B12가 결핍일 때는 MMA의 수치가 증가하며, 활성 비타민 B12가 함유된 식품을 섭취하면 이 수치가 내려간다. 일반적으로 비타민 B12의 좋은 공급원이라 여겨지는 많은 식품이 이 MMA 수치에 영향을 주지 않는데, 이는 이 식품이 비활성 유사체를 함유하고 있다는 것을 뜻한다.

식물은 비타민 B12가 필요하지 않기 때문에 보통 비타민 B12를 함유하지 않는다. 간혹 식물성 식품이 비타민 B12로 '오염'되는 경우는 있다. 우연히 비타민 B12를 함유하게 된 것이다. 예를 들어, 발효 대두 식품인 템페를 만드는 '발효종'은 우연히 비타민 B12를 생성하는 박테리아를 함유하기도 한다. 해초 역시 같은 박테리아를 얻게 되는 경우가 있다. 클로렐라, 덜스(식용 홍조류), 김과 같은 해초가 비타민 B12를 함유한다고 알려졌지만, 앞서 언급한 대로 이는 믿을 수 있는 활성 비타민 공급원이 되지 못하는 것으로 밝혀졌다.

클로렐라 보충제가 비타민 B12가 부족한 비건의 MMA 수치를 떨어뜨린다는 연구도 있었으나, 이 경우에도 MMA 수치는 이상적인 수준보다 여전히 높았다. 그리고 실험자들은 이 결과를 얻기 위해 하루에 45알의 보충제를 섭취해야 했다. 이와 같은 연구가 시사하는 것은 일부 해조류가 비타민 B12를 함유하고 있을 수는 있지만, 이것이 필요량을 충족시킬 수 있을 만큼 실용적이거나 신뢰도가 있지는 않다는 점이다.[3]

식물성 식품이 비타민 B12를 함유하는 경우, 우리는 어떻게 그 식품이 비타민 B12를 함유하게 되었는지 알 길이 없다. 다시 말해, 식물이 스스로 비타민을 생성한 것인지, 배설물이나 곤충에 의한 전이인지 알 수 없다는 것이다. 이는 같은 식품일지라도 비타민 B12의 함유량이 얼마나 다른지 알 수 없다는 것을 의미하기도 한다.

대부분의 사람들은 동물성 식품을 통해 비타민 B12를 얻는다. 소나 다른 초식동물은 박테리아에 의해 장에서 생성되는 비타민 B12를 흡수할 수 있다. 영장류를 포함한 다른 종의 동물은 비타민 B12의 좋은 공급원이 될 수 있는 동물성 식품(곤충이나 심지어 배설물을 포함하기도 한다.)을 최소한의 양이라도 섭취하고 있다.

사람이나 동물의 배설물로 오염된 토양은 비타민 B12를 포함할 가능성이 있다. 그러나 이를 연구하는 과학자들 사이에서는 이에 대한 추측만 있을 뿐, 직접적인 증거가 존재하지는 않는다. 몇몇 비건 사이에서 지지를 받아온 한 논문은 사실 뉴욕 식물원(New York Botanical Garden)이 1950년 과학 잡지 《사이언스(Science)》에 게재한 초록일 뿐이었다. 이 연구에 사용된 방법은 해당 비타민 B12가 활성 상태인지에 대한 여부를 확인하지 못했다. 최근 한 연구에 따르면, 식물은 비료 처리된 토양에서 비타민 B12를 흡수할 수 있다고 한다. 그러나 식물이 이렇게 토양으로부터 흡수한 해당 비타민이 활성 비타민인지 비활성 유사체인지는 밝혀내지 못했다. 그리고 애초에 그 양이 너무 미미해 영양학적으로 큰 의미가 없었다.[4] 몇몇 연구에서 비타민 B12가 식물의 배지에 주입되었을 때, 이 배지에서 재배된 식물 중 일부는 섭취하기 충분한 양의 비타민을 함유할 수 있는 것으로 나타났다. 이는 미래에 비건을 위한 비타민 B12의 식물성 식품 공급원이 될 수도 있겠지만, 현재로서는 아직 실질적 의미가 없다.[5] 그리고 경제적인 면에서는 보충제 섭취가 식물을 통한 비타민 B12 섭취보다 더 효율적인 선택일 것이다.

인간은 분명 비타민 B12의 적은 섭취로도 생존 가능하도록 진화해왔다. 그리고 다소 복잡한 방법으로 이를 재활용할 수 있으며, 간에도 제법 많은 양의 비타민 B12를 저장할 수 있다(이는 경우에 따라 약 3년간의 심각한 결핍을 예방할 수 있는 양이다.). 따라서 일부 비건 옹호론자들은 수 년간 비거니즘을 실천하는 동안 비타민 B12의 결핍을 걱정할 필요가 없으며, '어쩌다 한 번' 보충제를 섭취하는 것으로도 충분하다고 주장한다. 하지만 이러한 접근은 몇 가지 이유로 잘못된 것이라 할 수 있다.

먼저, 모든 사람이 3년을 버틸 수 있는 양의 비타민 B12를 지니고 있는 것은 아니다. 오랜 시간 동안 어떤 식단을 해왔는지에 따라 그 양은 달라질 수 있기 때문이다. 충분한 양의 비타민 B12를 몸에 저장하기 위해서는 수년간 필요 이상의 양을 매일 섭취해야 한다. 비건이 되기 전에도 주로 식물성 식품을 섭취하거나 락토 오보 베지테리언 식단을 진행했다면(대부분의 미국인에 비해 동물성 식품을 덜 섭취해왔다면), 현재 체내의 비타민 B12 저장량은 상대적으로 낮은 상태일 수 있다. 몇몇 사람들은 단지 몇 달 만에 저장된 비타민 B12를 다 써버릴 수도 있다. 또한 신체가 저장한 비타민 B12의 양은 다음에서 볼 수 있듯이, 잠재적 결핍을 예방하기에 충분하지 않을 수 있다.

비타민 B12의 결핍

비타민 B12의 지나친 결핍 증상은 저장량이 거의 0으로 떨어질 때 발생한다. 이 결핍의 주된 첫 징후는 거대적혈모구빈혈인데, 비타민 B12의 처치로 치료가 가능하다.

그러나 때때로 비타민 B12 결핍성 빈혈은 비타민 B12의 역할을 일부 수행할 수 있는 엽산에 의해 '가려지기도' 한다. 따라서 비타민 B12가 부족하다 하더라도 엽산이 충분한 식단을 섭취하면 빈혈이 없을 수 있다. 이는 좋은 얘기처럼 들릴 수도 있지만, 엽산이 비타민 B12의 결핍으로 생길 수 있는 신경 손상을 예방해주지는 못하기 때문에 꼭 좋은 일이라 할 수는 없다. 비타민 B12의 섭취가 부족하고 엽산의 섭취가 충분한 경우, 비타민 B12의 결핍은 심각한 상태로 진행될 때까지 눈에 띄지 않을 수 있다. 일반적으로 엽산은 잎채소, 오렌지, 콩 등에 많기 때문에 비건에게 이는 중요한 문제이다.

비타민 B12의 결핍으로 인한 신경 손상은 손과 발의 얼얼한 느낌으로 시작되며, 점점 더 심각한 증상으로 진행될 수 있다. 종종 이 증상이 감소하기도 하지만, 일부 신경 손상은 영구적인 경우도 있다. 이 문제는 특히 임신 중에 비타민 B12를 충분히 섭취하지 않은 산모에게서 태어난 아기들에게 해당된다.

극심한 비타민 B12 결핍으로 인한 빈혈과 신경학적 문제는 증상이 뚜렷하지만, 두 번째 유형인 '경미한' 결핍은 급성 증상을 동반하지 않는다. 이는 수십 년에 걸쳐 손상을 유발하기 때문에 의료 검사를 통해서만 발견이 가능하다. 비타민 B12의 혈중 수치가 떨어지기 시작하면, 호모시스테인이라 불리는 아미노산의 수치가 증가하기 시작한다. 호모시스테인의 증가는 인지력 저하[6, 7], 뇌 위축[8]과 관련이 있으며, 또한 선천적 결손증[9], 낮은 골밀도[10, 11], 그리고 뇌졸중[12]의 위험을 높인다는 연구 결과도 있다.

연구에 따르면 비타민 B12 보충제를 섭취하는 베지테리언과 비건은 건강한 수준의 호모시스테인을 가지고 있으나, 보충제를 섭취하지 않는 경우 높은 호모시스테인 수치를 보이는 것으로 나타났다.[13] 엽산과 비타민 B6 또한 혈중 호모시스테인 수치에 영향을 미치지만, 비건들은 이미 이 영양소들을 충분히 섭취하고 있다.

비타민 B12의 혈중 수치와 MMA의 수치를 살펴본 연구에 따르면, 비건뿐만 아니라 유제품과 달걀을 섭취하는 베지테리언도 보충제를 섭취하지 않는 경우 비타민 B12 결핍의 위험이 높은 것으로 나타났다.[14, 15] 그리고 비타민 B12의 혈중 수치가 낮은 베지테리언이 보충제를 복용하면 동맥 기능이 개선되고 심혈관 질환의 위험이 낮아지는 것으로 나타났다.[16] 이러한 발견은 보충제를 섭취하지 않는 비건, 그리고 보충제가 필요하지 않다고 주장하는 비건이 장기적으로 건강을 해칠 수 있다는 강력한 증거가 된다.

이는 마치 비건에게 있어 비타민 B12 문제가 심각한 것처럼 들릴 수 있지만, 쉽게 해결할 수 있는 문제이기 때문에 크게 걱정할 필요는 없다. 단지 비타민 B12에 관한 중요한 조언을 듣지 않거나 보충제 및 강화식품을 섭취하지 않으려 하는 비건에게만 문제가 될 뿐이다.

우리는 아래와 같은 이유로 비타민 B12에 있어서 비건이 오히려 이점을 가지고 있다고 생각한다. 사람은 나이가 들면서 어떤 유형의 식단을 따르든 상관없이, 음식에서 자연적으로 얻는 비타민 B12를 흡수하는 능력이 떨어지기 시작한다.[17] 동물성 식품에 함유된 비타민 B12는 단백질과 결합되어 있는데, 노년층에서는 위산의 양이 감소하기 때문에 단백질에 포함된 비타민 B12를 흡수하기 어려워진다. 보충제나 강화식품에 함유된 비타민 B12는 단백질과 결합된 형태가 아니기 때문에, 노년층도 더 쉽게 흡수할 수 있다. 이러한 이유로 국립과학원은 50세 이상의 모든 사람들이 비타민 B12의 영양권장량의 적어도 절반에 해당하는 양을 보충제와 강화식품을 통해 섭취할 것을 권고한다. 많은 노년층이 이에 관해 잘 모르고 있지만, 영양에 주의를 기울이는 비건은 이미 비타민 B12 보충제나 강화식품을 섭취하고 있다.

보충과 관찰

보충제를 먹어야 할지 말아야 할지 고민하는 사람은 비타민 B12 수치 검사를 받아보는 것이 좋다고 알려져 있다. 하지만 꼭 그런 것은 아니다. 보충제의 섭취를 위해 수치가 낮아질 때까지 굳이 기다릴 필요가 없다. 만약 수치가 정상 수준이라면, 이를 유지하기 위해서 보충제를 섭취해야 한다. 보충제를 섭취하지 않을 이유는 없다. 돈이 많이 드는 것도 아니며 안전하기 때문이다. 원한다면 비타민 B12 수치 검사를 받아도 좋지만, 그 결과와 상관없이 다음에 설명할 가이드라인을 따라 비타민 B12 보충제와 강화식품을 섭취하는 것이 좋다.

비타민 B12의 필요량 충족

우리가 권장하는 것은 사이아노코발아민이라 불리는 비타민 B12의 형태를 사용하는 보충제와 강화식품이다. 사이아노코발아민이 작용하기 위해서는 메틸코발아민이라 불리는 비타민 B12의 활성 형태로 전환되어야 하기 때문에 굳이 사이아노코발아민을 섭취하라는 이야기가 이상하게 들릴 수 있다. 그렇다면 우리는 왜 메틸코발아민을 직접 복용하지 않을까? 이는 단순히 사이아노코발아민이 '더 낫기' 때문은 아니다. 우선 사이아노코발아민에 관한 충분한 연구와 비타민 B12 수치의 유지를 위한 적정 복용량에 관한 더 믿을만한 정보가 존재한다. 또한 메틸코발아민이 보충제 형태에서 덜 안정적이라는 일부 연구 결과가 있고, 비타민 B12 수치를 유지하기 위해서는 매우 많은 양을 복용해야 하는 것으로 보인다. 사이아노코발아민이 비타민 B12 수치 유지에 효과적이라는 다양한 연구 결과가 존재하고, 우리 몸은 사이아노코발아민을 비타민 B12의 활성 형태로 쉽게 전환하기 때문에, 이 영양소를 이용한 보충제가 최적의 선택이라 할 수 있다. 그리고 사이아노코발아민 보충제는 소량의 사이안화물을 함유하고 있지만, 이는 식품을 통해 자연적으로 섭취하는 양에 비하면 큰 의미가 없다. 사이아노코발아민 1,000㎍을 일주일에 두 번 복용하면 하루 평균 6㎍의 사이안화물을 섭취하게 되는데, 이는 하루 최저 위험 수치인 3,175㎍에 훨씬 못 미치는 숫자이다.[18]

비타민 B12 보충제의 섭취와 관련해 명심해야 할 몇 가지 중요한 사항이 있다. 우선, 비타민 B12의 흡수를 극대화하기 위해 씹는 형태(혹은 액체 형태)의 보충제를 선택하는 것이 좋다.

또한, 우리의 신체는 하루 종일 여기저기에서 비타민 B12를 조금씩 섭취하는 데에 익숙하다. 많은 양의 비타민 B12를 한 번에 섭취하면, 몸은 이 중에서 아주 일부만을 흡수한다. 따라서 비타민 B12를 자주 섭취하지 않는다면 충분한 양의 흡수를 위해 더 많은 양을 섭취해야 한다. 성인의 비타민 B12 영양권장량은 2.4㎍에 불과하다. 하지만 보충제의 섭취를 통해 하루 필요량을 충족시키기 위해서는 25~100㎍ 정도를 복용해야 한다. 만약 일주일에 두세 번만 섭취하는 경우에는 한 번에 1,000㎍ 정도를 복용해야 할 것이다.

비건 식단을 통해 비타민 B12 필요량을 충족시키고자 한다면 다음 중 하나를 따라야 한다.

- 비타민 B12를 각각 2~3.5㎍ 함유한 강화식품을 하루 2회 분량 섭취한다.
- 비타민 B12 보충제를 매일 최소 25㎍ 복용한다(25~100㎍ 정도가 이상적이다.).
- 비타민 B12 보충제를 일주일에 1,000㎍씩 2회 복용한다.

강화식품을 통한 B12 섭취

식물성 식품 중에서는 비타민 B12가 강화된 제품만이 비타민 B12의 믿을 수 있는 공급원이라 할 수 있다. 식품 라벨에 표기된 비타민 B12의 일일영양성분기준치는 6㎍이다. 따라서 일일영양성분기준치의 25%를 제공한다고 표기되어 있다면, 이는 1.5㎍을 함유한다는 뜻이다.

뉴트리셔널 이스트는 많은 비건 사이에 인기 있는 선택지이다. 뉴트리셔널 이스트의 치즈 같은 효모 냄새는 콩 요리, 곡물 요리와 섞거나 팝콘 위에 뿌리면 더욱 매력적이다. 뉴트리셔널 이스트는 영양분이 풍부한 배양균에서 자라며, 그 배양균에 포함된 영양소만을 함유한다. 따라서 모든 종류의 뉴트리셔널 이스트가 비타민 B12의 좋은 공급원이라 할 수는 없다. 일부 레드 스타(Red Star) 브랜드 뉴트리셔널 이스트는 비타민 B12를 함유하고 있다. 이러한 제품들에는 보통 VSF(Vegetarian Support Formula)라는 라벨이 붙어있는데, 이는 베지테리언 건강 보충제라는 뜻이다(뉴트리셔널 이스트를 맥주 제조 과정의 부산물인 양조 효모와 혼동해서는 안 된다. 양조 효모는 비타민 B12의 좋은 공급원이 아니기 때문이다. 양조 효모나 뉴트리셔널 이스트 모두 빵을 만들 때 사용되는 활성 효모는 아니다.).

점점 더 많은 식물성 대체유에 비타민 B12가 첨가되고 있으며, 몇몇 두부 브랜드도 비타민 B12를 첨가하는 추세이다. 캐나다에서는 법에 의해 비타민 B12가 식물성 고기에도 첨가되고 있지만, 미국에서는 아직 덜 일반적이다.

비건 강화식품의 비타민 B12 함유량

식품명	비타민 B12 함유량(㎍)
뉴트리셔널 이스트(VSF) 1큰술	4.0
강화 두유 1컵	1.2~2.9*
강화 단백질바	1.0~2.0*
마마이트 효모 추출물 1작은술	0.9

* 브랜드에 따라 달라질 수 있음.

비타민 B12에 대한 사실

- 보충제의 비타민 B12는 박테리아 배양균에서 추출된다. 동물성 식품에서는 분리되지 않는다.
- 비타민 B12 알약은 씹거나 혀 아래에서 녹여 먹는 것이 좋다.
- 해조류(김, 스피룰리나 등), 양조 효모, 템페, 또는 식물을 공급원으로 삼는 '살아있는' 형태의 비타민 보충제는 비타민 B12 수치를 유지하기 위한 좋은 방법이 되지 못한다.
- 빗물이나 유기농으로 기른 씻지 않은 채소도 비타민 B12의 좋은 공급원이라고 할 수 없다.
- 약 2%의 사람들은 악성 빈혈로 인해 비타민 B12를 흡수하지 못한다. 비거니즘은 이 질병과 아무 연관이 없지만, 비타민 B12 보충제를 규칙적으로 복용하고 있음에도 불구하고 극심한 피로나 신경 손상과 같은 비타민 B12의 결핍 증상을 보인다면, 반드시 비타민 B12 수치 검사를 받아야 한다. 악성 빈혈은 비타민 B12의 주사나 보충제의 다량 복용으로 치료할 수 있다.

중대한 문제를 그냥 무시하는 것은 옳지 않을 것이다. 그러니 뻔한 질문들을 해보자. 비타민 B12는 식물성 식품에서 얻을 수 없고, 비건은 반드시 보충제를 복용해야 한다면, 이는 비건 식단이 부자연스러운 것이라는 뜻은 아닐까?

많은 비건들은 인간이 비건으로 진화해왔고, 비타민 B12 보충제는 우리가 자연환경과 거리를 두고 생활하고 있기 때문에 필요한 것이라고 자기합리화를 하기 위해 안간힘을 써왔다. 하지만 인간은 동물성 식품을 먹으며 진화해왔다는 수많은 연구가 존재한다. 비타민 B12의 경우 많은 양을 섭취해야 하는 것은 아니지만, 최적의 수준을 위해서는 세척되지 않은 농산물을 통해 얻을 수 있는 것보다는 더 필요하다. 임신과 수유 중일 때는 임산부 스스로와 아기를 위해 더욱 충분한 양의 비타민 B12를 섭취해야 한다.

동물성 식품을 소량 섭취하는 것만으로는 비타민 B12 결핍을 치료할 수 없다. 한 연구에 따르면 일부 락토 오보 베지테리언은 보충제를 복용하지 않았을 때, 역시 보충제를 복용하지 않은 비건과 비슷한 수준의 비타민 B12 수치를 보였다.[19] 소량의 동물성 식품을 섭취하는 것으로 비타민 B12 수치를 개선할 수 없다면, 비타민 보충제가 나오기 이전 시대에 세척되지 않은 농산물을 통한 비타민 B12만 가지고 비건 상태를 유지하는 일은 쉽지 않았을 것이다.

고생물학자 로버트 메이슨(Robert Mason)은 한 팔레오비건학(PaleoVeganology) 웹사이트(현재는 존재하지 않는다.)에서 인간 식생활의 진화에 대해 다음과 같이 언급했다. "이는 비건이 '팔레오 식단' 주장에 어떻게 대응해야 하는지에 대한 문제이다. 우리 중 많은 사람이 인간이 '자연적으로' 원래 비건이라는 것을 '증명'하기 위해 증거를 왜곡하고 비틀고 싶은 유혹을 받는다. 육식주의자(특히 팔레오 식단을 하는 사람)는 우리가 이 '함정'에 빠지기를 바란다. 증거는 우리 편이 아니다. 인류의 조상이 육식을 했다는 점은 의심의 여지가 없다 […] 비거니즘의 논거는 주로 윤리적인 것이었고 앞으로도 그래야 한다. 비거니즘이 주장하는 바가 바탕으로 두는 것은 과거에 대한 집착이 아닌 미래에 관한 염려이다."[20]

그리고 '채식을 넘어(Beyond Veg)' 웹사이트를 만든 톰 빌링스(Tom Billings)는 이렇게 말했다. "당신의 식단의 동기가 도덕적이거나 정신적인 것이라면, 당신은 식단의 기반이 정직하고 자비롭기를 원할 것이다. 이 경우 자연스러움에 대한 잘못된 믿음을 버리는 것은 문제가 되지 않는다. 잘못된 믿음을 저버리는 것은 짐을 버리는 것과 같다."[21]

우리는 비건 식단이 역사적인 섭생 방식인지 아닌지는 중요한 문제가 아니라고 생각한다. 중요한 것은 '지금' 비건 식단을 실천하는 것이 타당한 일이라는 점이다. 그리고 정말 자연스러운 식단이란 어떤 식단일까? 세상에 오늘날의 식단과 유사한 단 하나의 자연스러운 선사시대 식단만이 존재한다는 것, 그리고 그것이 현대인에게 가장 적합할 것이라는 가정은 미심쩍다.

오늘날의 상업적인 식물성 식품과 육류는 선사시대의 음식과는 다르다. 우리는 개량된 식물을 섭취하고, 동물이 보통 먹지 않는 음식을 그들에게 먹인다. 또한, 미국의 식품은 대부분 많은 비타민과 미네랄을 첨가하고 있다. 성인이 된 후 좀 더 '자연스러운' 식단을 실천하려 애쓰는 사람들조차도 대부분 어린 시절 강화식품의 혜택을 받고 자랐다. 오늘날 완전한 자연식단을 실천하는 사람은 찾아보기 어렵다.

비타민 B12 보충제를 매일 복용하는 것은 비건의 건강에 엄청난 변화를 가져올 수 있는 작은 실천이다. 비타민 B12 필요량에 관한 지금까지의 연구 결과를 살펴볼 때, 보충제 섭취는 논쟁의 대상이 되지 못한다. 비타민 B12 보충제나 강화식품은 전 생애주기의 모든 단계에서 균형 잡힌 비건 식단의 필수적인 요소이다.

제7장

지방:

최선의 선택을 위해

연구에 따르면 비건은 평균적으로 섭취 열량의 약 30%를 지방에서 얻는다.[1] 이는 비건이 아닌 이들의 평균보다는 약간 낮은 수치이지만 그 차이가 그리 크지는 않다. 식물성 식품은 육류, 유제품, 달걀에 비해 포화 지방 함량이 훨씬 낮기 때문에 비건이 소비하는 지방은 그 유형에서 큰 차이가 있다.

'지방'이라는 용어는 다양한 종류의 지방산을 포함하는 큰 범주이며, 그 중 두 가지는 우리 식단에 필수적이다. 필수 지방의 실제 필요량은 낮지만, 전체적으로 지방이 풍부한 식품을 섭취하는 것에는 여러 이점이 있다. 이 장에서는 우리가 필수 지방산을 충분히 섭취하고 있는지 확인할 수 있는 방법을 살펴볼 것이다. 우선 우리는 비건이 안전하게 섭취할 수 있는 총 지방량에 대해 이야기해보고자 한다.

비건은 얼마나 많은 지방을 섭취해야 할까?

모든 고지방 식품을 배제하는 비건 식단의 인기에도 불구하고, 이러한 접근으로 얻을 수 있는 이점에 대한 증거는 제한적이다. 일반적인 서구식 식습관에 비해 저지방 비건 식단이 건강에 좋은 것은 사실이지만, 고지방 식물 위주 식단에 비해 더 건강에 이롭다는 증거는 없다.

유명한 '7개국 연구(Seven Countries Study)'에서, 앤셀 키스(Ancel Keys)와 동료들은 각기 다른 나라들의 전통적인 식습관과 생활 방식이 심혈관 질환의 위험에 미치는 영향을 알아내고자 했다. 그들은 크레타 섬에 사는 사람들의 발병률이 가장 낮은 것을 발견했는데, 이들은 연구된 모집단 중 가장 많은 지방을 섭취한 것으로 나타났다.[2] 중요한 것은, 이들의 식단은 건강에 좋은 식물성 식품에 기반하며, 건강을 증진시키는 지방이 풍부한 식품을 포함한다는 점이었다. 그 이후 지방이 풍부한 식물성 식품의 이점을 증명하기 위한 연구들이 진행되어 왔다. 예를 들어, 어떤 종류의 지방은 혈중 콜레스테롤 수치에 이로운 효과를 보인다. 비건 식단에서 가장 지방이 많은 식품 중 하나인 견과류는 심장 질환을 예방하고 체중 관리에 도움이 될 수 있다는 많은 연구 결과도 존재한다.

지방은 비타민 A로 전환되는 베타카로틴뿐만 아니라 비타민 D, E, K의 흡수에도 필수적이다. 초저지방 식단은 이와 같은 영양소와 건강에 좋은 여러 파이토케미컬(Phytochemical: 항산화, 항염 및 해독 따위의 작용을 하는 식물성 천연 물질. 사람 몸에 이로운 카로티노이드, 폴리페놀, 이소플라본 등이 대표적이다.-편집자)의 흡수 불량을 초래할 수 있다.

그렇다고 고지방 식품을 무제한적으로 섭취해도 좋다는 뜻은 아니다. 지나친 고지방 식단은 만성 질환의 위험을 증가시킬 수 있고, 너무 많은 열량을 섭취하게 만든다. 건강한 지방 섭취의 범위는 제법 넓다. 국립과학원에 따르면, 지방 섭취에 대한 에너지적정비율은 전체 열량의 20~35% 수준이다. 이는 하루에 2,000칼로리를 섭취하는 사람이 약 45~78g의 지방을 섭취해야 함을 뜻한다.

열량과 영양소 필요량을 충족시키기 위해 더 많은 지방을 섭취해야 하는 비건 아동에게 지나친 저지방 식단은 바람직하지 않다. 유아(1~3세)의 적절한 지방 섭취 범위는 열량의 30~40% 정도이다. 4~18세 사이는 25~35% 정도이다.

일부 비건은 저지방 식단을 선호하고 따르지만, 이러한 식단이 모두에게 적합한 것은 아니다. 지방 함량이 매우 낮은 식단은 일부 사람들이 비건 식단을 포기하고 육식을 다시 시작하게 만들기도 한다. 많은 사람들은 육류의 지방 함량이 대체로 높다는 점은 간과한 채 '단백질'의 공급원으로만 여긴다. 비건 식단이 몸에 잘 맞지 않는다고 느끼는 사람들은 충분한 단백질을 섭취하지 못하고 있다고 여기며 때때로 육식을 하기도 한다. 하지만 이는 사실 식단에 지방을 추가하는 것만으로도 해결할 수 있는 문제이다.

건강한 지방을 제공하는 식물성 식품은 비건 식단을 좀 더 재미있고 계획하기 쉽게 만들어준다. 이는 많은 사람들이 더 쉽게 비건 식단으로 전환할 수 있도록 돕고, 장기적으로 이러한 식습관이 현실적인 선택이 되도록 만들어준다. 실용적이고 건강적인 관점에서 모든 고지방 식품을 식단에서 빼는 것은 이치에 맞지 않는다. 하지만 우리는 지방을 현명하게 선택해야 할 필요가 있으며, 특히 필수 지방산을 충분히 섭취해야 한다.

필수 지방산의 충분한 섭취

'리놀레산(LA: Linoleic Acid, 이하 LA)'은 필수 오메가6 지방산, '알파 리놀렌산(ALA: Alpha-Linolenic Acid, 이하 ALA)'은 필수 오메가3 지방산으로, 다불포화 지방산인 두 지방산은 모두 인간에게 필수적인 영양소로 여겨진다. 지방의 함량이 비교적 낮은 비건 식단도 충분한 양의 LA를 함유한다. 권장량은 여성의 경우 12g, 남성의 경우 17g이다. LA는 호두, 씨앗류, 대두 식품, 그리고 다양한 식물성 기름에 특히 풍부하다. 대부분의 비건은 이 영양소를 충분히 섭취하고 있으며, 때때로 논베지테리언보다 더 많이 섭취하기도 한다.[3, 4]

일부 비건은 오메가3 필수 지방산인 ALA를 충분히 섭취하지 않기도 하는데, 이 지방은 일부 식물성 식품만 함유하고 있기 때문이다. 성인의 ALA 권장섭취량은 여성의 경우 하루 1.1g, 남성의 경우 1.6g이다. 이 필요량을 충분히 섭취하는 것은 어렵지 않지만, 음식 선택에 있어 약간의 주의를 요한다.

긴 사슬 오메가3 지방산

필수 지방산인 ALA 외에도, 오메가3 계열은 영양에 큰 영향을 미치는 다른 지방산 두 가지를 포함한다. 이는 EPA(Eicosapentaenoic Acid)와 DHA(Docosahexanoic Acid)로, '긴 사슬' 오메가3 지방산이다. 이 지방은 심혈관 질환의 위험을 낮추고, 인지 기능과 눈 건강의 보호에도 중요한 것으로 여겨져 왔다.

긴 사슬 오메가3 지방산은 주로 차가운 물에 사는 어류에서 발견되고, 달걀도 매우 소량 함유하고 있다. 따라서 락토 오보 베지테리언은 이 지방을 매우 적게 섭취하며 일반적으로 비건은 식품을 통해 섭취하지 못한다(일부 비건은 해조류에서 매우 적은

비건 식품의 ALA 함량

권장섭취량은 여성 1.1g, 남성 1.6g이다	
	ALA 함량(g)
견과류와 씨앗류	
간 아마씨 1큰술*	1.6
헴프씨드 1큰술	0.8
치아씨 1큰술	2.5
호두 3알	1.0
다진 호두 ¼컵	2.6
들깨가루 1큰술**	2.3
기름	
아마유 1큰술	7.3
헴프씨드유 1큰술	2.5
호두유 1큰술	1.4
카놀라유 1큰술	1.3
대두유 1큰술	0.9
들기름 1큰술**	9.3
대두 식품	
익힌 단단한 두부 ½컵	0.2
익힌 템페 ½컵	0.2
익힌 대두 ½컵	0.5

* ALA의 흡수를 강화하기 위해 아마씨는 항상 갈아서 섭취해야 한다.

** 오메가3, ALA 함량이 풍부하기로는 들깨와 들기름만한 음식이 없기에 감수자가 내용을 추가했다.

양의 EPA를 섭취하기도 한다.).[5] 어쨌든, 이 문제는 비건 영양과 관련한 큰 고민거리이다.

DHA 및 EPA의 잠재적 이점: 이를 뒷받침 하는 과학

심장병의 위험과 DHA 및 EPA의 관계는 영양 관련 전문가 사이에서 많은 논쟁의 주제가 되어왔다. 여러 연구(그리고 대규모 연구 검토 결과)가 이 지방을 섭취하는 것이 심장병의 위험을 감소시킨다고 주장했지만, 아무런 이점을 발견하지 못한 연구들도 존재한다.[6~11]

비록 베지테리언의 오메가3 혈중 수치가 생선을 섭취하는 사람보다 확실히 낮다는 여러 연구 결과가 있어 왔지만, 이 낮은 수치의 실제 영향은 아직 명확하지 않다.[4, 5, 12~16] 예를 들어, 베지테리언의 혈액 응고에 대한 DHA와 EPA의 영향을 다룬 두 가지 상반된 연구가 있다. DHA와 EPA의 섭취는 혈액 응고를 늦출 수 있으며, 이는 심장병 위험을 줄이는 데 도움이 되는 한 가지 방법이다.

1999년 칠레의 한 연구에서 베지테리언은 논베지테리언보다 혈액 응고에 관여하는 혈소판의 수가 월등히 많고 출혈 시간이 짧다는 사실이 밝혀졌는데, 이는 더 큰 혈액 응고 활동을 시사한다. 하지만 베지테리언이 EPA와 DHA 보충제를 8주간 복용했을 때에도 이는 (다른 요소에는 변화가 있었음에도) 혈액의 응고 활동에 영향을 주지 않았다.[17, 18]

식이 지방에 대해 알아야 할 용어

필수 지방산

리놀레산(LA): 곡물, 씨앗류, 견과류, 식용유(잇꽃, 해바라기, 옥수수, 대두유) 등에서 발견되는 오메가6 지방산이다.

알파 리놀렌산(ALA): 들깨, 아마씨, 치아씨, 헴프씨드, 호두, 카놀라유 및 일부 대두 식품에서 발견되는 짧은 사슬 오메가3 지방산이다.

긴 사슬 오메가3 지방산

DHA: 지방이 많은 생선, 일부 달걀, 조류 등에서 발견된다. 체내에서 ALA를 가지고 DHA를 생산할 수 있지만, 이를 위한 최적의 전환 조건은 정확히 알려진 바가 없다.

EPA: 지방이 많은 생선, 해초, 조류 등에서 발견된다. ALA를 가지고 체내에서 EPA를 생산할 수 있으며, DHA로도 소량을 만들어낼 수 있다.

이와는 대조적으로, 영국에서 앞서 진행한 한 연구는 혈액 응고에 영향을 미치는 요인에서 베지테리언과 논베지테리언 사이에 작은 차이만을 발견했다. 출혈 시간은 두 그룹 모두 유사했다.[13] 이 효과에 관한 두 연구 중, 한 연구에서는 베지테리언이 육식인보다 결과가 좋지 않았지만, 또 다른 연구에서는 대체로 유사했다.

또한 페스코 베지테리언(생선은 먹지만 다른 육류는 먹지 않는)과 비건의 심장병 위험을 비교한 연구들은 상충된 결과를 보였다. 영국에서 비건은 페스코 베지테리언에 비해 심장 질환으로 인한 사망 위험이 다소 높은 것으로 나타났다.[19] 그러나 북미의 베지테리언(락토 오보 베지테리언과 비건을 포함하는) 중에서는, 베지테리언이 페스코 베지테리언보다 심장 질환에 걸릴 위험이 훨씬 낮았다. 사실, 생선을 섭취하는 사람들은 모든 종류의 육류를 섭취하는 피실험자들과 거의 동일한 위험 수준을 보였다.[20] 고무적이기는 하지만, 비건의 낮은 혈중 콜레스테롤과 혈압 수치를 고려했을 때, 심장 질환 위험에 대한 결과는 우리의 기대만큼 인상적이지는 않았다. 오메가3 지방산의 수치가 이에 대한 설명이 될 수도 있지만, 정확히 알 수 있는 것은 없다.

DHA는 눈의 망막과 뇌의 회백질에서도 고농도로 발견된다. 어쩌면 이것이 우울증과 인지 저하 문제를 예방하는 데 도움이 될 수도 있다. 하지만, 앞서 언급했듯 많은 연구들이 상충된 결과를 보이고 있으며, 비건을 대상으로 한 연구는 아직 존재하지 않는다.

비건 식단의 DHA와 EPA

비건 식단이 DHA와 EPA의 직접적인 공급원을 포함하지는 않지만, 신체는 적절한 조건에서 필수 지방산인 ALA로부터 이를 합성해낼 수 있다. ALA의 긴 사슬 지방으로의 변환은 유전적 요인 및 생활 방식에 따라 크게 달라지기는 하지만, 평균적으로 5%의 ALA가 EPA로 전환되고, 0.5%의 ALA가 DHA로 전환된다.[21, 22] EPA와 DHA의 합성은 에스트로겐에 의해 강화되며, 가임기 여성에게 가장 활발한 것으로 보인다.[21] 하지만 생의 어떤 단계에 있든, 영양 부족 및 당뇨병과 같은 만성 질환은 이 지방의 생산을 감소시킬 수 있다.

일부 연구는 오메가6 지방산 LA의 높은 섭취가 ALA가 DHA와 EPA로 전환되는 것을 억제한다고 주장한다.[23, 24] 이는 LA와 ALA의 대사가 같은 효소를 두고 체내에서 경쟁하기 때문이다. LA를 적게 섭취하면 ALA가 긴 사슬 지방으로 보다 효율적으로 전환되도록 하는 효소를 확보할 수 있게 된다. 일반적인 권장 사항은 LA의 섭취량을 줄여 LA와 ALA의 비율이 4대 1을 넘지 않도록 하는 것이다. 하지만 비건 식단에서는 LA의 섭취가 비교적 높기 때문에 이 비율은 일반적으로 15대 1 정도이다. 그에 따라, ALA 섭취를 촉진하고 LA 섭취를 낮추기 위한 식이 전략이 일부 비건 사이에서 인기를 끌고 있다. 하지만 정말 효과가 있을까?

비건을 대상으로 한 연구는 상반된 결과들을 보이고 있

다.[25~27] 일반적인 경우 이 비율이 효과를 나타내기 위해서는 LA의 수치가 긴 사슬 오메가3 지방산의 합성을 극대화하기 위해 전체 열량의 2.5% 수준까지 급격히 낮아져야 한다.[28] 이는 대부분의 사람들에게 실현 가능한 목표가 될 수 없다.

또 다른 전략은 단순히 오메가3 지방산인 ALA를 더 많이 섭취하는 것이다. 일부 연구에 따르면, 이 방법은 특히 여성에게 있어 비건의 DHA와 EPA 혈중 수치를 증가시키는 데 효과가 있는 것으로 나타났다.[29, 30]

이 문제를 더욱 복잡하게 만드는 것은 LA가 사실 혈중 콜레스테롤 수치를 낮추는 데 도움을 주기 때문에, LA의 섭취를 너무 많이 제한하는 것은 심장병의 위험을 높일 수 있다는 일부 전문가의 경고이다. 세계보건기구와 국제식량농업기구(FAO: Food and Agriculture Organization)는 LA의 비율이 섭취 열량의 2.5~9% 사이가 될 것을 권장하면서, 더 높은 범위의 섭취가 심장 질환의 위험을 감소시킨다고 밝히고 있다.[31] 국립과학원은 LA와 ALA의 특정 비율을 권장하지는 않으나, LA의 섭취는 전체 열량의 5~10%, ALA는 0.6~1.2%가 될 것을 권장하고 있다. 최근 연구에 따르면 비건의 LA섭취는 열량의 5.1~9.3% 정도를 차지하는데, 이는 권장 범위 내에 들어가는 수치이다.[4, 32~34]

이 연구는 DHA와 EPA의 수치를 어떻게 극대화할 것인가에 관한 풀리지 않은 질문을 우리에게 남긴다. 긴 사슬 오메가3 지방산 합성을 극대화하기 위한 LA와 ALA의 최적 비율에 대해서는 아직 알려진 바가 없으며, 가장 효과적인 비율은 LA의 함량이 너무 낮고 ALA의 함량이 너무 높기 때문에 현실적이고 건강한 방법이 아닐 수 있다. 홍화유, 해바라기씨유, 옥수수유, 대두유와 같은 LA의 함량이 매우 높은 식품의 섭취를 제한하고, 견과류, 아보카도, 올리브, 올리브 오일, 카놀라유와 같은 식품을 통해 지방의 비율을 조정하는 것은 어렵지 않다. 하지만 이러한 선택 외에 특정 섭취 비율을 달성하기 위한 노력은 권장하지 않는다.

우리는 특정 비율을 목표로 하는 것보다는 두 필수 지방산의 충분섭취량 충족에 중점을 둘 것을 권장한다. 그렇다면 DHA와 EPA 문제에 있어 비건은 어떻게 해야 하는 것일까? 이 영양소의 수치를 높이기 위한 마지막 선택은 이 지방을 직접 보충하는 것이다.

DHA 보충제

물고기는 조류(algae)로부터 DHA를 얻는데, 비건 또한 같은 방법으로 영양소를 섭취할 수 있다. 예비 연구에 따르면 3개월 동안 미세 조류를 통해 하루에 200mg의 DHA를 섭취하면, 비건의 혈중 DHA 수치를 최대 50%까지 높일 수 있다고 한다.[35] 베지테리언(비건 만이 아닌)에 대한 다른 연구들 또한 DHA 보충제 복용의 긍정적인 효과를 보여주었다.[36]

하지만 오메가3의 전반적인 이점에 대한 연구는 매우 상반된 결과를 보이기 때문에, 이러한 보충제가 비건에게 필수적인지는 판단하기 어렵다. 우리는 이 필요성에 대해 확신할 수는 없지만, 동시에 비건의 DHA와 EPA의 낮은 혈중 수치가 중요하지 않다고 확신할 수도 없다. 더 많은 연구 결과가 나올 때까지 2, 3일에 한 번씩 200~300mg 정도의 아주 적은 양으로 DHA를 보충하는 것은 건강 문제에 매우 조심스러운 비건에게는 합리적인 접근일 수 있다. ALA는 DHA보다 EPA로 더 효율적으로 변환되고 일부 DHA는 다시 EPA로 변환될 수 있기 때문에, ALA를 충분히 섭취하기만 한다면 DHA 보충제를 복용하는 것만으로도 충분할 것이다. 오메가3 보충제가 우울증 증상을 완화시키는 데 도움이 될 수 있다는 연구도 있다. 이 경우에는 EPA가 DHA보다 더 효과적일 수 있다. 우울증이 있는 사람은 EPA 보충제를 섭취하는 것이 좋은 선택인지에 관해 의사와 상의해보는 것도 좋겠다.

이 보충제의 가장 큰 문제는 가격이다. 며칠에 한 번씩 소량만 복용하는 경우 비용이 덜 들기는 하지만, 이를 섭취하느냐 마느냐의 문제는 결국 개인의 결정에 달려있다.

두유, 에너지바, 올리브 오일과 같은 일부 식물성 식품은 때때로 조류에서 유래된 DHA를 첨가해, 비건에게 더 합리적인 선택권을 제공하기도 한다.

식물성 기름이 비건 식단에 필수적인 것은 아니지만, 이를 즐기는 사람들을 위해 적합하게 사용될 수 있다. 고기나 껍질을 깐 감자를 뜨거운 기름에 튀기는 것이 건강에 가장 좋은 음식을 만드는 방법은 아니지만, 구운 붉은 고추에 약간의 엑스트라 버진 올리브 오일을 뿌리는 것은 또 완전히 다른 이야기이다.

기름은 세상에서 가장 건강한 음식 중 하나이며, 식물성 식품 위주의 식단에 적절히 사용될 때 건강에 해로울 이유는 전혀 없다.(15장에서는 지방과 심장 질환에 관한 연구를 살펴볼 것이다.) 약간의 기름은 음식에 풍미를 더하며 영양소의 흡수를 촉진한다.

기름이 가공되는 방식은 영양 성분 함량과 사용 및 보관 방법에도 영향을 미친다. 저온 압착이나 상온 압착 방식으로 짜낸 기름은 기계적 압착을 통해 추출된다. 정제유보다 항산화물질을 포함하는 파이토케미컬 함량이 더 높지만 산패에는 더 취약하다. 이 기름은 냉장실에 보관해야 한다. 오래 사용해야 하는 경우에는 얼려서 보관할 수도 있다(사용할 때마다 필요한 만큼만 조금씩 해동해서 사용할 수 있도록 얼음틀에 얼려 보관한다.).

이 종류의 기름은 또한 낮은 발연점을 가지고 있는데, 이는 정제유에 비해 낮은 온도에서 분해되어 조리시 유독성 화합물을 생성할 수 있음을 의미한다. 따라서 열을 사용하는 요리보다는 드레싱으로 사용하는 것이 가장 좋다. 발연점은 가공 방법 뿐만 아니라 기름에 함유된 지방산의 종류에 의해 영향을 받기 때문에, 요리 방식에 따라 사용 가능한 여러 다른 종류의 기름을 준비해두는 것이 좋다.

다음은 여러 요리 방식에 적합한 기름을 선택하기 위한 가이드라인이다.

- 고온 조리용(200~230℃): 정제 대두유, 땅콩기름, 아보카도 오일, 올리브 오일(엑스트라 버진 제외)
- 일반 조리용(200℃ 이하): 카놀라유(정제유 및 상온 압착유), 상온 압착 아보카도 오일, 포도씨 오일
- 저온 조리용(175℃ 이하): 저온 압착 참기름, 엑스트라 버진 올리브 오일
- 조리 후 추가, 샐러드 드레싱, 매우 저온으로 조리되는 요리용(160℃ 이하): 호두유나 아몬드유와 같은 상온 압착 견과류 오일, 볶은 참기름
- ALA의 섭취를 위한 소량 사용: 헴프씨드유 및 아마씨유. 온도에 민감하기 때문에 항상 냉장고에 보관하고, 절대 가열해서는 안 된다.

코코넛 오일

포화 지방(버터나 돼지 기름에 포함된)으로 가득한 코코넛 오일은 건강식품으로서 놀라운 명성을 쌓아왔다. 이는 일부 연구에서 코코넛 오일이 항균 효과를 가지고 있다는 결과를 보여주었기 때문이다. 또한 버진 코코넛 오일은 건강에 좋은 파이토케미컬을 많이 함유하고 있으며, 섬유질이 풍부한 식물성 식품을 함유한 식단을 섭취하는 사람에게는 코코넛 오일이 심장 질환의 위험을 높이지 않는다.[37] 또 다른 이유는 코코넛 오일의 주된 지방 성분이 건강에 해로운 LDL 콜레스테롤보다 건강에 좋은 HDL 콜레스테롤의 수치를 더 많이 증가시키기 때문일 것이다.[38] HDL 콜레스테롤의 효과에 대해서는 아직도 일부 논쟁이 이루어지고 있기 때문에, 이것이 중요한지 여부는 아직 알 수 없다.

코코넛 오일을 섭취하는 것은 특별한 이점이 없으며, 다른 지방과 마찬가지로 너무 많이 섭취하지 않을 것을 권고한다. 하지만 심장 건강에 이로운 비건 식단을 하는 사람들은 요리에 고형 지방이 필요할 때 가끔씩 코코넛 오일을 사용하는 것도 나쁘지 않을 것이다. 정제 코코넛 오일은 더 높은 발연점을 가지지만, 정제 과정에서 건강에 좋은 파이토케미컬이 제거된다. 따라서 버진 코코넛 오일을 사용해 175℃ 이하의 온도로 조리하도록 한다.

비건 식단의 지방: 실용 지침

총 지방 섭취량을 적당한 범위 내로 유지한다. 전문가들의 공통된 의견은 다양한 종류의 지방 섭취가 건강에 문제가 되지 않는다는 것이다. 과도한 지방 섭취가 건강에 좋은 것은 아니지만, 그렇다고 모든 지방이 건강에 나쁘지는 않다. 세계보건기구는 지방을 성인의 경우 15%, 완경 전 여성의 경우 20% 이하로 섭취하지 않도록 권장하고 있으며,[31] 우리는 비건이 전체 열량의 20~30% 정도를 지방으로 섭취할 것을 권장한다. 이는 섭취 열량 1,000칼로리 당 22~33g 정도의 지방을 의미한다. 다음은 식물성 식품의 지방 함량에 대한 대략적인 가이드이다.

식물성 식품의 평균 지방 함량

	평균 지방 함량(g)
큐브형 아보카도 ¼컵	5.5
익힌 잎채소 ½컵	0.2~0.35
견과류 ¼컵	17~20
씨앗류 2큰술	8
익힌 대두 ½컵	7
템페 ½컵	9
단단한 두부 ½컵	11
부드러운 두부 ½컵	4.5
식물성 기름 1작은술	5

만성 질환과 연관이 있는 지방의 섭취는 피한다. 이에 관해서는 15장에서 더 다루도록 하겠지만, 포화 지방과 트랜스 지방은 심장 질환과 당뇨병의 위험을 증가시킬 수 있고, 암의 발병에도 영향을 미칠 수 있다. 일반적으로, 비건은 이에 대해 걱정할 필요가 없다. 식물 위주 식단은 포화 지방이 낮은 편이며, 미국에서는 트랜스 지방이 금지되었기 때문이다(한국의 경우에는 트랜스 지방의 금지 조치가 내려진 바가 없다. – 편집자).

필수지방산 오메가3 ALA를 충분히 섭취하도록 한다. 172쪽의 '비건 식품의 ALA 함량' 표를 참조해 이 지방을 충분하게 섭취하고 있는지 확인하는 것이 좋다.

DHA 보충제를 복용하는 것 또한 고려해볼 만하다. DHA의 낮은 수치가 비건의 건강에 어떤 영향을 미치는지 아직은 알 수 없다. 이 영양소의 결핍이 우려된다면 DHA 보충제를 섭취하는 것이 비건 식단을 실천하면서도 생선을 섭취하는 사람과 같은 지방산을 충분히 얻도록 도와줄 것이다. 우울증을 앓고 있는 비건의 경우 DHA와 EPA를 모두 함유한 보충제가 바람직할 수 있다. 이러한 보충제를 복용하지 않는 사람들을 위한 대안으로는 하루에 2g의 ALA를 섭취하는 방법이 있는데, ALA가 DHA와 EPA의 합성을 돕기 때문이다.

제8장

비타민과 미네랄:
비건 공급원 최대한 활용하기

단백질, 칼슘과 비타민 B12, 그리고 비타민 D는 비건 식단에서 가장 큰 주목을 받는다. 하지만 철분, 아연, 요오드, 비타민 A 역시 빼놓을 수 없는 중요한 영양소들이다. 이 장에서는 이에 더해 비타민 K, 리보플라빈, 셀레늄 등에 대해서도 간단히 언급할 것이다.

비건 식단에서의 미네랄 흡수

철분과 아연 같은 미네랄은 동물성 식품에 비해 식물성 식품에서 흡수율이 떨어진다. 여기에는 여러 이유가 있지만, 가장 큰 이유는 식물성 식품에 피트산이 함유되어 있기 때문이다. 피트산은 인을 함유하고 있으며, 통곡물, 콩류, 씨앗류, 견과류 등에서 주로 발견된다(일부 채소도 소량 함유하고 있다.). 피트산은 체내에서 미네랄과 결합하여 흡수를 어렵게 만든다. 곡물을 정제하면 이 피트산의 함량이 감소하지만, 식품 내 미네랄의 함량도 함께 감소하므로 좋은 해결책은 아니다.

여러 가지 조리 방법을 통해 피트산으로부터 미네랄을 자유롭게 하고 흡수를 크게 증가시킬 수 있다. 제빵 과정에서 효모, 사워도우 발효종의 활성과 템페나 미소 같은 발효 식품의 생산을 포함하는 발효 과정은 미네랄의 가용성을 크게 높인다. 때문에 발효 빵은 크래커나 효모를 사용하지 않은 빵에 비해 철분과 아연이 잘 흡수되는 좋은 식품 공급원이 될 수 있다.

견과류와 씨앗류를 볶거나, 콩과 곡물을 발아시켜 섭취하는 방법으로 피트산을 줄일 수도 있다. 조리 전에 물에 담가 두었다가 그 물을 버리고 조리하는 것 또한 효과가 있다. 비타민 C가 함유된 식품은 철분 흡수를 증가시키는 데 특히 효과적이다.

그렇다고 피트산이 나쁘기만 한 것은 아니다. 피트산은 암의 위험을 낮춰주는 항산화물질이다. 이는 식물성 식품으로부터 미네랄을 섭취하는 것이 이롭다는 것을 시사한다. 만약 조리 과정을 통해 피트산이 철분이나 아연과 결합하는 것을 깰 수 있다면, 피트산이 가진 건강상의 잠재적 이점을 얻으면서도 미네랄 흡수를 개선할 수 있다.

철분

철분은 적혈구의 구성 요소인 헤모글로빈의 한 부분으로, 세포로 산소를 운반하는 역할을 한다. 이는 또한 에너지 생산 및 면역 기능과 관련한 많은 효소의 일부이기도 하다. 육류를 섭취하는 미국인들에게조차 철분 결핍은 매우 흔한데, 유아와 완경 전 여성, 특히 임산부에게 흔하다.[1~3]

인간은 매일 장내 세포 및 다른 세포가 탈락하는 과정에서 철분을 배출하기 때문에 식단을 통해 철분을 지속적으로 섭취해야 한다. 완경 전 여성은 월경으로 인한 손실 때문에 남성보다 더 많은 양의 철분을 잃는다. 여성의 철분 필요량은 남성의 2배 이상으로, 이는 철분 결핍이 왜 젊은 여성 사이에서 더 많이 나타나는지를 보여준다. 완경기가 지나면 철분 필요량은 줄어들게 된다. 철분의 일일 권장섭취량은 완경 전 여성의 경우 18mg, 남성 및 완경 후 여성의 경우 8mg이다.

철분의 결핍

철분 결핍에는 두 가지 단계가 있다. 우선, 저장된 철분이 고갈되고 헤모글로빈 수치가 감소하면서 피로와 집중력 저하 같은 가벼운 증상이 나타난다. 다음 단계인 철분 결핍성 빈혈에서는 헤모글로빈이 정상 수준 이하로 떨어져, 창백한 피부, 피로, 쇠약, 호흡 곤란, 체온 유지 불능, 식욕 감퇴, 탈모 등의 증상이 나타날 수 있다. 그러나 이런 증상들은 다른 영양소의 결핍이나 부족으로 나타나기도 하기 때문에 철분 결핍성 빈혈의 진단은 혈액 검사를 통해서만 가능하다. 혈액 검사는 또한 철분 결핍으로 인한 빈혈과 비타민 B12의 결핍으로 인한 빈혈을 구별하는 데 도움이 될 수 있다.

육류의 철분과 식물의 철분

당신은 아마 비건이 육식인이나 락토 오보 베지테리언보다 일반적으로 더 많은 철분을 섭취하고 있다는 이야기를 들으면 놀랄지도 모른다.[4~7] 비건에게 있어 문제는 철분이 얼마나 잘 흡수되느냐이다.

식품에는 헴철과 비헴철이라 불리는 두 가지 형태의 철분이 함유되어 있다. 헴철은 더 쉽게 몸에 흡수되며 식단의 다른 요인에 의해 크게 영향을 받지 않는다. 비헴철은 흡수율이 훨씬 떨어지며, 피트산을 포함한 다른 식이성 성분에 의해 억제되거나 강화되기도 한다. 육류는 두 종류의 철분을 모두 함유하고 있지만, 식물성 식품은 비헴철만을 함유한다. 따라서 식물성 식품만으로 철분을 섭취하는 사람은 그 흡수를 촉진하기 위한 전략이 필요하다.

피트산은 철분의 흡수를 저해하기 때문에, 앞서 언급한 조리 방법(발효, 발효빵의 섭취, 물에 담그기, 발아, 불을 사용한 조리)을 통해 흡수를 촉진시킬 수 있다. 하지만 지금까지 밝혀진 가장 효과적인 피트산 분리 방법은 식단에 비타민 C가 풍부한 식품을 추가하는 것이다. 비타민 C는 철분을 더 쉽게 흡수되는 형태로 변화시킨다. 75mg의 비타민 C를 함유한 오렌지 주스 5온스만 마셔도, 한 끼에서 철분을 흡수하는 양이 무려 4배로 증가할 수 있다.[8] 인도의 한 연구에서는 철분 결핍성 빈혈이 있는(아마도 비타민 C의 섭취가 높지 않았을 것으로 보이는)어린이들에게 60일 동안 점심과 저녁 식사에 비타민 C 100mg을 투여했더니 아이들 대부분의 상태가 눈에 띄게 개선되며 빈혈이 완쾌되었다.[9]

철분과 비타민 C는 동시에 섭취해야 하기 때문에 단순히 비타민 C 보충제를 매일 섭취하는 것만으로는 철분의 영양 상태가 바로 개선되지 않는다. 비건의 철분 수치를 최적화하기 위한 열쇠는 철분이 풍부한 음식과 비타민 C가 풍부한 식품을 한 끼니에 같이 포함시키는 것이다. 비타민 C는 오렌지, 자몽, 딸기, 녹색 잎채소(브로콜리, 케일, 콜라드, 근대, 방울양배추 등), 여러 색의 피망, 콜리플라워 등에 함유되어 있다. 기억해야 할 것은, 커피와 차에 들어있는 탄닌과 같은 특정 영양소나 칼슘의 지나친 섭취가 비헴철의 흡수를 감소시킨다는 점이다. 칼슘 보충제는 식간에 섭취하는 것이 중요하며, 철분의 흡수를 극대화하기 위해선 식사에 커피나 차를 포함하는 것을 피하도록 한다.

우유는 철분 함량이 부족하기 때문에, 철분의 섭취에 있어서는 락토 오보 베지테리언보다 식단에서 비건이 훨씬 유리하다 할 수 있다. 우유는 식단에서 철분이 풍부한 식품을 대체하는 동시에 철분의 흡수를 방해한다. 특히 어린 아이들에게 우유의 지나친 섭취는 철분 결핍의 위험을 증가시킬 수 있다.[10]

비건과 베지테리언의 철분 영양섭취기준

베지테리언은 일반적으로 정상 범위 내에서 철분 수치가 낮은 편이다. 다시 말해, 육식인보다 수치가 낮긴 하지만 여전히 적정 범위 내라 할 수 있다.[11, 12] 따라서 철분이 풍부한 식품을 섭취해 이 수치를 유지하는 것이 중요하다. 그리고 비헴철의 흡수율이 낮기 때문에, 비건과 베지테리언은 식품을 통해 육식인보다 더 많은 양의 철분을 섭취해야 한다. 하지만 얼마나 더 많이 섭취해야 하는가는 논란의 여지가 있다. 국립과학원은 베지테리언이 잡식인에 비해 1.8배 더 많이 섭취해야 한다고 권고한다. 하지만 이는 비타민 C의 함량이 낮고, 철분의 흡수를 방해하는 영양소(차의 탄닌과 같은)의 함량이 높은 식단을 기반으로 한 수치이기에 비현실적이라 할 수 있다.[13] 다시 말해 이 권고안은 대부분의 비건이나 베지테리언의 실제 식단보다 더 나쁜 상황을 염두에 둔 수치라 할 수 있다.

이 권고안에 따르면, 완경 전 비건 여성은 하루에 33mg의

비건 식품의 철분 함유량

권장섭취량은 여성 18mg, 남성 8mg이다*	
	철분(mg)
빵, 시리얼, 곡물	
익힌 펄보리 1/2컵	1.5
브랜 플레이크 1컵	12
흰 빵 1조각	1.4
통밀빵 1조각	0.8
익힌 크림오브위트 1/2컵	6
압착 귀리 오트밀 1/2컵	1
인스턴트 오트밀 1팩	3.6
익힌 영양 강화 정제 파스타 1/2컵	0.8
익힌 통밀 파스타 1/2컵	1
익힌 퀴노아 1/2컵	1.4
익힌 현미 1/2컵	0.4
밀 배아 2큰술	0.9
채소(별도 기재되지 않은 경우 익힌 것 1/2컵)	
아스파라거스	0.8
비트잎	1.4
청경채	0.9
방울양배추	0.9
콜라드잎	1.1
완두콩	1.4
호박	1.7
시금치	3.2
으깬 고구마	1.2

근대	2.0
토마토 주스 1컵	1.0
토마토소스	1.2
과일	
건살구 1/4컵	0.9
프룬 1/4컵	1.2
프룬 주스 6온스	2.3
건포도 1/4컵	0.9
콩류(익힌 것 1/2컵)	
검정콩	1.8
검은눈콩	2.2
병아리콩	2.4
강낭콩	2.6
렌틸콩	3.3
리마콩	2.2
네이비 빈	2.2
핀토콩	1.8
말린 완두콩	1.3
베지테리언 베이크드 빈	1.5
대두 식품	
에다마메 1/2컵	2.25
두유 1컵	1.1~1.8*
템페 1/2컵	1.3
단단한 두부 1/2컵	2.0~3.5**
TVP 1/4컵	1.4
강화 식물성 고기 1온스	0.8~2.1**

견과류 및 씨앗류	
아몬드 1/4컵	1.3
아몬드버터 2큰술	1.1
캐슈넛 1/4컵	1.9
땅콩 1/4컵	1.7
땅콩버터 2큰술	0.6
피칸 1/4컵	0.7
잣 2큰술	0.95
호박씨 2큰술	0.25
해바라기씨 2큰술	0.9
타히니 1큰술	1.3
기타	
블랙스트랩 당밀 1큰술	3.6
다크 초콜릿 1온스	3.4
에너지 바 1개	1.4~4.5**

* 비건의 필요량은 이보다 훨씬 높을 수 있음.

** 브랜드에 따라 달라질 수 있음.

철분을 섭취해야 한다. 이 정도로 많은 양의 철분을 포함하는 식단을 계획하는 것이 불가능한 것은 아니지만, 보충제 없이 이를 실천하는 것은 매우 어려운 일이다.

그리고 이는 비현실적일 뿐만 아니라 사실 그리 많은 양을 반드시 섭취해야 하는 것도 아니다. 비건이 육류를 섭취하는 사람들보다 더 많은 철분을 섭취해야 하는 것은 맞지만, 얼마나 더 많이 섭취해야 하느냐의 문제는 전반적인 식단의 구성에 따라 달라진다. 예를 들면, 대두 식품의 철분은 피트산의 영향을 받지 않기 때문에 몸에 잘 흡수된다.[14] 식사와 함께 비타민 C가 풍부한 음식을 섭취하고 커피, 차, 칼슘 보충제 등을 식사 중에 섭취하지 않는 비건은 국립과학원이 권장하는 것보다 훨씬 적은 양의 철분을 필요로 할 가능성이 높다. 철분이 풍부한 식품과 비타민 C가 풍부한 식품을 함께 섭취하는 것은 어려운 일이 아니며, 많은 이들이 이미 이를 실천하고 있을 확률이 높다. 두부와 브로콜리를 곁들인 볶음 요리, 딸기를 얹거나 오렌지 주스 한 잔을 곁들인 오트밀 한 그릇, 잎채소를 곁들인 콩수프 등이 모두 이러한 전략을 따르고 있는 식사의 예시라 할 수 있다. 이에 대해서는 197쪽의 '비건 식단에서의 철분과 아연 섭취 극대화' 내용을 참조하자.

철분 결핍성 빈혈 진단을 받았다고 해서, 꼭 육류를 섭취해야 하는 것은 아니다. 철분의 결핍은 심지어 육식인도 대부분 육류가 아닌 철분 보충제로 치료한다. 하지만 다량의 철분 복용은 의사와 상담 후 처방을 따라야 한다. 미네랄의 과다한 복용은 해로울 수 있기 때문이다. 또한 아미노산 L-라이신 보충제를 복용하는 것이 도움이 될 수 있다. 한 연구에서는 보충제를 통해 철분의 저장량이 개선되지 않는 여성들에게 하루 1.5~2g의 L-라이신을 섭취하게 했더니 저장량이 증가한 것으로 나타났다.[15]

아연

아연은 체내에서 적어도 100가지의 각기 다른 효소 반응에 필요한 영양소이다. 또한 단백질의 합성, 세포 성장, 혈액 형성, 면역 기능, 상처의 치유 등에도 필요하다. 서구 국가에서는 아연의 결핍이 매우 드물지만, 일부 사람들(특히 저소득 가정의 어린이)은 잠재적 결핍이 있을 수 있다. 어린 아이의 성장 부진은 잠재적 결핍의 한 징후이다. 아연은 많은 신체 기능에 영향을 미치기 때문에, 우리가 완전히 알지 못하는 아연의 낮은 섭취와 관련한 다른 건강상의 문제가 더 있을 수 있다. 또한 아연의 수치를 정확하게 측정하는 것은 다소 어렵다.

따라서 아연과 관련한 몇 가지 질문들이 여전히 남아있다. 그리고 그 중 하나는 비건이 얼마나 많은 아연을 섭취해야 하는가이다.

아연 필요량에 영향을 미치는 요인

아연의 영양권장량은 남성의 경우 11mg, 여성의 경우 8mg이다. 하지만 식물성 식품이 함유한 아연의 흡수는 동물성 식품에 비해 상당히 낮기 때문에, 국립과학원은 비건의 아연 필요량이 50% 정도 더 높아야 한다고 권장한다. 이는 비건 남성이 16.5mg, 비건 여성이 12mg을 섭취해야 함을 뜻한다. 비건의 실제 아연 섭취량은 대부분 이 권장량보다 다소 낮다.[6, 7, 16]

비건이나 다른 베지테리언이 아연의 결핍을 보인다는 연구 결과는 없으며, 사실 권장량보다 적은 아연의 섭취가 큰 문제가 되지 않을 수 있다는 연구 결과도 있지만, 그럼에도 충분한 아연의 섭취는 중요하다 할 수 있다. 철분과 마찬가지로, 피트산은 아연의 생체 이용에 영향을 미치는 중요한 요소 중 하나이기 때문에, 철분의 흡수를 촉진하는 많은 조리 방법은 아연에도 역시 효과가 있다(주의할 점은 비타민 C가 철분의 흡수에 매우 효과적이지만 아연의 흡수를 증진시키지는 못한다는 점이다.).

충분한 아연을 섭취하는 방법에 대해서는 197쪽의 '비건 식단에서의 철분과 아연 섭취 극대화' 내용을 참조하길 바란다. 본인의 식단에서 아연의 흡수가 우려된다면, 아연이 함유된 종합비타민을 섭취하는 것도 하나의 방법이다. 만약 이미 칼슘 보충제를 복용하는 중이라면 아연이 함유된 제품을 고르면 된다.

특정 식품의 아연 함량

권장섭취량은 여성 8mg, 남성 11mg이다*	
	아연(mg)
빵, 시리얼, 곡물	
익힌 펄보리 1/2컵	0.65
브랜 플레이크 1컵	2.0
흰 빵 1조각	0.3
통밀빵 1조각	0.6
인스턴트 오트밀 1팩	1.0
압착 귀리 오트밀 1/2컵	1.2
익힌 퀴노아 1/2컵	1.0
익힌 현미 1/2컵	0.8
밀 배아 2큰술	1.7
채소(별도 기재되지 않은 경우 익힌 것 1/2컵)	
아스파라거스	0.5
중간 크기 아보카도 1/2개	0.5
브로콜리	0.4
옥수수	0.5
버섯	0.7
완두콩	0.3
시금치	0.7
콩류(익힌 것 1/2컵)	
팥	2.0
검은눈콩	1.1
병아리콩	1.3
강낭콩	0.9

렌틸콩	1.3
리마콩	0.9
네이비 빈	0.9
핀토콩	0.8
말린 완두콩	1.0
베지테리언 베이크드 빈	2.9
대두 식품	
익힌 에다마메 ½컵	0.8
익힌 템페 ½컵	1.0
단단한 두부 ½컵	1.0~2.0
강화 식물성 고기 1온스	1.4~1.8**
견과류 및 씨앗류(2큰술)	
아몬드버터	1.0
캐슈넛	0.9
땅콩	0.9
땅콩버터	0.8
호박씨	0.8
해바라기씨	0.9
타히니	1.4
기타	
다크 초콜릿 1온스	1.0
에너지 바 1개	3.0~5.2**

* 비건의 필요량은 이보다 훨씬 높을 수 있음(193쪽 참조).

** 브랜드에 따라 달라질 수 있음.

비건 식단에서의 철분과 아연 섭취 극대화

- 189쪽과 195쪽의 표를 통해 철분과 아연이 풍부한 식품을 섭취하고 있는지를 확인하도록 한다. 철분의 좋은 공급원은 콩, 녹색 잎채소, 말린 과일 등이다. 아연의 좋은 공급원은 콩, 견과류, 땅콩, 땅콩버터, 호박씨, 해바라기씨, 브랜 플레이크, 밀 배아, 템페 등이다.
- 철분의 흡수를 증가시키기 위해 매 끼니마다 비타민 C가 풍부한 식품을 함께 섭취한다. 가장 좋은 공급원은 오렌지, 브로콜리, 딸기, 자몽, 녹색 잎채소, 피망, 방울양배추, 콜리플라워 등이다.
- 커피와 차는 식사 중이 아닌 식간에 섭취한다.
- 칼슘 보충제 역시 식간에 섭취한다.
- 견과류는 조리 전에 볶아주는 것이 좋다(물론 상당수의 견과류가 볶은 채로 판매되니 이를 확인하자.).
- 발아된 콩과 곡물을 섭취하는 것 또한 미네랄의 흡수를 증가시키는 또 다른 방법이다.
- 효모를 사용하지 않은 빵과 크래커보다는 발효된 빵이나 사워도우 빵을 섭취하도록 한다. 흰 빵 등의 정제된 곡물은 피트산의 함량이 매우 낮으며, 철분이 강화된 제품이라 하더라도 아연의 함량은 통곡물 제품에 비해 현저히 낮다. 통곡물에 함유된 아연은 흡수율이 더 낮긴 하지만, 보통 통곡물을 통한 전체 아연 흡수량은 더 크다.

대부분의 사람들은 갑상선의 건강에 필요한 요오드에 관해 그리 걱정하지 않는다. 하지만 요오드의 결핍은 전 세계적으로 심각한 공중 보건 문제다. 특히 임신 기간의 요오드 부족은 태아의 뇌 발달에 영향을 줄 수 있어 더욱 심각하다.

요오드를 지나치게 섭취하거나 너무 적게 섭취하면 갑상선이 비대해질 수 있는데 이를 갑상선종이라 한다. 요오드의 섭취량이 부족하면 갑상선 기능 저하증을 일으켜 신진대사가 느려지고 콜레스테롤 수치가 높아지며 체중이 증가한다. 요오드의 섭취가 지나치게 많으면 갑상선 기능 저하증이나 갑상선 기능 항진증을 유발할 수 있다.

미국에서 대부분의 사람들은 요오드화 소금이나 생선과 유제품의 섭취를 통해 충분한 요오드를 얻는다. 우유나 유제품을 요오드의 좋은 공급원이라 할 수는 없지만, 젖소의 유두나 낙농 기계 세척에 요오드화 용액이 사용되기 때문에 우유에 요오드가 함유되곤 한다. 대두, 아몬드, 쌀, 코코넛, 피스타치오, 호두, 헴프씨드, 캐슈넛 등을 사용해 만드는 식물성 대체유는 요오드의 함량이 매우 낮다.[17, 18] 요오드 강화 식물성 대체유는 일반 우유와 비슷한 양의 요오드를 함유하고 있지만, 요오드 강화 대체유가 시중에 많이 판매되고 있지는 않다.[19]

대부분의 식물성 식품 요오드 함량은 토양의 요오드 함량에 따라 달라지기 때문에 매우 가변적이다. 바다 근처에서 재배된 식물이 더 많은 요오드를 함유하는 경향이 있으며, 일부 국가는 해조류를 통해 요오드를 섭취한다(바다 안개에도 요오드가 포함되어 있지만, 이는 측정하기 어려우며 믿을만한 공급원이라 할 수도 없다.). 요오드의 함량이 충분하지 않은(혹은 전혀 함유하지 않은) 소금을 사용하고, 식물의 요오드 함량이 매우 낮은 유럽 일부 국가들은 비건의 요오드 섭취가 문제가 될 수 있다(한국의 경우, 김, 미역, 다시마 등 다양한 해조류의 일상적 섭취를 통해 일일 평균 요오드 섭취량이 적정 수준의 최대 5배에 달한다는 연구 결과가 있었다. - 편집자). 요오드 보충제를 섭취하지 않는 유럽의 일부 비건들은 실제로 갑상선 기능 이상[20, 21]이나 요오드 결핍의 징후를 보인다는 연구 결과도 있다.[22~24] 미국 보스턴 지역의 비건들은 소변에서 낮은 요오드 수치를 보였는데, 이들의 경우 요오드의 섭취량은 낮았지만 갑상선 기능은 정상이었다.[25]

대두, 아마씨, 십자화과 채소(브로콜리, 방울양배추, 콜리플라워, 양배추 등)에서 발견되는 고이트로겐은 요오드의 흡수를 방해한다. 고이트로겐을 많이 함유하는 식단은 요오드의 섭취가 충분하지 못할 경우 갑상선 기능 저하증을 유발할 수 있다. 하지만 요오드의 섭취가 충분하다면, 대두 식품이나 고이트로겐 함유 식품의 섭취를 피할 이유는 없다. 대두 식품의 안전성에 관한 자세한 내용은 9장을 참조하도록 한다.

요오드와 해조류

해조류는 대체로 요오드가 풍부하지만, 그 함량은 크게 달라질 수 있다. 미국, 캐나다, 태즈메이니아, 나미비아에서 해조류의 요오드 함유량을 측정한 연구원들은 그 함유량이 g당 16㎍에서 무려 8,165㎍까지 매우 다양한 것을 발견했다.[26] 이 수치들을 기반으로, 국립과학원은 요오드의 영양권장량을 150㎍으로 제시하고 있으며, 사람이 안전하게 섭취할 수 있는 하루 최대 분량으로 1,100㎍을 권장하고 있다. 이는 해조류가 충분한 요오드를 제공하지 못하거나 혹은 지나치게 많은 양을 제공할 수 있다는 것을 의미한다. 다른 모든 미네랄과 마찬가지로, 요오드의 높은 수치는 독성을 나타낼 수 있다. 수온, 물의 미네랄 함량, 해조류의 보관 방법 등과 같은 많은 요소들이 요오드의 함량에 영향을 미칠 수 있기 때문에, 제품 라벨에 표기된 요오드 함량은 실제와 다를 수 있다.

수세기 동안 해안 지역 사람들이 해왔던 것처럼, 비건 식단에 해조류를 함께 즐기는 것은 아무 문제가 없다. 하지만 해조류의 요오드 함량이 일정하지 않기 때문에, 일주일에 두세 번만 섭취하는 것이 바람직하며, 요오드의 섭취를 해조류에만 의존하지 않을 것을 권장한다.

요오드 필요량의 섭취

성인의 요오드 권장섭취량은 하루에 150㎍이다. 비건은 다음 중 하나를 수행함으로써 충분한 요오드를 섭취할 수 있다.

- 식품에 사용하는 소금은 요오드화 소금을 선택한다. 1/4작은술의 소금은 76㎍의 요오드를 함유하며, 일부 식물성 식품에 포함된 요오드 또한 필요량을 섭취하는 데 충분하다. 요오드가 첨가되지 않은 천일염과 같은 다른 '자연' 소금은 요오드의 함량이 크게 다를 수 있어 권장되지 않는다. 가공식품이나 패스트푸드에는 요오드화 소금을 사용하는 일이 거의 없다. 간장, 타마리, 미소 등에 사용되는 소금 역시 마찬가지다.
- 소금의 사용을 원하지 않는다면, 일주일에 서너 번 정도 75~150㎍ 정도의 요오드를 포함하는 보충제를 복용한다. 만약 현재 비건 종합비타민을 복용 중이라면, 요오드를 포함할 수 있으니 라벨을 확인해보는 것이 좋다. 보충제를 통한 요오드의 섭취가 가장 바람직하다 할 수 있는 이유는, 해조류와 달리 복용량이 정확하고 소금과 달리 건강에 무해하기 때문이다. 하지만 보충제를 남용해서는 안 된다. 요오드의 안전한 복용량 범위가 비교적 좁은 편이기 때문에, 상한선 이상을 복용하지 않도록 하는 것이 안전하다. 또한 요오드를 위해 켈프 보충제를

섭취하는 것은 권장되지 않는다. 켈프 보충제의 라벨에 표기된 요오드의 용량이 종종 실제와 상이하며,[27] 켈프 보충제를 사용한 비건이 (요오드의 과다 섭취나 결핍으로 인한 것으로 보이는) 갑상선 문제를 보였다는 연구 결과들이 있기 때문이다.[21, 22] 켈프 보충제보다는 요오드화 칼륨이 포함된 보충제를 선택하도록 한다.

요오드 섭취를 위한 영양권장량과 상한선

나이	영양권장량(㎍)	상한선(㎍)
1~3세	90	200
4~8세	90	300
9~13세	120	600
14~18세	150	900
18세 이상	150	1,100
임신 중		
18세 이하	220	900
18세 이상	220	1,100
수유 중		
18세 이하	290	900
18세 이상	290	1,100

비타민 A

비타민 A의 활성 형태는 레티놀이며, 동물성 식품에서만 발견된다. 하지만 식물은 신체가 비타민 A로 전환할 수 있는 카로티노이드라 불리는 50가지 이상의 화합물을 가지고 있다. 이 중 가장 흔한 것은 베타카로틴이다. 비타민 A의 형태는 매우 다양하기 때문에, 식품의 비타민 A 함량은 레티놀 활성당량(RAE, 이하 RAE)으로 표시한다. 이는 식품의 잠재적 비타민 A의 양으로, 비타민 A의 영양권장량은 남성의 경우 900RAE, 여성의 경우 700RAE이다.

카로티노이드는 비타민 A 전구물로서의 역할 외에도 항산화 효과, 만성 질환 감소 등의 잠재적 이득이 있다. 하지만 동물성 식품에 함유된 비타민 A는 이러한 이점을 가지고 있지 않다.

2000년에 식품영양위원회(FNB: Food and Nutrition Board)는 베타카로틴이 활성 비타민 A로 전환되는 것에 관한 연구 결과에 기반해, 적절한 비타민 A의 생산을 위해 필요한 베타카로틴의 추정치를 2배로 늘렸다. 이는 식물성 식품의 RAE 함량이 이전에 생각했던 양의 절반에 불과하다는 것을 의미한다. 한때는 비건 식단이 충분한 비타민 A를 제공한다고 여겨져 왔지만, 이제 충분한 섭취를 위해서는 어느 정도의 노력이 필요하다는 것이 분명해졌다.

특정 식품의 비타민 A 함유량

권장섭취량은 여성 700RAE, 남성 900RAE이다	
	비타민 A(RAE)
채소(별도 기재하지 않은 경우 익힌 것 1/2컵)	
비트잎	276
브로콜리	60
청경채	180
땅콩호박	572
중간 크기 당근 1개	509
당근	665
당근 주스 1컵	2,256
치커리잎 1컵	166
콜라드잎	361
민들레잎	356
허버드호박	343
케일	443
겨자잎	369
호박 통조림	953
시금치	472
으깬 고구마	1,291
근대	268
중간 크기 토마토 1개	76
토마토 주스 1컵	56
과일	
살구 3개	101
칸탈루프 멜론 덩어리 1컵	270

중간 크기 망고 1개	80
작은 크기 파파야 1개	74

'밝은 색 채소'를 다량 포함하는 다양한 식단은 비타민 A의 필요량을 충족시키는 데 도움이 될 것이다. 시금치 1컵, 당근 주스 1/2컵, 혹은 고구마 1/4컵만으로도 하루 필요량을 충족시킬 수 있다. 가열 조리 및 지방 첨가는 베타카로틴의 흡수를 증가시키므로, 약간의 오일, 아보카도, 견과류, 견과류 소스 등으로 조리한 채소를 섭취하는 것 또한 도움이 된다.[28]

비타민 K

비타민 K는 20세기 초에 발견되었지만, 인체에서 정확히 어떤 기능을 하는지는 비교적 최근인 1974년에야 영양학계에서 증명되었다.

비타민 K는 혈액 응고에 필수적이며, 대부분의 경우 혈액 응고에 필요한 만큼을 충분히 섭취하고 있다. 비타민 K가 뼈 건강에 영향을 미치고 골절의 위험을 줄일 수 있다는 의견도 있지만, 이에 관한 연구는 엇갈린 결과를 보인다.[29, 30]

비타민 K의 가장 좋은 공급원은 녹색 잎채소이다. 대두유, 카놀라유, 올리브 오일 또한 좋은 공급원이다. 비타민 K는 지용성이기 때문에 약간의 기름과 함께 잎채소를 요리하거나 지방이 풍부한 드레싱을 곁들이면 흡수율을 높일 수 있다.

비건이나 베지테리언의 비타민 K 섭취에 관한 정보는 많지 않지만, 우리가 비건 식단과, 비건의 혈액 응고에 대해서 알고 있는 내용들은 식물성 식단으로도 비타민 K를 충분히 섭취할 수 있음을 시사한다.[31] 그렇다면 우리는 왜 이 영양소를 다루려 하는 것일까? 이는 비건 식단의 적절성에 의문을 제기하는 사람들이 비타민 K를 놓고 주장하는 내용과 관련이 있다.

'비타민 K'라는 용어는 비타민 K의 활동과 관련한 두 가지의 다른 화합물질을 의미한다. 하나는 필로퀴논 또는 비타민 K1이라 불리며, 식물성 식품과 동물성 식품 모두에서 발견된다. 또 다른 하나는 메나퀴논 또는 비타민 K2라 불리는데, 박테리아에 의해 생성되고 동물성 식품에서만 발견된다. 비타민 K2가 함유된 것으로 알려진 식물성 식품은 낫토가 유일하다. 일부 사람들은 비타민 K2가 체내에서 고유한 역할을 가진 별개의 비타민이라 주장하지만, 비타민 K2의 이점이 있다는 증거는 제한적이다.

연구에 따르면 비건과 육식인의 혈액 응고율(비타민 K 활동의 척도)은 큰 차이를 보이지 않았으며, 이는 비건이 비타민 K2의 섭취 없이도 비타민 K를 충분히 얻고 있음을 의미한다.[31]

네덜란드에서 진행된 일부 연구는 비타민 K2가 심장병의 위험을 줄일 수 있다는 것을 발견했으나,[32, 33] 또 다른 연구는 식물성 식품에서 발견되는 비타민 K1에 실제 예방 효과가 있으며 비타민 K2는 오히려 위험을 증가시킬 수 있다는 결과를 내놓았다.[34] 비타민 K2 섭취의 이점을 감안해도, 비타민 K2가 풍부한 동물성 식품은 심장 질환의 위험과 연관이 있기 때문에 보충제의 형태로 섭취하는 것이 더 합리적일 수 있다.

그리고 비건에게 비타민 K2의 공급원이 없다는 것은 사실이 아닐 수 있다. 비타민 K2는 대장의 박테리아에 의해 생성되고 혈액을 통해 흡수되는 것으로 보인다.[35] 또한, 국립과학원은 특별히 비타민 K2의 권장량을 제시하고 있지 않다. 따라서 비타민 K2는 비건이 식단을 통해 별도로 섭취해야 할 영양소는 아니라고 할 수 있다.

비건을 위한 기타 비타민과 미네랄

리보플라빈

미국인은 주로 우유를 통해 리보플라빈(비타민 B2)을 섭취하기 때문에, 지난 수년간 비건 식단 내의 리보플라빈에 관한 논의가 있었다. 리보플라빈은 많은 식물성 식품에서 소량으로 발견되지만, 곡물, 콩류, 채소 등을 다양하게 섭취하는 식단에서는 충분한 섭취가 가능하다. 대두 식품과 강화 시리얼은 특히 리보플라빈의 좋은 공급원이다. 비건의 리보플라빈 섭취에 관한 많은 연구 결과가 있는 것은 아니지만, 몇몇 연구는 비건이 리보플라빈의 영양권장량을 충족시키고 있다는 것을 보여준다. 리보플라빈 강화 두유(또는 다른 식물성 대체유)를 선택함으로써 더 많은 양을 섭취할 수도 있지만, 비건이 이 영양소의 섭취를 걱정할 필요는 없어 보인다. 다음의 표는 식물성 식품의 리보플라빈 함량을 나타낸다.

식품 내 리보플라빈 함량

권장섭취량은 여성 1.1mg, 남성 1.3mg이다	
	리보플라빈(mg)
빵, 시리얼, 곡물	
보리 ½컵	0.05
브랜 플레이크 ¾컵	0.6
콘 플레이크 1컵	0.74
영양 강화 정제 파스타 ½컵	0.1
통밀 파스타 ½컵	0.03
퀴노아 ½컵	0.1
흰 빵 1조각	0.7
통밀빵 1조각	0.05
채소(익힌 것은 ½컵, 생채소는 1컵)	
아스파라거스	0.1
비트잎	0.2
콜라드잎	0.1
버섯	0.14
완두콩	0.07

시금치	0.21
고구마	0.08
과일	
중간 크기 바나나 1개	0.09
콩류(익힌 것 ½컵)	
강낭콩	0.05
말린 완두콩	0.06
대두 식품	
에다마메 ½컵	0.14
두유 1컵	0.5
식물성 고기 1온스	0.17*
기타	
뉴트리셔널 이스트(VSF) 1큰술	4.8
마마이트 효모 추출물 ½작은술	0.42

* 브랜드에 따라 달라질 수 있음.

셀레늄

식물성 식품 내의 셀레늄 함량은 재배되는 토양에 따라 달라지기 때문에, 섭취 또한 사는 지역에 따라 다를 수 있다. 연구에 따르면 미국과 캐나다의 비건들은 충분한 양의 셀레늄을 섭취한다. 그러나 일부 북유럽 국가는 토양의 셀레늄 함량이 매우 낮기 때문에 해당 지역에서는 셀레늄 보충제를 복용할 필요가 있다.[36, 37] 다음의 표는 미국에서 재배된 식물성 식품의 셀레늄 함량을 나타낸다.

식품 내 셀레늄 함량

성인의 권장섭취량은 55㎍이다	
	셀레늄(㎍)*
빵, 시리얼, 곡물	
익힌 펄보리 ½컵	6.8
브랜 플레이크 1컵	4.1
통밀빵 1조각	7.2
그레이프넛 ½컵	5.3
익힌 오트밀 ½컵	6.3
영양 강화 정제 파스타 ½컵	20
익힌 통밀 파스타 ½컵	18.1
익힌 현미 ½컵	9.6
콩류 및 대두 식품(익힌 것 ½컵)	
병아리콩	3
리마콩	4.2
핀토콩	5.3
대두	6.3
단단한 두부	12.5
견과류 및 씨앗류	
브라질넛 1개	95

* 위 수치는 미국 농무부에 따른 것으로, 미국 이외의 지역에서는 달라질 수 있다. 다른 국가에서는 현지 식품의 셀레늄 함량을 확인해야 한다.

콜린

콜린은 우리 몸의 모든 세포에 필수적인 물질로 체내 모든 세포막에서 발견된다. 또한 기억이나 근육 조절과 같은 뇌기능의 역할을 돕는 신경전달물질인 아세틸콜린의 생성에도 필요하다. 콜린은 지방의 대사에도 필요하기 때문에, 콜린의 섭취가 부족하면 간에 지방이 축적되어 간 기능을 해칠 수 있다.

불과 20년 전까지만 해도 콜린에 관한 정부 차원의 영양 권고는 존재하지 않았지만, 콜린의 건강 효과에 관한 연구는 여전히 발전 중에 있다. 콜린의 충분한 섭취는 심혈관 질환을 예방하고 노화로 인한 인지 기능 저하를 막는 데 중요한 역할을 하는 것으로 보인다.

미국인의 경우 콜린의 권장량을 충족시키지 못하는 경우는 간혹 있지만, 심각한 결핍은 매우 드물다. 이는 우리의 신체가 적어도 최소한의 콜린을 생성하기 때문일 가능성이 높다. 그렇다 하더라도 이는 유전적 요인에 따라 달라질 수 있기 때문에, 콜린의 함량이 풍부한 식품을 섭취하는 것이 중요하다.

콜린의 권장섭취량은 남성의 경우 하루 500mg, 여성의 경우 425mg이다. 육류, 유제품, 달걀에 비해 식물성 식품은 일반적으로 콜린의 함량이 매우 낮지만, 식품 선택에 조금만 주의를 기울이면 충분한 양의 콜린을 섭취할 수 있다.

비건 식단의 가장 좋은 콜린 공급원은 땅콩, 땅콩버터, 콩, 대두 식품, 퀴노아, 아스파라거스, 시금치, 그리고 브로콜리나

식품 내 콜린 함량

권장섭취량은 성인 여성 425mg, 성인 남성 500mg이다	
	콜린(mg)
콩류	
볶은 대두 1/4컵	53
강낭콩 1/2컵	45
네이비 빈 1/2컵	41
땅콩 1/4컵	24
땅콩버터 2큰술	21
두유 1컵	58
채소	
아스파라거스	23
브로콜리 1/2컵	31
방울양배추 1/2컵	32
콜리플라워 1/2컵	24
표고버섯 1/2컵	58
견과류 및 씨앗류	
아몬드 1/4컵	18
피스타치오 1/4컵	24
해바라기씨 1/4컵	19
곡물 및 녹말 채소	
껍질을 까지 않은 큰 붉은 감자 1개	57
익힌 퀴노아 1/2컵	22
밀 배아 1온스	51

콜리플라워 같은 채소다. 그 외 식물성 식품은 콜린 함량이 낮은 편이지만, 콜린 함량이 높은 식품을 매일 몇 가지 추가한다면 식물성 식품을 통해 콜린의 권장섭취량을 충족시키는 것은 문제가 되지 않는다. 212쪽의 표는 식물성 식품의 콜린 함량을 나타낸 것이다.

다른 모든 기타 영양소

물론 모든 영양소가 건강에 중요하지만, 대부분은 비건 식단을 통해 쉽게 섭취 가능하므로 너무 걱정할 필요는 없다. 비건이 나머지 영양소를 어디서 얻는지에 관해 더 알고 싶다면, 216~217쪽의 '비타민', '미네랄' 표를 참고하자. 이 표는 책의 다른 곳에서 다루지 않는 영양소에 대한 간단한 안내서가 되어 줄 것이다.

정보의 취합

각 영양소의 다양한 공급원과 필요량을 섭취하는 방법을 파악하는 것은 중요하다. 그러나 개별 영양소의 섭취를 따져가며 식단을 계획하는 것은 쉽게 지치고 혼란스러운 일이 될 수 있다. 그리고 모든 사람이 그렇게 해야 할 필요도 없다. 10장에서는 지금까지 다룬 모든 정보를 종합해 식단 계획을 세우기 위한 간단한 지침을 제시할 것이다. 이는 '평생 비건을 위한 식품 가이드'로, 비건 식단의 계획을 더욱 수월하게 해줄 것이다.

비건 식단, 미네랄, 탈모

우리는 베지테리언이나 비건 여성이 탈모를 겪는다는 이야기를 종종 듣는다. 비건과 관련한 연구는 아직 없지만, 일반적인 영양 상태와 탈모에 관한 연구는 존재한다.

탈모의 원인은 개인마다 다르며, 반드시 식단과 관련이 있는 것은 아니다. 젊은 여성의 약 1/3이 한 번 이상의 탈모를 경험한다(그리고 이 여성들의 대부분은 비건이 아니다.). 노화가 진행되면서 머리카락이 가늘어지는 것은 불가피한 현실이다. 여성은 완경기에 접어들면 눈에 띄게 머리카락이 가늘어진다. 스트레스 또한 탈모를 일으킬 수 있다.

탈모는 갑상선 문제를 포함한 특정 건강 상태와 관련될 수 있기 때문에, 평소보다 빠른 속도로 탈모가 진행된다는 생각이 든다면 의사의 진찰을 받는 것이 중요하다. 피부과 의사가 문제를 진단할 수 있는 경우도 있다.

급격한 체중 감량은 탈모 증가를 유발할 수 있으며, 이 경우 대부분은 체중 감량을 멈추면 모발 성장이 정상으로 돌아온다. 비건이 된 여성이 때때로 초반에 급격한 체중 감량을 진행하는 경우가 있는데, 이것이 탈모의 원인이 될 수 있다.

한때 아연의 결핍이 탈모의 주된 원인이라는 설이 있었으나, 아연 보충제는 탈모의 예방에 도움이 되지 않는 것으로 나타났다. 일부 연구는 철분의 결핍이 여성의 탈모와 연관이 있을 것이라 보는데, 정상 범위 이하의 철분 수치가 최적의 모발 성장을 뒷받침하지 못할 가능성은 존재한다.

필수 아미노산인 L-라이신은 철과 아연의 흡수를 돕는 역할을 하는데, 콩류를 충분히 섭취하지 않는 비건은 라이신이 부족한 것으로 나타났다. 철분 보충만으로 철분의 저장량이 늘지는 않는다. 하지만 한 연구에서, 철분 보충제와 하루 1.5~2g 분량의 L-라이신 보충제를 함께 섭취하자 철분의 수치가 증가하고 탈모가 절반으로 감소한 결과를 보였다.[15] 비타민 E와 엽산 같은 다른 보충제의 과다 섭취나 오남용 또한 모발 성장에 악영향을 미칠 수 있다.

일부 여성의 경우 탈모가 진행되는 것 같다는 느낌 때문에 모발의 보호를 위해 머리를 덜 자주 감기도 하나, 이로 인한 탈모 예방의 효과는 없다. 사실, 모든 사람들은 매일 약간의 머리카락이 빠지기 때문에, 머리를 덜 자주 감게 되면 머리를 감을 때마다 욕조에서 더 많은 머리카락을 보게 될 것이고, 머리카락이 더 많이 빠지고 있다고 느낄 수도 있다.

비타민

영양소	최고의 식물성 식품 공급원	역할
비타민 C	블랙베리, 브로콜리, 방울양배추, 양배추, 칸탈루프 멜론, 구아바, 자몽, 키위, 망고, 파파야, 파인애플, 라즈베리, 빨간 고추, 딸기, 감자	· 활성산소에 의한 손상으로부터 세포를 보호하는 항산화물질 역할을 한다. · 결합 조직의 구성 요소인 콜라겐을 만들고 상처를 치유하는 데 필요하다. · 면역 기능에 영향을 미친다. · 식물성 식품에서의 철분 흡수를 돕는다.
비타민 E	아보카도, 시금치, 근대, 망고, 견과류 및 씨앗류, 땅콩버터, 홍화유, 해바라기유, 일부 마가린	· 산화로부터 지방산을 보호한다. · 세포막을 안정화시킨다. · 면역 기능에 영향을 미치고 혈관 내벽을 건강하게 유지하는 데 도움을 준다.
티아민 (비타민 B1)	통곡물 및 영양 강화 곡물, 콩류, 견과류, 씨앗류, 뉴트리셔널 이스트	· 비타민 B 복합체인 티아민, 나이아신, 판토텐산, 피리독신, 비오틴은 모두 탄수화물, 지방, 단백질의 신진대사에 관여하며 에너지 생산에 필요하다.
나이아신	콩, 템페, 두부, 뉴트리셔널 이스트, 효모 추출물(마마이트), 땅콩, 땅콩버터, 강화 시리얼, 버섯, 보리	
판토텐산	콩, 견과류, 씨앗류, 아보카도, 버섯, 통곡물	
피리독신	아보카도, 감자, 고구마, 시금치, 대두, 바나나	
비오틴	오트밀, 귀리 기울, 보리, 옥수수, 버섯, 시금치, 고구마, 콩, TVP, 아몬드, 땅콩버터	
엽산	아보카도, 브로콜리, 콜라드잎, 시금치, 순무잎, 오렌지, 콩, 땅콩, 효모 추출물(마마이트) 강화 시리얼, 영양 강화 곡물	· 유전 물질을 만들고 세포 분열을 돕는 데 필요하다.

미네랄

영양소	최고의 식물성 식품 공급원	역할
크롬	통곡물, 다크 초콜릿, 오렌지, 브로콜리	· 인슐린의 작용을 증진시키고, 탄수화물, 지방, 단백질의 신진대사에 관여한다.
구리	통곡물, 콩, 견과류, 감자, 두부, 템페	· 구리는 인체가 적혈구를 형성하는 것을 돕기 위해 철분과 함께 작용한다. 또한 혈관, 신경, 면역 체계, 뼈를 건강하게 유지하는 것을 도우며, 철분의 흡수도 돕는다.
망간	통곡물, 밀 배아, 콜라드잎, 시금치, 고구마, 파인애플, 콩, 두부, 템페, 아몬드버터, 차	· 항산화물질 역할을 하며, 탄수화물, 아미노산, 콜레스테롤의 대사에 관여한다.

제9장

비건 식단의 대두 식품

두부, 두유, 미소, 템페는 아시아 요리에 주로 쓰이는 전통적인 식재료이다. 최근에는 대두를 이용해 만든 간 소고기와 치킨너겟, 런천미트, 핫도그, 치즈, 사워크림 등의 새로운 대체 식품도 다양하게 출시되고 있다.

대두로 만든 전통적인 대두 식품과 새로운 대체 식품 모두 비건이 되는 것을 그 어느 때보다 쉽게 만들어준다는 데에는 반론의 여지가 없다. 대두 식품은 이러한 실용적인 이점 외에도 몇 가지 건강상의 이점을 제공하지만, 다른 한편으로 안전성에 관한 의구심도 존재한다.

이는 사소한 문제가 아니다. 매년 약 2,000개에 달하는 대두와 관련한 논문이 의학 저널과 과학 저널에 실린다. 이 장에서는 대두 식품의 잠재적인 이점과 논란이 되는 문제들을 살펴본다. 그리고 여러분은 이를 통해 대두 식품의 섭취에 관한 현명한 결정을 내릴 수 있을 것이다.

대두의 영양소

대두는 콩류 중에서도 독특한 편이다. 다른 콩에 비해 단백질과 지방의 함량이 높고, 탄수화물의 함량은 매우 낮다. 대두는 필수 오메가3 지방산인 ALA의 몇 안 되는 좋은 식품 공급원 중 하나인데, 지방의 대부분은 다불포화 오메가6형이다. 콩의 탄수화물은 주로 사람이 소화하지 못하는 올리고당으로 구성되어 있다. 이 올리고당은 건강한 박테리아의 성장을 촉진시키는 대장까지 그대로 이동한다.

대두가 유명한 이유는 단백질 때문인데, 대두 단백질은 소화가 쉬우며 대두의 아미노산 패턴은 인간의 요구 조건과 밀접하게 일치한다. 대두 단백질의 질은 동물성 식품의 단백질과 견줄 만하다. 아미노산 패턴과 소화율을 기준으로 단백질 순위를 매기는 단백질 등급제에 따르면, 대두 단백질은 식물성 단백질 중 가장 높은 등급이다.[1]

대두는 또한 철분, 칼륨, 엽산의 좋은 공급원이다. 미네랄 흡수를 억제하는 피트산과 옥살산을 모두 함유하고 있지만, 두부 및 두유의 칼슘 흡수율은 우유만큼 뛰어나다.[2, 3] 대두에 포함된 철분의 대부분은 페리틴(ferritin)이라 불리는 형태로 존재하는데, 페리틴은 피트산의 영향을 받지 않고 쉽게 흡수된다.[4, 5]

대두의 이소플라본과 에스트로겐 문제

두부, 두유, 템페와 같은 전통적인 대두 식품과 대두는 이소플라본이라 불리는 파이토케미컬의 풍부한 공급원이다. 이소플라본은 일반적으로 파이토에스트로겐 또는 식물성 에스트로겐이라 불린다. 이소플라본은 세포 내에서 에스트로겐 호르몬이 결합하는 것과 같은 수용체와 결합하기 때문에(이는 생물학적 작용에 필요한 단계이다.) 에스트로겐과 동일하다는 오해를 불러왔다. 하지만 이는 사실이 아니다. 이소플라본은 오히려 SERMs(Selective Estrogen Receptor Modulators, 선택적 에스트로겐 수용체 조절제)라 불리는 복합 화합물에 속한다.

이소플라본이 에스트로겐과 어떻게 다른지를 설명하는 단어는 '선택적'이다. 에스트로겐 수용체에는 두 가지 종류가 있는데, 에스트로겐 수용체 '알파'와 '베타'이다. 에스트로겐은 이 두 수용체에 동일한 친화력을 갖지만, 이소플라본은 에스트로겐 수용체 베타와 우선적으로 결합한다. 때문에 이소플라본은 에스트로겐과 다르게 작용할 수 있는 것이다.[6] 특정 조직의 수용체 유형에 따라 SERMs은 에스트로겐과 유사한 효과를 가지거나, 항 에스트로겐 효과를 가지거나, 아예 효과가 없을 수도 있다. 에스트로겐 수용체 베타에 우선적으로 결합하는 이소플라본과 같은 화합물이 항암 특성을 가질 수 있다는 연구 결과도 있다.[7]

이소플라본에 관한 다음 내용은 베지테리언과 비건에게 특히 중요한 문제이다. 이소플라본의 대사는 사람마다 다르며, 때문에 사람의 건강에 미치는 영향도 달라질 수 있다. 예를 들어, 대두가 함유하는 이소플라본의 한 종류는 장내 박테리아에 의해 에쿠올이라 불리는 화합물로 대사되는데, 이는 건강에 매우 유익할 수 있다.[8, 9] 하지만 아시아인의 50%가 에쿠올을 생산할 수 있는 박테리아를 가지고 있는 데 반해 서양인은 약 25%만이 같은 박테리아를 가지고 있다.[8] 일부 연구에 따르면 베지테리언이 육식인에 비해 에쿠올 생산의 가능성이 더 높다.[10~12] 이는 베지테리언과 비건이 전형적인 미국 식단을 하는 사람들에 비해 대두 식품으로부터 더 많은 이익을 얻을 수 있다는 것을 의미한다.

심장 질환

대두는 포화 지방의 함량이 적기 때문에, 육류와 유제품 대신 대두 식품을 섭취하는 경우 혈중 콜레스테롤 수치를 3~6%까지 줄일 수 있다.[13] 하지만 대두 단백질이 혈중 콜레스테롤 수치에 직접적인 영향을 미치기 때문에, 대두와 심장 건강의 연관성에 관해 더 살펴볼 필요가 있다.

하루에 대두 단백질 25g(전통적인 대두 식품의 약 3회 분량에 해당하는 양)을 섭취하면 LDL 콜레스테롤(나쁜 콜레스테롤)을 약 4% 정도 감소시킬 수 있다.[13~15] 이러한 대두 단백질의 이점 외에도, 대두의 건강한 지방은 심장병의 위험을 낮추는 데 중요한 역할을 하기도 한다.[15]

대두가 심장 건강에 좋은 다른 영양 성분과 결합하면 더 큰 효과를 발휘할 수 있다. 포트폴리오 식단(Portfolio Diet)은 단백질 대부분을 대두를 통해 섭취하고 다량의 섬유질, 견과류, 식물스테롤(콜레스테롤을 낮추는 천연 성분을 가진 화합물) 강화 식품을 식단에 포함하는 실험적인 접근법이다.

이 식단법은 LDL 콜레스테롤의 수치를 30% 가까이 낮춰주며, 이는 일부 약물 치료법만큼이나 효과적이다.[16] 또한, 대두 단백질은 LDL 콜레스테롤이 건강을 해치거나 동맥 경화의 위험을 높이는 것을 막아주는 효과가 있을 수 있다.[17]

마지막으로, 대두의 이소플라본은 또한 콜레스테롤 수치와 무관하게 동맥 건강에 직접적으로 영향을 주어 심장병 위험을 감소시킬 수도 있다.[18] 콜레스테롤 수치가 높지 않음에도 심장마비를 겪는 사람이 많다는 점을 미루어볼 때, 이와 같은 이점은 대두 식품이 콜레스테롤 수치가 낮은 사람에게도 심장 질환 예방 효과가 있다는 의미일 수 있다.

뼈 건강

에스트로겐 요법은 완경 이후 여성의 골손실과 골절 위험을 낮추는 효과가 있기에, 이소플라본이 유사한 효과를 가지는지 알아볼 필요가 있다. 이 문제를 파악하기 위해 주로 완경 후의 여성을 상대로 25개 이상의 임상 연구가 진행되었다.[19, 20] 일부 피실험자는 골밀도의 개선을 보였지만, 나머지 피실험자에게는 아무런 개선의 효과가 없었다.

대두의 이소플라본은 이러한 보호 효과를 가진 게 아닐 수 있다. 혹은 이러한 효과를 위해서는 평생 대두를 섭취해야 하는 것일 수도 있다. 위 임상 연구에서 여성들은 일반적으로 길어야 2년 동안 대두를 섭취했다. 그러나 싱가포르 및 중국의 연구에 따르면, 대두 식품의 섭취량이 가장 많은 여성의 경우 하루에 2회 분량 정도를 섭취했는데, 이 경우 뼈가 골절될 확률이 ⅓ 정도 더 낮게 나타났다고 한다.[21, 22] 이 여성들은 평생에 걸쳐 대두 식품을 섭취해왔다고 보는 것이 타당하다.

대부분의 대두 식품은 단백질이 풍부하고 칼슘의 좋은 공급원이기 때문에, 뼈 건강을 위한 좋은 선택이 될 수 있다. 하지만 이소플라본이 이에 관한 부가적인 보호 효과를 제공하는지는 아직 밝혀지지 않았다.

완경기 여성의 열감

서구 여성들 사이에 완경기 열감은 비교적 흔한 증상이지만, 이러한 증상을 겪는다고 응답한 일본 여성은 많지 않다. 한 가지 이유는 그들이 이소플라본을 통해 에스트로겐과 같은 효과를 보기 때문일 것이다. 약 50개의 연구에서 대두 식품과 다양한 유형의 이소플라본 보충제가 완경기 열감의 발생 빈도 및 그 심각도에 미치는 영향을 조사했는데, 그 결과는 일관적이지 않은 것으로 나타났다. 그 이유 중 하나는 이소플라본 신진대사가 개인에 따라 다르기 때문일 수 있다.

그러나 더 가능성이 높은 설명은 일부 이소플라본 보충제가 다른 제품에 비해 완경기의 열감에 더 큰 효과를 나타내기 때문이라는 것이다. 대두는 여러 가지 다른 종류의 이소플라본을 함유하고 있는데, 대두 자체와 유사한 이소플라본 프로파일을 가진 보충제가 완경기 열감에 효과가 있는 것으로 나타났다.[23, 24] 대두 식품은 일반적으로 제니스테인이라 불리는 이소플라본이 풍부한데, 제니스테인의 함량이 전체 이소플라본의 최소 절반 이상을 차지하는 보충제가 뛰어난 효과를 보인 것으로 알려졌다.

전통적인 대두 식품을 하루 약 2회 분량 정도 섭취하면 열감 증상의 빈도와 심각도를 약 50~60%까지 감소시킬 수 있다. 하루에 약 7~10회 정도의 열감을 느끼는 여성에게 50% 정도의 감소는 상당히 큰 경감 효과라 할 수 있다.

유방암

1990년에 미국 국립암연구소(NCI: National Cancer Institute)는 암의 위험을 줄이기 위한 방편으로 대두 식품과 이소플라본을 주목하기 시작했다. 이 연구는 모든 종류의 암을 다루기는 했으나, 유방암은 대부분 이 에스트로겐의 영향을 받기 때문에 유방암에 특히 초점을 두고 있었다. 또한, 역사적으로 아시아에서 유방암의 발병률이 낮은 것은 아시아인의 생활 방식에 유방암을 예방하는 무언가가 있음을 시사했다.

30년 후, 우리는 대두가 유방암을 앓은 적이 있는 여성들에게 큰 영향을 미칠 수 있다는 고무적인 연구 결과를 얻었다. 대두의 효과를 부정하는 사람들은 여전히 대두가 이 여성들에게 효과가 있는지, 혹은 안전하기는 한 것인지 의문을 제기하고 있지만, 이들의 주장은 쥐를 대상으로 한 특정 연구에 기초하고 있다. 하지만 인간은 이소플라본에 쥐와는 매우 다른 생리적 반응을 가지기 때문에 이 연구 결과가 인간과 관련성이 있는지는 불확실하다.[25] 인간을 대상으로 한 연구에서는 대두 식품이나 이소플라본 보충제 모두 유방 세포 증식이나 유방 조직의 밀도와 같은 유방암의 위험 지표에 부정적인 영향을 미치지 않는 것으로 나타났다.[26]

미국암연구협회(American Institute for Cancer Research)와 미국암학회(American Cancer Society)의 입장은 유방암에 걸린 여성의 대두 식품 섭취는 안전하다는 것이다.[27, 28] 게다가 세계암연구기금(WCRF: World Cancer Research Fund International)은 대두 식품 섭취가 유방암에 걸린 여성의 생존율을 높일 수도 있다고 제안한다.[29] 이러한 입장은 1만 1,000명 이상의 유방암 생존자의 대두 섭취에 관한 연구에 기초하고 있다.

대두의 섭취가 유방암에 걸린 여성들의 예후를 호전시키는 효과가 있기는 하지만, 대두가 유방암의 발생을 예방하는 효과가 있는지는 명확하지 않다. 성인 여성의 대두 섭취는 유방암의 낮은 발병률과 관련이 없다. 이와는 대조적으로, 유년기나 청소년 시절에 하루에 대두 식품을 1회 분량 정도만 섭취해도, 나중에 유방암에 걸릴 확률이 50%까지 감소한다는 흥미로운 연구 결과가 있다.[30, 31] 아시아 국가의 소녀들은 자연스럽게 성장기에 대두 식품을 섭취하는데, 이것이 아시아 인구에서 유방암 발병률이 더 낮은 이유 중 하나로 추정된다.

현재로서는 건강한 여성의 대두 식품 섭취가 유방암의 위험을 높이지 않는다고 할 수 있으며, 아직 확신할 수는 없지만 유방암을 앓은 적이 있거나 앓고 있는 여성에게는 도움이 될 수도 있다. 하지만 가장 고무적인 연구 결과는 성장기에 대두를 섭취하는 소녀들이 유방암에 걸릴 위험이 더 낮다는 것이다.

전립선암

서구권 국가에 비해 대두 식품을 흔히 섭취하는 나라는 더 낮은 전립선암 발병률을 보인다. 더 중요한 것은, 대두를 더 많이 섭취하는 남성은 적게 섭취하는 남성에 비해 전립선암에 걸릴 확률이 약 30% 정도 더 낮다는 것이다.[32] 또한, 이소플라본이 전립선에 축적되어 전립선암의 확산을 억제하는 데 도움을 준다는 연구 결과도 있다.[33] 전립선 종양은 성장이 더디고 일반적으로 늦게 발견되기 때문에, 종양의 발생이나 성장을 지연시키는 것은 전립선암의 사망률에 막대한 영향을 미친다. 하지만 대두의 전립선암 예방과 치료 역할에 대해 명확한 결론을 내리기 위해서는 더 많은 연구가 필요하다.

유제품을 많이 섭취하는 식단은 전립선암 발병률을 높일 수 있다는 연구 결과가 있다. 따라서 비건 식단을 실천하고 우유를 두유로 대체하는 것은 남성의 전립선암 위험을 줄이는 데 도움이 될 것이다.

인지 기능

에스트로겐은 노년기에 인지 기능을 유지하는 데 도움을 줄 수 있으며, 대두 이소플라본이 이와 비슷한 효과를 나타낼 수 있을 것이라는 추측이 있어 왔다. 하지만 2000년에 하와이에 거주하는 일본 남성들을 대상으로 진행한 연구 결과, 두부를 가장 많이 섭취한 남성들이 70~90대에 정신 감퇴의 징후를 더 많이 보인 것으로 나타났다.[34] 이 연구는 특별히 인지 기능의 변화를 살펴보도록 설계되지 않았으며, 그 외에도 많은 중요한 약점을 가지고 있다. 이 연구 이후, 수십 년간 대두 식품과 인지 능력에 대한 연구들은 엇갈린 결과를 보여왔는데, 그 중 일부는 대두가 인지 기능 저하를 예방하는 효과가 있다는 결과를 내놓기도 했다.[35] 예를 들어, 대만의 노년층 중 하루 1회 이상 대두를 섭취한 사람은 섭취를 하지 않은 사람에 비해 인지 저하를 겪는 비율이 절반도 되지 않았다.[36] 45~75세 사이를 대상으로 한 임상 실험에서는, 대두 단백질을 섭취한 피실험자들이 유제품을 통해 단백질을 섭취한 피실험자에 비해 뚜렷한 인지 기능 향상을 보였다.[37]

대두 식품이 인지 기능을 향상시킬 수 있다 말하는 것은 시기상조이긴 하지만, 대부분의 연구 결과는 노년층이 대두 식품의 섭취를 피할 이유가 없음을 시사하고 있다.

갑상선 기능

대두 식품, 조, 십자화과 채소, 일부 허브류와 같은 다양한 식품은 고이트로겐을 함유하고 있다. 이 화합물은 갑상선의 기능을 방해한다(심한 경우 갑상선 확대로 인해 갑상선종이 발생할 수 있다.). 일반적으로 요오드 섭취가 적은 일부 국가에서만 고이트로겐이 문제가 되는데, 요오드가 갑상선 기능에 필수적인 영양소이기 때문이다. 요오드 결핍은 고이트로겐의 섭취가 많을 경우 더 심각해질 수 있다. 요오드를 충분히 섭취하는 한 이는 큰 문제가 되지 않을 것이다. 요오드화 소금을 매일 사용하거나 요오드 보충제를 섭취하는 방법으로 쉽게 요오드를 섭취할 수 있다.

이소플라본이 갑상선 기능에 미치는 영향에 관한 우려는 대부분 시험관과 설치류로 진행한 연구에 기반하고 있다. 인간의 경우, 대두 식품이나 이소플라본이 건강한 사람의 갑상선 기능에 악영향을 미치지 않는다는 분명한 연구 결과가 있다.[38, 39] 이 연구는 3년에 걸쳐 진행되었으며, 다량의 이소플라본이 사용되었다.[40, 41] 미국 식품의약국, 유럽식품안정청(European Food Safety Authority), 독일연구재단(German Research Foundation)은 모두 이소플라본과 갑상선 기능에 대한 우려를 부정하고 있다.[38, 42, 43]

노년층의 약 10%가 무증상 갑상선 기능 저하증을 앓고 있다. 이들의 갑상선 기능은 정상이지만, 갑상선 호르몬의 수치가 정상 수준보다 높다. 이는 갑상선 기능 저하증 또는 갑상선 기능 항진증으로 이어질 수 있다. 이전의 연구에서 이소플라본의 비교적 적은 섭취가 이 병의 진행을 약간 증가시킨 것으로 나타났지만, 같은 연구자들의 후속 연구에서 더 많은 양의 이

소플라본을 투여한 결과 갑상선 질환에 영향을 주지 않은 것으로 나타났다.[44, 45]

마지막으로, 갑상선 기능 저하증을 앓고 있으며 합성 갑상선 호르몬제를 복용하는 사람들에게 대두 식품이 미치는 영향에 대한 논의가 있어 왔다. 대두 식품은 이러한 합성 호르몬의 흡수를 감소시킬 수 있지만, 이는 여러 허브와 보충제뿐 아니라 섬유질이 많은 식품 전반도 마찬가지이다. 이러한 이유로 합성 갑상선 호르몬제는 공복에 섭취해야 한다.

생식 건강과 남성의 여성화

인터넷을 통해 알려진 대두 식품의 여성화 효과에는 이를 뒷받침할 수 있는 연구 결과가 존재하지 않는다. 2010년에 발표된 한 종합 분석 결과는 대두 식품이나 이소플라본 모두 테스토스테론 수치에 영향을 미치지 않는다는 것을 보여주었다.[46] 이후 발표된 연구들 또한 이를 뒷받침하고 있다.[47, 48] 마찬가지로, 일반적인 일본인의 섭취량을 훨씬 초과하는 양의 대두 식품을 섭취하는 경우에도, 대두 식품이나 이소플라본이 남성의 에스트로겐 농도에 영향을 미치지 않는다는 연구 결과들이 존재한다.[47~49]

대두 섭취와 정자 및 정액 특성에 관한 한 연구에서, 연구자들은 대두를 많이 섭취한 남성의 정자 수가 대두를 섭취하지 않은 남성의 정자 수와 다르지 않다는 점을 발견했다. 대두

대두 식품과 피부 건강

피부는 노화 과정을 거치며 얇아지고 탄력이 떨어져, 눈가의 잔주름, 웃을 때 생기는 주름, 깊은 주름 등이 생긴다. 이러한 변화 중 일부는 유전적 요인 및 일광 노출에 의해 유발되지만, 노화에 따른 에스트로겐의 감소도 한몫한다.

피부는 에스트로겐 수용체로 가득 차 있는데, 특히 이소플라본에 의해 활성화되는 에스트로겐 수용체가 대부분이다. 이 때문에 화장품 업계는 이소플라본 보충 화장 크림에 상당한 관심을 보이고 있다. 이러한 종류의 크림이 피부의 노화를 늦추는 데 도움이 될 뿐만 아니라 이소플라본이 피부 내에서 작용할 수 있다는 연구 결과가 있다.[54] 완경 이후 여성의 경우, 이소플라본 보충제는 피부 두께와 탄력 개선, 심지어 미세한 주름의 감소에 영향을 미친다.[55] 두부나 템페 1/2컵에 해당하는 분량의 전통적인 대두 식품을 매일 섭취하는 경우, 이소플라본을 통해 이와 같은 효과를 얻을 수 있다. 대두가 젊음의 샘이라 할 수는 없지만, 비건 식단에서 대두 식품을 충분히 섭취함으로써 얻을 수 있는 또 다른 작은 혜택이라 할 수 있겠다.

를 더 많이 섭취한 남성의 정자 농도가 더 낮긴 했지만, 이는 정액의 양이 더 많았기 때문이기도 하다.[50] 임상 연구에서 이소플라본의 섭취량이 일본 남성들이 일반적으로 소비하는 양보다 10배 더 높은 경우에도, 정자나 정액에 영향을 미치지 않는 것으로 나타났다.[51~53] 아시아인들은 수 세기 동안 대두 식품을 섭취해왔고, 이것이 이들의 생식 능력에 영향을 미친다는 어떠한 징후도 존재하지 않았다. 그리고 오늘날의 연구 결과 역시 크게 다르지 않다.

어떤 종류의 대두를 얼마나 섭취해야 할까

건강한 식단을 위해 대두 식품은 어떻게 섭취해야 할까? 우리는 아시아의 대두 식품 섭취에 대한 통념 두 가지(주로 발효 식품 형태로 대두를 섭취한다는 것과 대두가 주로 조미료의 형태로만 사용된다는 것)가 모두 잘못된 것이라는 점을 염두에 두고 아시아 지역의 전통 식단을 지침으로 삼을 수 있다.

미소와 같은 발효 식품은 아시아 국가에서 소비되는 주요 대두 식품이지만, 아시아 사람들이 주로 발효 식품을 통해 대두를 섭취하는 것은 아니다. 두부 같은 발효되지 않은 대두 식품은 적어도 약 1,000년 동안 아시아 식단의 일부였고, 여전히 이 문화권에서 중요한 역할을 차지한다. 중국에서는 두유와 두부를 통한 대두 섭취가 대부분을 차지한다. 일본에서는 대두 섭취량의 절반 정도가 발효 식품인 미소나 낫토로 섭취되고, 나머지 절반은 두부 등 발효되지 않은 식품을 통해 섭취된다.[56]

베지 버거나 다른 식물성 고기를 포함한 많은 비건 식품들은 분리대두단백이나 대두 단백질 농축물로 만들어진다. 가공 처리가 되었다는 이유로 일부 사람들에게는 비판의 대상이 되지만, 연구에 따르면 이러한 식품들의 안전성에는 문제가 없는 것으로 나타났다. 사실 인간의 단백질 균형을 돕는 대두의 성질에 관한 연구 대부분은 분리대두단백을 사용해 진행했다.

조사에 따르면, 일본이나 상하이와 같은 중국 도시 지역 사람들은 (섭취량의 편차가 제법 크기는 하지만) 일반적으로 하루에 약 1.5회 분량(약 10g의 대두 단백질을 함유하는)의 대두 식품을 섭취하는 것으로 나타났다. 흥미로운 것은 대두와 관련한 건강상의 이점 중 일부가 대두 식품을 가장 많이 섭취하는 사람들에게서 발견되었다는 점이다.

식단에 꼭 대두를 포함해야 할 필요는 없지만, 대두의 섭취를 피할 이유도 없다. 건강한 식단을 계획하는 데 있어 식품의 다양성은 매우 중요한 요소이다. 따라서 대두 식품의 섭취는 하루에 3, 4회 분량을 넘지 않을 것이 권장된다. 베지 버거나 대두 단백으로 만든 다른 제품을 통해 전반적으로 건강한 식단을 구성할 수는 있지만, 대두가 갖는 영양 측면의 이점(그리고 요리 측면의 이점)을 완전히 누리려면 두부나 템페와 같은 전통적인 식품을 더 자세히 알아볼 필요가 있다. 80~85쪽의 '대두 식품에 대한 기본 지침'은 이러한 식품에 관해 알아보는 데 도움이 될 것이다.

대두 식품의 이소플라본, 단백질 함량과 열량

대두 식품	이소플라본(mg)	단백질(g)	열량
단단한 두부 1/2컵	31.5	10	88
두부 1/2컵	29.3	10	94
순두부 1/2컵	34.6	8.6	77
낫토 1/2컵	52	15.6	186
두유 1컵	11.6	4.56	65
미소 1큰술	6.4	1.75	30
템페 1/2컵	36.1	15.3	160
소이넛 1/4컵	55	17	194
익힌 대두 1/2컵	47	14.3	149
익힌 청대두 1/2컵	17.7	15.7	180
분리대두단백 1온스	28.7	22.6	95
대두 단백 농축물 1온스	3.5~28.6 (가공 방법에 따라 다름)	16.2	93
콩가루 1/4컵	37.4	7.2	92
탈지 콩가루 1/4컵	32.8	11.7	82.5

제10장

평생 비건을 위한 식품 가이드

식품 가이드는 근 100년 동안 미국의 영양 교육의 일부로 자리 잡고 있으며 많은 진전을 이루었다. 오늘날, 미국인을 위한 식품 가이드 '마이 플레이트(MyPlate)'를 만들고 있는 미국 농무부는 1916년 출판된 첫 번째 가이드에서 식품을 다섯 개의 그룹(과일 및 채소, 육류와 생선 및 우유, 곡물, 간단한 디저트, 버터 및 건강에 좋은 지방)으로 분류했다.

오늘날의 식품 가이드는 농업과 식품 산업의 입김이 작용하고, 따라서 동물성 식품에 친화적이긴 하지만, 점차 식물성 식품의 중요성을 더욱 강조하는 경향으로 변화되어 왔다. 베지테리언은 이러한 식품 안내서를 쉽게 사용할 수 있지만, 비건에게는 그리 유용하지 않다. 정부 차원의 식품 안내서들은 대부분 칼슘 필요량을 충족시키기 위해 유제품을 강조하고 있기 때문이다. 우리가 제공하는 식품 안내서는 칼슘이 다양한 식품에 함유되어 있다는 사실을 기반으로, 비건의 칼슘 필요량을 충족시키기 위한 정확하고 적절한 방식을 제시한다.

하지만 이 가이드가 건강한 비건 식단을 계획하는 절대적인 기준을 제시하는 것은 아니다. 어떤 식품 가이드도 영양소 필요량을 충족시킬 수 있는 유일한 방법을 제시할 수는 없다. 그리고 이 가이드 내의 지침을 따르기 위해 매일 세심한 주의를 기울일 필요도 없다. 어느 날 하루 동안 6회 분량에 해당하는 과일과 채소만 섭취한다고 해서 당장 쓰러져 죽는 것은 아니기 때문이다.

본 책의 식품 가이드는 다양한 통곡물, 콩류, 견과류, 과일, 채소 등에 기초한 식단을 담고 있다. 초콜릿칩 쿠키, 감자칩, 와인과 같은 식품들은 포함하지 않는다. 그렇다고 이러한 식품을 섭취하지 말라는 뜻은 아니다. 단지 이러한 식품들이 식단의 중심에 있을 필요가 없을 뿐이다.

비건 식품의 분류

각 영양소의 정보를 간단한 메뉴 계획 가이드라인으로 나타내기 위해, 우리는 다음과 같이 식품을 분류했다.

통곡물과 녹말 채소

이 식품들은 섬유질이 풍부하고, 단백질, 철분, 아연, 비타민 B를 함유하고 있다. 감자나 고구마 같은 녹말 채소도 이 그룹에 포함되는데, 이 식품들의 열량과 영양소 함량이 곡물과 비슷하기 때문이다. 통곡물을 섭취하는 것은 항상 바람직하지만, 강화 시리얼과 같은 제품 또한 때때로 큰 도움이 될 수 있는데, 특히 어린이나 일부 운동선수에게 유익할 수 있다. 곡물은 섬유질과 철분의 훌륭한 공급원이기 때문에 하루에 약 4회 분량(246쪽 '필수 섭취 식품군'표 참조)을 섭취할 것이 권장된다. 통곡물은 또한 비건 식단에서 아연의 중요한 공급원이다.

콩류와 대두 식품

콩류와 대두 식품은 모든 식물성 식품 중에서 가장 단백질이 풍부하며, 비건에게 있어 필수 아미노산 라이신의 몇 안 되는 좋은 식품 공급원 중 하나이다. 성인의 경우 하루에 적어도 3, 4회 분량의 콩류와 대두 식품을 섭취하는 것이 권장된다. 일반적으로 1회 분량에 약 7~8g의 단백질이 포함되는데, 템페, 식물성 고기, 두부와 같은 대두 식품은 단백질의 함량이 훨씬 더 높다. 이러한 식품은 철분과 같은 미네랄의 중요한 공급원이며, 일부 식품은 아연을 많이 함유하기도 한다. 만약 다양한 통곡물, 채소, 견과류를 기반으로 하는 식단을 실천 중이라면, 콩류와 대두 식품은 하루 3회 정도의 분량이면 충분하다. 디저트, 버터나 오일류, 과일과 같은 단백질 함량이 매우 낮은 식품을 권장량 이상으로 섭취하고 싶다면, 하루에 4회 분량의 콩 식품을 섭취하여 단백질과 라이신 권장량을 충족시키는 것이 도움이 될 것이다.

콩을 처음 접하는 사람들은 콩에 대해 열린 마음을 가질 필요가 있다. 콩은 세계 최고 요리들의 중심에 있으며, 당신의 식단을 풍성하게 만들어줄 것이다. 16장에서는 콩을 쉽게 요리하고 가스 문제 없이 즐길 수 있는 팁을 제공할 것이다. 254쪽의 '콩을 좋아하지 않는다면' 섹션은 콩 이외의 식품으로 단백질을 충족시킬 수 있는 대안들을 제시하고 있다.

대두 식품의 섭취가 필수적인 것은 아니지만, 비건 식단에서 콩은 매우 큰 가치를 지닌다. 콩은 영양이 풍부할 뿐만 아니라 육류와 유제품의 훌륭한 대체품이 된다. 콩은 건강에 좋고, 다양하고 맛있는 베지테리언 식단을 계획하는 일을 더욱 쉽게 만든다.

대두와 완두콩으로 만든 대체유는 콩류에 속하지만, 아몬드, 헴프씨드, 귀리, 쌀 등으로 만든 대체유는 단백질의 함량이 낮기 때문에 콩류로 분류되지 않는다. 또 한 가지 놀라운 것은 땅콩과 땅콩버터가 이 분류에 포함된다는 것이다. 땅콩은 견과류에 속하는 것처럼 보이지만, 사실은 콩류에 더 가깝다. 다른 콩이나 대두 식품과 마찬가지로, 땅콩은 단백질의 훌륭한 공급원이다.

견과류와 씨앗류

일부 비건들은 높은 지방 함유량 때문에 견과류와 씨앗류를 멀리하려 한다. 하지만 적당한 양의 견과류 섭취는 콜레스테롤 수치를 개선하고 체중을 조절하는 데 도움이 된다(이에 관한 자세한 내용은 15장과 17장을 참조). 하지만 이 그룹의 식품은 열량이 농축되어 있기 때문에 1회 분량은 상대적으로 적다. 견과류 버터나 씨앗류, 그리고 씨앗으로 만든 버터류는 2큰술, 견과류는 1/4컵 정도이다. 이 식품들은 매일 1, 2회 분량 정도를 섭취하는 것이 권장된다. 씨앗보다는 견과류를 택하는 것이 더 바람직한데, 견과류가 보통 더 건강한 지방 프로파일을 가지고 있으며, 더 많은 건강상의 이점을 보이기 때문이다. 하지만 견과류에 알레르기가 있는 사람은 씨앗류를 선택하거나 식단에 콩류나 대두 식품을 추가하도록 한다.

채소류

채소는 비타민 C와 A의 가장 좋은 공급원 중 하나이며, 건강에 유익한 수천 가지의 플랜트케미컬을 함유하고 있다. 모든 채소류가 건강에 좋지만, 케일, 콜라드, 시금치, 순무잎과 같은 잎채소는 특히 영양소가 풍부하다. 이들은 비타민 A, C, K, 칼륨, 철, 엽산이 풍부하고, 칼슘이 풍부한 잎채소도 있다. 또한 심장병 위험의 감소부터 노화에 따른 시력 감퇴 예방과 같은 모든 건강 문제와 연관된 플랜트케미컬의 보고이다. 성장기에

작은 씨앗의 강력한 영양소

건강을 고려하는 많은 요리사들이 아마씨, 치아씨, 헴프씨드를 점점 더 많이 사용하고 있다. 이 세 가지 씨앗은 모두 필수 지방산 ALA(172쪽 참조)의 훌륭한 공급원이며, 섬유질과 철분도 다량 함유하고 있다. 씨앗 식품을 신선하게 유지하기 위해서는 냉장 보관을 해야 한다. 아래는 비건 식단에서의 씨앗 식품 활용에 관한 손쉬운 방법들이다.

치아씨는 아즈텍 문화까지 거슬러 올라가는 긴 역사를 가진 작은 씨앗이다. 치아씨는 물을 쉽게 흡수하고 부풀어올라 타피오카와 같은 입자를 만들어낸다. 꾸덕한 질감을 위해 오버나이트 오트밀이나 푸딩에 치아씨를 첨가할 수 있다.

헴프씨드는 대마의 한 종에서 나는 씨앗으로 종종 햄프 하트로도 불린다. 대마초의 환각 성분인 테트라히드로칸나비놀(THC)의 함량이 너무 낮아 마약의 효과를 가지진 않는다. 헴프씨드는 맛이 부드러워 어떤 음식과도 잘 어울린다. 샐러드, 곡물, 채소와 함께 섞어 먹을 수 있고, 스무디에도 잘 어울린다. 혹은 믹서에 갈아 헴프씨드 버터를 만들 수도 있다.

아마씨는 미국 북부 기후에서 자라는 아름다운 푸른 야생화(의류용 린넨의 재료가 되는 식물과 동일한 식물군)에서 나온다. 아마씨는 갈색이나 황금색을 띠며, 단단한 껍질을 가지고 있어 영양소의 흡수를 위해 갈아서 섭취해야 한다. 깨끗한 커피 그라인더나 믹서기에 직접 갈거나, 아마씨 분말을 구입해도 된다. 물에 간 아마씨를 섞으면 걸쭉하고 끈적해지는데 이는 비건 빵과 팬케이크 반죽에 아주 훌륭한 결합제 역할을 한다. 간 아마씨는 산패되지 않도록 항상 냉동실에 보관한다.

잎채소를 섭취한 많은 사람들은 잎채소 없이 살 수 없다고 말하며, 이러한 식품을 처음 접하는 사람들도 이와 의견을 같이 한다. 하지만 좀 더 천천히 잎채소에 적응해가고 싶다면, 적은 양의 채소를 수프나 스튜에 섞는 것부터 시작하면 좋다.

요리를 위한 시간이 충분하지 않은 사람은 냉동 채소가 생채소의 좋은 대안이 될 수 있다. 냉동 채소는 영양소의 함량이 거의 비슷하며, 일부 경우에는 더 높은 함량을 가지기도 한다.

과일류

과일은 특정 미네랄뿐만 아니라 비타민 C와 A의 좋은 공급원이며, 풍부한 파이토케미컬을 공급한다. 과일 주스도 좋은 영양 공급원이 될 수 있지만, 적당량을 지나치지 않게 섭취해야 한다. 신선한 생과일은 언제나 좋은 선택이며, 냉동 과일 또한 영양소가 풍부하다. 말린 과일은 열량이 높지만 일부 영양소와 섬유질의 좋은 공급원이 될 수 있다. 말린 과일을 먹고 난 후에는 꼭 양치를 해야 한다.

지방

건강한 비건 식단에 지방이 필수적인 것은 아니지만, 적은 양의 좋은 지방은 균형 잡힌 식단을 위해 필요하다. 지방의 섭취는 선택적인 문제라 주요 문제로 다루지는 않았지만, 그렇다고 지방의 섭취를 금지해야 하는 것은 아니다. 대부분의 사람은 하루에 2, 3회 분량(1회 분량은 약 1작은술 정도이다.)을 섭취하는 것이 바람직하나, 필요 열량이 높은 사람은 이보다 더 많이 섭취하는 것이 좋다. 건강에 좋은 지방을 선택하기 위해서는 7장을 참조하도록 한다.

식물성 대체유

대두와 완두콩으로 만든 식물성 대체유는 단백질의 함량이 높으며 콩류 식품군에 속하는 반면, 기타 식물성 대체유는 비건 식단에 그리 적합하지 않다. 칼슘이 강화된 식물성 대체유는 칼슘의 좋은 공급원이 될 수 있기는 하나 다른 영양소의 함량은 매우 낮은 편이다. 이러한 식물성 대체유는 어느 식품군에도 속하지 않기 때문에 자세히 다루지는 않지만, 많은 비건 식단에서 활용이 가능하다.

칼슘군은 어디에 속하는가?

본 식품 가이드의 모든 식품군은 칼슘을 함유하는 식품을 포함하기 때문에, 별도의 '칼슘군'이나 '유제품 대체군'이 필요하지는 않다. 246쪽의 '필수 섭취 식품군' 표는 각 식품군에서 칼슘이 풍부한 식품들을 나타내고 있다.

곡물을 섭취해야 할까?

곡물은 어떤 형태로든 대부분 국가의 요리에서 중심을 차지하고 있다. 그렇다면 곡물이 비건 식단에서 필수적일까? 우리는 하루에 4회 분량의 곡물을 섭취할 것을 권장하는데, 이는 충분한 섬유질과 철분을 섭취할 수 있는 쉬운 방법이기 때문이다. 또한 통곡물은 아연의 좋은 공급원이기도 하다. 하지만 콩류가 곡물에 비해 더 많은 철분을 함유하고 있으며, 섬유질과 아연 또한 곡물만큼이나 풍부하다.

여기에 어떠한 마법의 공식이 있는 것은 아니다. 곡물과 콩류를 합쳐 하루에 적어도 7회 분량을 섭취해야 하며, 이 중 콩류가 최소 3회 분량 이상을 차지할 것을 권장한다. 곡물의 섭취량을 줄이고 1, 2회 분량의 콩류를 추가로 섭취하는 것도 좋다. 중요한 것은 전반적으로 미네랄이 풍부한 식품을 충분히 먹고 콩류의 섭취가 부족하지 않도록 하는 것이다.

평생 비건을 위한 식품 가이드 활용

246쪽의 '필수 섭취 식품군' 표에 나열된 각 식품군의 최소 섭취 분량을 충족시키는 것을 목표로 하는 것이 좋다. 열량 소모가 많은 성인은 더 많은 섭취가 필요하다. 11장과 12장에서는 임산부와 어린이를 위한 권장량을 다룰 것이다.

다음의 팁과 함께 본 식품 가이드를 최대한 활용해보자.

- 그릇의 절반은 과일과 채소로 채운다.
- 과일류와 채소류에서 비타민 C와 A의 좋은 공급원을 선택한다.
- 단백질이 풍부한 콩, 대두 식품, 땅콩 등을 충분히 섭취한다.
- 정제된 곡물보다 통곡물과 녹말 채소 위주로 섭취한다.
- 견과류와 씨앗류 및 지방을 섭취할 때에는 오메가3 지방산을 함유한 식품을 고른다.
- 식물성 칼슘 강화 대체유와 칼슘 강화 주스, 칼슘 함유 두부, 오렌지, 혹은 케일, 겨자잎, 순무잎, 청경채, 콜라드 등 옥살산염의 함량이 낮은 잎채소를 골고루 하루에 최소 3컵 분량을 섭취해 칼슘을 충분히 섭취한다.
- 주 음료는 물로 섭취한다.
- 비타민 B12, 비타민 D, 요오드, 오메가3 지방산을 충분히 섭취한다.

본 식품 가이드를 활용하면 건강하면서도 맛있는 비건 식단을 쉽게 계획할 수 있다. 246쪽의 '필수 섭취 식품군' 표는 식품 선택에 관한 가이드라인을 제공하고, 249~253쪽의 세 가지 메뉴는 각기 다른 열량 수준에서 실제 식단이 어떻게 구성되는지를 나타내고 있다.

평생 비건을 위한 식품 가이드

식물성 강화 대체유와 주스, 두부, 오렌지 및 케일, 순무잎, 콜라드, 청경채와 같은 잎채소 등 다양한 칼슘이 풍부한 식품을 골고루 하루 최소 3컵 분량 섭취한다.

필수 섭취 식품군

식품군	하루 최소 섭취 분량	1회 분량의 예시	주로 선택하면 좋을 식품
채소 및 과일	8회	· 중간 크기의 과일 1개 · 잘게 썬 과일 ½컵 · 익힌 채소 ½컵 · 채소 1컵 · 채소 주스 혹은 과일 주스 ½컵	과일보다는 채소를 위주로 선택하고, 주스보다는 과일 그대로의 형태로 섭취한다. 비타민 C: 오렌지, 자몽, 딸기, 잎채소, 피망, 콜리플라워, 브로콜리 비타민 A: 잎채소, 당근, 겨울호박 칼슘: 청경채, 브로콜리, 케일, 콜라드잎, 순무잎, 무화과, 네이블 오렌지, 강화 주스
콩, 대두 식품, 땅콩	3회	· 익힌 콩, 두부, 템페, TVP, 두유 요거트 ½컵 · 소이넛이나 땅콩 ¼컵 · 땅콩버터 2큰술, 두유나 완두콩 두유 1컵, 식물성 고기 3온스	칼슘: 강화 두유, 식물성 요거트, 완두콩 두유 혹은 칼슘이 첨가된 두부나 흰콩 및 검정콩
곡물 및 녹말 채소	4회 약간의 곡물을 콩류로 대체해도 괜찮다.	· 익힌 곡물, 시리얼, 파스타, 옥수수, 감자, 플랜틴, 혹은 고구마 ½컵 · 빵이나 작은 크기 토르티야 1조각 · 인스턴트 시리얼 1온스	껍질을 벗기지 않은 통곡물이나 녹말 채소를 주로 고른다.

견과류 및 씨앗류	1회	· 견과류 1/4컵 · 씨앗, 견과류나 씨앗 버터 2큰술	칼슘: 아몬드, 아몬드버터, 타히니 필수 지방산: 간 아마씨, 헴프씨드, 치아씨, 호두
물	갈증을 해소하고 충분한 양을 섭취한다. 물을 주 음료로 삼는다.		

선택 사항

식품군	하루 섭취 분량	1회 분량의 예시	주로 선택하면 좋을 식품
기름 및 마가린	하루에 1~3회분을 섭취. 필요 열량이 많은 사람의 경우 더 섭취해도 좋음.	· 기름, 마가린, 마요네즈 1작은술	필수 지방산: 카놀라유, 아마씨유, 헴프시드 오일, 호두유
견과류, 아마씨, 헴프씨드, 쌀, 귀리로 만든 식물성 대체유		1컵	칼슘: 강화 제품

기타 필수 영양소

비타민 B12:

- 1회 분량에 비타민 B12를 2~3.5㎍ 함유하는 강화식품을 매일 2회 분량 섭취하거나,
- 녹여 먹거나 씹어 먹는 형태의 보충제 25~100㎍을 매일 섭취하거나,
- 녹여 먹거나 씹어 먹는 형태의 보충제 1,000㎍을 일주일에 두 번 섭취한다.

요오드:

- 75~150㎍을 일주일에 서너 번 섭취한다(혹은 요오드화 소금을 1/4작은술 매일 섭취).

비타민 D:

- 햇빛을 충분히 보지 못하는 경우 600IU(15㎍) 매일 섭취

오메가3 지방산:

- ALA: 좋은 ALA 공급원을 매일 식단에 반드시 포함시킨다. 가장 좋은 식품 공급원은 카놀라유, 아마씨유, 헴프씨드유, 호두유, 호두, 아마씨, 치아씨, 또는 헴프씨드이다.
- DHA: 조류에서 추출한 200~300mg의 DHA를 함유하

는 보충제(혹은 DHA와 EPA 혼합 보충제)를 2, 3일에 한 번 섭취한다.

평생 비건을 위한 식품 가이드에 기반한 샘플 메뉴

1,600칼로리 기준

아침:

- 오트밀 1/2컵
- 강화 두유 1/2컵
- 통밀 식빵 1조각
- 잼 1큰술

간식:

- 얇게 썬 사과와 아몬드버터 2큰술

점심:

- 토마토 렌틸콩 수프 1 1/2컵
- 비네그레트 드레싱과 올리브 오일 1작은술을 곁들인 잎채소 샐러드

간식:

- 인스턴트 시리얼 1/2컵
- 다진 호두 2큰술
- 식물성 칼슘 강화 대체유 1컵

저녁:

- 베지 버거
- 작은 크기의 구운 고구마
- 올리브 오일 1작은술에 볶은 브로콜리와 콜리플라워 2컵

2,000칼로리 기준

아침:

- 스크램블드 두부: 마가린 1작은술과 함께 익힌 두부 1/2컵과 버섯 1/4컵
- 통밀 식빵 1조각
- 땅콩버터 1큰술
- 딸기 1컵

간식:

- 오트밀 쿠키

점심:

- 후무스 ½컵을 넣은 작은 통밀 피타빵 2개
- 잘게 썬 토마토와 상추
- 파인애플 1컵

간식:

- 혼합 견과류 ¼컵
- 포도 ½컵

저녁:

- 레드 와인 5온스
- 잘게 찢은 비건 치즈 2큰술을 얹은 베이크드 빈 1컵
- 간 아마씨 1큰술을 얹은 퀴노아와 옥수수 혼합물 1½컵
- 올리브 오일 1작은술에 볶은 콜라드 2컵

2,500칼로리 기준

아침:

- 간 아마씨 1작은술을 얹은 그래놀라나 뮤즐리 1컵
- 강화 아몬드 대체유 1컵
- 바나나

간식:

- 인스턴트 렌틸콩 수프 1컵

점심:

- 호밀빵 2조각, 양념된 얇게 썬 템페나 템페 베이컨 3온스, 상추 및 토마토, 비건 마요네즈 2작은술로 만든 템페 BLT 샌드위치
- 구운 토르티야 칩 1온스
- 깍둑썰기한 멜론 1컵

간식:

- 바닐라 두유 요거트 ½컵
- 블루베리 ½컵

저녁:

- 파스타 1컵, 찐 브로콜리 2컵, 당근 및 스노우피, 카넬리니콩 ½컵, 올리브 오일 2작은술, 볶은 잣 1큰술로 만든 파스타 프리마베라
- 싱싱한 무화과 3개
- 올리브 오일 1작은술로 만든 비네그레트 드레싱을 넣은 잎채소 샐러드

간식:

- 작은 브라우니 1개

식품 알레르기와 과민증

식품 알레르기는 신체가 '이질적인' 것으로 인식하는 단백질에 대한 면역 반응이다. 면역 체계는 피부 발진, 메스꺼움 또는 호흡기 증상을 유발할 수 있는 항체를 생성해 반응한다. 대략 6~8%의 아동이 식품 알레르기를 가지고 있고, 이 중 적어도 절반은 성인이 되며 사라진다. 식품 알레르기는 성인의 2~4% 정도만이 가지고 있다. 성인이 되면서 당신이 어렸을 적에 문제를 일으켰던 식품에 더 이상 알레르기 반응을 보이지 않을 수도 있다.

특정 식품에 알레르기가 있는 경우, 자격을 갖춘 건강 전문가에게 검사를 받고, 가능한 한 다른 검사 방법을 시행하는 다른 전문가에게서 다시 한 번 검사를 받아보는 것이 좋다. 알아두어야 할 것은 IgG(면역글로불린G)라 불리는 혈중 항체를 측정하는 검사는 신뢰하기 어렵다는 점이다. 혈액 내에 IgG 항체를 가지고 있다는 것이 꼭 식품 알레르기가 있다는 뜻은 아니다. 안타까운 점은, 이런 검사 때문에 실제 알레르기가 없는데도 자신이 알레르기가 있다고 생각하는 경우가 많다는 것이다.

콩을 좋아하지 않는다면

비건 식단을 이제 막 시작하는 사람들은 콩이나 대두 식품에 대한 경험이 부족할 수 있다. 대부분의 미국인은 콩을 거의 먹지 않는다. 대두 식품과 기타 콩류는 비건 식단에서 단백질의 섭취를 용이하게 만들지만, 균형 잡힌 식단을 계획하는 데 있어 필수적인 것은 아니다. 식단에 이러한 식품을 포함하지 않을 때 정말로 문제가 되는 것은 필수 아미노산 라이신을 필요량만큼 섭취하는 것이 더 어려워진다는 점이다. 만약 콩을 섭취하고 싶지 않다면, 식단에 라이신이 풍부한 다른 식품을 3회 분량 더 추가할 필요가 있다. 1회 분량은 퀴노아 1컵이나 피스타치오 1/4컵이다. 이는 식품 가이드에서 권장하는 섭취량인 곡물 4회 분량과 견과류 1회 분량에 더해 추가로 더 섭취해야 하는 양이다.

콩에 익숙하지 않은 사람은 식단에 점차적으로 콩을 추가해보는 것이 좋다. 하루에 1회 분량 정도의 콩류 식품(후무스 샌드위치나 콩 부리토와 같은)과 대두 식품 1회 분량 정도로 시작하면 된다. 나머지 세 번째 분량은 피스타치오 1/4컵과 같이 라이신이 풍부한 식품으로 대체한다. 땅콩버터 또한 콩류에 속하므로 콩을 대체할 수 있다는 점도 기억해두자.

모든 식품 중 가장 단백질 밀도가 높은 것은 콩류이기 때문에, 식단에 콩류를 포함하지 않는 경우 식단을 짜는 데에는 조금 더 많은 주의가 필요하다. 콩류나 대두 식품을 전혀 섭취하지 않는 사람은 통곡물, 채소, 견과류로부터 필요 열량의 대부분을 섭취하고 있는지 확인할 필요가 있다. 과일과 고지방 식품, 디저트, 알코올과 같이 단백질의 함량이 낮은 음식 섭취에 제한을 두어야 한다.

모든 단백질이 알레르기를 유발할 수 있지만, 우유, 달걀, 생선, 조개류, 갑각류, 견과류, 땅콩, 대두, 참깨, 밀이 식품 알레르기의 90% 이상을 차지한다. 땅콩과 견과류 알레르기는 성장기가 지난 이후에도 계속될 가능성이 높다. 대두 알레르기는 어린이와 성인 모두에게 비교적 흔치 않으며, 호흡기 질환과 같은 심각한 증상을 유발하지도 않는다.

식품 알레르기에는 치료 방법이 없다. 식품 알레르기가 있다면, 유일한 해결책은 알레르기 반응을 일으키는 모든 식품을 피하는 것이다. 여러 가지 알레르기가 있는 비건은 몇 가지 어려움에 직면하게 되지만, 섭취 가능한 식품과 섭취 불가능한 식품을 잘 이해하고 대안을 찾는다면, 건강하고 만족스러운 식사를 계획하는 것이 생각보다 쉬울 것이다.

견과류, 땅콩, 대두, 참깨, 밀과 같은 식물성 식품에 알레르기가 있는 사람들은 퀴노아, 귀리, 쌀, 감자, 조, 옥수수 토르티야, 특정 국수류, 해바라기씨, 타히니, 콩, 채소 및 과일과 같은 다양한 식품을 대안으로 즐길 수 있다.

알레르기가 있는 사람은 특정 제품이 대두, 밀, 견과류 등을 포함하는 경우도 있기 때문에 식품을 선택할 때 성분표를 주의 깊게 살펴야 한다. 식품 성분표는 일반적으로 성분 목록 끝에 알레르기 유발 물질을 표시한다.

일반적인 마트에서 판매하는 식품만으로도 비건 식단을 계획하는 일은 충분히 쉽지만, 특정 식품에 알레르기가 있는 사람은 조금 더 다양한 식품 선택을 위해 자연 식품점이나 아시아, 인도, 또는 남의 식재료를 다루는 식료품점을 찾아가보는 것도 좋다. 다음은 대두, 견과류, 땅콩, 참깨, 밀에 알레르기가 있는 사람을 위한 비건 식단의 한 예시이다.

아침:

- 볶은 해바라기씨를 곁들인 오트밀, 잘게 썬 말린 무화과, 칼슘 강화 쌀 대체유
- 신선한 과일

간식:

- 코코넛 밀크 요거트

점심:

- 토스타다스: 옥수수 토르티야, 익혀서 으깬 핀토콩, 아보카도, 살사, 잘게 썬 생채소, 대두나 견과류를 포함하지 않는 비건 치즈
- 신선한 과일

간식:

- 해바라기씨 버터를 얹은 쌀 크래커

저녁:

- 찐 채소와 흰 콩, 선드라이드 토마토, 레몬즙을 섞은 소스와 함께 버무린 쌀국수
- 비네그레트 드레싱을 곁들인 샐러드

식품 과민증

식품 과민증은 알레르기와는 다르다. 알레르기 반응은 면역체계와 관련이 있으며, 대부분의 경우 알레르기가 있거나 없는 양단간의 문제이다. 알레르기의 경우 아주 적은 양의 식품도 문제가 될 수 있다. 식품 과민증은 섭취량과 연관이 있는데, 이는 문제가 되는 식품도 때때로 소량으로 섭취가 가능할 수 있다는 뜻이다. 과민증은 특정 효소의 생산 감소와 같은 다른 요인으로 인한 문제이며, 보통 소화 장애를 유발한다. 가장 흔한 식품 과민증으로는 유당분해효소결핍증이 있는데, 이는 유당을 소화하는 능력이 떨어지는 증상을 뜻한다(물론 비건은 이 증상에 대해 걱정할 필요가 없다.). 비건을 처음 시작하는 사람들은 섬유질 섭취의 증가나 콩과 같은 식품의 반응 때문에 불편함을 느낄 수 있다. 16장에서는 이 문제들에 대해 어떻게 대응하는지를 다룰 것이다.

자연식품 대 가공식품: 균형 찾기

점점 다양해지는 식물성 고기, 치즈, 간편 식품이나 냉동식품과 같은 편의 제품 덕분에 건강하고 즐거운 비건 식단을 계획하는 것은 그 어느 때보다 쉽다. 비록 많은 형태의 가공 과정에서 영양소가 손실되지만, 가공식품은 많은 국가의 요리에서 길고도 영양학적으로 중요한 역사를 가지고 있다. 두부와 두유는 아시아 요리에서 중요한 역할을 하는 가공식품의 예시라 할 수 있다.

다양한 종류의 자연상태 식물성 식품을 중심으로 식단을 계획하는 것은 좋은 생각이지만, '자연식품'이라는 라벨이 달리지 않은 식품을 적당량 포함하는 것 또한 필요하며, 비건 식단에서는 때때로 아주 중요한 역할을 한다. 베지 버거, 식물성 강화 대체유, 시판용 파스타 소스, 인스턴트 수프 같은 간편 식품은 비건 식단을 좀 더 현실적으로 만들어준다. 가공식품은 영양소 필요량을 충족시키고 비건 식단의 실천이 쉬워지도록 돕는데, 이는 특히 아이들에게 더욱 중요하다. 더 높은 열량을 섭취해야 하는 운동선수 같은 사람에게도 더 많은 가공식품 섭취가 도움이 될 수 있다.

가공식품을 식단에 절대 포함하지 않겠다고 작정하면 단백질과 지방, 열량이 부족한 제한적 식사 형태로 이어지기 쉽다. 안타까운 점은, 이러한 식이요법을 하는 많은 사람들이 비건 식단이 건강을 해친다고 여기거나 만족스럽지 않고 실천하기 어렵다 생각하여 육식으로 돌아간다는 점이다. 반면에, 베지 버거, 올리브 오일을 곁들인 샐러드, 디저트류, 혹은 기타 다양한 간편 식품을 함께 섭취하며 좀 더 자유로운 방식으로 비건을 실천하는 사람들은, 영양소가 풍부하고 실천이 용이한 식단 덕분에 이러한 문제에서 훨씬 자유롭다. 식물성 식품의 선택 범위를 넓힘으로써 행복한 비건 식단을 즐길 수 있음에도 불구하고 이를 깨닫지 못하고 육식으로 돌아가는 사람을 보는 것은 참으로 안타까운 일이다.

건강해지기 위해 가공식품을 꼭 섭취해야 한다는 이야기가 아니다. 요점은 가공식품을 활용함으로써 건강한 식품 선택과 편리함 사이에 균형을 맞출 수 있다는 것이다. 식물성 고기와 에너지바에 기반한 식단은 영양소 필요량을 충족시키는 최선의 방법이 아니다. 하지만 가공식품을 적당히 사용하면 비건 식단을 훨씬 쉽게 실천할 수 있으며, 식물 위주 식단이 가져다주는 건강상의 이익을 얻고, 동물의 고통을 줄이고자 하는 의지를 더욱 확고히 할 수 있을 것이다.

팬트리를 비건 식품으로 채우기

가정 내의 팬트리(식료품 저장실)는 개개인의 음식 취향과 요리 스타일에 따라 달라질 것이다. 미식가의 팬트리는 다양한 국가의 특별한 조미료와 이국적인 재료로 가득할지 모르지만, 비 전문가들은 이보다는 편리함에 좀 더 (혹은 훨씬 더) 초점이 맞춰져 있을 것이다.

그런 편리한 식품은 대부분 일반 마트에서 쉽게 찾아볼 수 있다. 일부 재료는 구하기 위해 발품을 팔아야 하기도 하고, 사는 지역에 따라 택배 배송으로만 주문이 가능한 경우도 있다.

팬트리 기본 물품

말린 콩이나 통조림 콩: 검정콩, 흰 강낭콩, 병아리콩, 강낭콩, 핀토콩, 리마콩. 렌틸콩, 검은눈콩, 말린 완두콩 등은 대부분의 마트에서 구입 가능하다. 팥, 하얀색과 적갈색의 반점이 있는 아나사지 콩, 녹두(발아에 좋은) 같은 다른 흥미로운 콩류를 준비하자.

곡물: 곡물은 저장 기간이 길기 때문에 많이 구비해놓기 좋다. 각각의 곡물은 고유의 맛과 식감을 가지고 있으며, 식단을 더욱 풍성하게 만들어준다. 아래와 같은 다양한 옵션이 존재한다.

- **아마란스:** 견과류 맛이 나는 작은 씨앗으로, 단백질 함량이 높다. 종종 다른 곡물과 함께 섭취한다.

- **보리:** 세계에서 가장 오래 전부터 재배된 곡물 중 하나로, 쫄깃한 식감과 부드러운 맛을 가지고 있다. 펄보리는 겉겨가 제거되어 더 빨리 익지만, 섬유질의 함량은 여전히 높은 편이다.
- **불구르:** 통밀을 데쳤다가 빻아 말린 패스트푸드 형태의 곡물이다. 중동 요리에서 흔한 재료로, 타불리를 만드는 데 사용된다
- **쿠스쿠스:** 밀을 쪄서 손으로 비벼 좁쌀 모양으로 만들어 말린 것으로 북아프리카 요리에서 흔히 볼 수 있으며 빨리 익는다.
- **조:** 아프리카와 아시아의 요리에서 널리 사용되는 곡물이다.
- **퀴노아:** 퀴노아는 잉카 식단에서 주식으로 쓰였으며, 잉카인들은 이 곡물을 '곡물의 어머니(Mother Grain)'라 불렀다. 퀴노아는 조리 속도가 빠르고 단백질이 풍부해 현대 요리에서 큰 인기를 끌고 있다. 퀴노아는 해충으로부터의 보호 기능이 있는 비누 같은 천연 코팅이 되어 있다. 이 코팅은 항상 제거되어 있는 것은 아니므로, 요리하기 전에 물에 씻어야 하는지 포장지를 확인해야 한다.
- **쌀:** 이왕이면 현미를 자주 섭취하는 것이 좋고, 장립종은 소화가 천천히 되어 혈당이 천천히 상승하므로 이를 권장한다. 인도, 태국 음식을 좋아하는 사람은 바스마티 쌀

이나 자스민 백미를 구비해 놓는 것도 좋다.

- **밀알:** 매우 쫄깃한 식감이 나며 익히는 데 시간이 오래 걸리는 곡물로, 보통 다른 곡물과 함께 섭취한다.
- **파스타:** 파스타는 여러 가지 다양한 모양을 가지고 있으며, 통밀로 만든 파스타도 쉽게 구입할 수 있다.
- **면류:** 당면, 소바, 라멘, 우동 등이 있다.
- **콩 파스타:** 병아리콩, 검정콩, 렌틸콩, 혹은 대두 등으로 만든 파스타로, 일반적인 이탈리안 파스타와 동일하게 사용할 수 있지만, 섬유질과 단백질이 풍부하고 글루텐이 없다.
- 압착 귀리, 스틸컷 귀리 및 기타 조리된 시리얼
- 빵 및 통곡물 크래커
- 통밀 및 옥수수 토르티야

견과류: 아몬드, 캐슈넛, 헤이즐넛, 땅콩, 호두, 피칸, 잣 등을 포함한다. 땅콩은 사실 콩류에 속하기 때문에 이 분류에서는 명예 회원에 가깝다. 대두를 물에 불렸다가 바삭하게 볶은 소이넛도 마찬가지이다.

씨앗류: 참깨, 아마씨, 치아씨, 헴프씨드, 해바라기씨, 호박씨 등을 포함한다.

식물성 기름: 엑스트라 버진 올리브 오일과 카놀라유는 대부분의 조리 과정을 커버할 수 있는 기본 식품이다. 또한 오메가3 지방산의 공급원으로 아마씨유나 헴프씨드유를 생각해 볼 수 있으며, 다양한 풍미를 위해 볶은 참기름이나 호두유를 사용하는 것도 좋다. 기름에 대한 자세한 내용은 7장을 참조하도록 한다.

토마토 통조림 제품: 파스타 소스, 토마토 페이스트, 홀 토마토와 다이스드 토마토, 크러쉬드 토마토, 토마토 소스 등은 모두 수프, 스튜 및 기타 다양한 요리를 만드는 데 유용하다.

채수: 직접 채수를 만들 시간이 충분하지 않다면, 식물성 브로스나 부용 큐브, 파우더 등을 구입할 수 있다.

TVP: 콩가루로 만든 단백질 식품으로, 뜨거운 물에 담가 불린 후 간 소고기 대용으로 스파게티 소스에 첨가한다.

소이컬: 대두를 사용해 만든 건조 제품으로, 뜨거운 물에 담갔다가 사용하면, 양념을 더하거나 볶아 닭고기나 베이컨 대용으로 사용 가능하다.

해조류: 덜스, 아라메, 김, 톳, 다시마, 파래 등 해조류 대부분

은 말린 형태로 판매되며 수프에 간단히 넣어 먹기 좋다.

코코넛 밀크: 마트의 세계 식품 코너에서 코코넛 밀크를 찾아보는 것도 좋다. 많은 태국과 인도 음식에 필수적으로 첨가되는 재료이다.

감자와 고구마, 양파와 마늘

냉장실 구비 기본 물품

이 그룹은 항상 냉장 보관하는 제품과 개봉 후 냉장 보관하는 제품으로 나뉜다.

견과류 버터: 땅콩버터와 아몬드버터가 주로 사용된다. 다른 종류의 다양한 견과류 버터도 판매되지만 가격이 비교적 비싼 편이다. 견과류 버터는 샌드위치나 사과 슬라이스에 발라먹기에 좋고, 물에 개어 양념을 더해 곡물이나 채소에 곁들이기 좋은 소스를 만들 수도 있다.

타히니: 소스나 드레싱으로 좋은 후무스를 만들 때 필수적인 재료이다.

미소: 일본 요리에 주로 쓰이는 재료로, 대부분의 비건은 소

스나 수프에 염분이나 맛의 깊이를 더하기 위해 사용한다.

식물성 강화 대체유: 두유나 완두콩 두유가 단백질이 풍부하고 가장 영양가가 높지만, 아몬드 대체유, 귀리 대체유, 헴프씨드 대체유, 아마씨 대체유, 쌀 대체유도 괜찮다. 칼슘이 강화된 제품을 선택하는 것이 좋다.

두부: 스크램블드 두부나 볶음을 위해서는 단단한 두부를, 소스나 수프를 위해서는 부드러운 두부나 순두부를 선택한다.

템페: 인도네시아의 전통 발효 음식으로, 굉장한 풍미를 가지고 있다. 볶음 요리에 사용하기 좋은 단백질 공급원이다. 템페 및 기타 대두 식품에 대한 더 많은 내용은 2장을 참조하도록 한다.

활성 밀 글루텐: 밀 단백질로 만든 밀가루로, 쫄깃하고 고기 같은 식감을 가진 세이탄을 만드는 데 사용된다. 완제품 세이탄도 구입 가능하다.

건과일: 건무화과, 건살구, 프룬, 건포도 등

비건 마요네즈: 시중에 여러 제품이 있지만 사람들이 주로 선

호하는 제품은 팔로우유어하트의 비거네즈(Vegenaise)이다.

비건 마가린: 어스밸런스(Earth Balance)라는 브랜드는 경화유가 포함되어 있지 않고 구하기 쉬워서 비건 셰프들이 고집하는 브랜드이다.

식물성 고기: 일부 제품은 유제품과 달걀을 포함하기 때문에 라벨을 확인할 필요가 있다.

비건 치즈, 크림치즈, 사워크림 및 요거트: 대두, 아몬드, 캐슈넛, 헴프씨드, 혹은 코코넛 등으로 만들어진다. 견과류로 만든 숙성, 배양된 치즈뿐만 아니라 아메리칸 치즈를 모방한 치즈 등 다양한 샌드위치 치즈도 찾아볼 수 있다.

과일 및 채소류, 레몬과 라임

조미료: 케첩, 겨자, 렐리시(과일, 채소에 양념을 해서 걸쭉하게 끓인 뒤 차게 식혀 먹는 소스), 피클, 살사, 바비큐 소스, 블랙 및 그린 올리브는 대부분의 잡식인, 베지테리언, 비건의 냉장고에서 공통적으로 찾아볼 수 있는 재료들이다.

냉동실 구비 기본 물품

냉동 옥수수와 완두콩: 곡물 샐러드에 넣어 먹기에 좋으며, 꼭 익혀 먹을 필요도 없다.

인스턴트 피자 도우, 비건 아이스크림, 베지버거 및 식물성 고기

여분: 냉동고는 견과류와 씨앗류뿐만 아니라 템페, 세이탄, 식물성 고기 등을 보관하기에 좋은 장소이다(견과류와 씨앗류는 찬장에 보관할 경우 변질될 수 있고, 냉장실에 오래 보관할 경우에도 변질될 수 있다.).

기본 조미료

요오드화 소금: 많은 비건 요리책이 천일염을 사용할 것을 제안한다. 하지만 천일염은 다른 종류의 소금과 마찬가지로 혈압과 칼슘 손실에 영향을 미치며, 요오드의 좋은 공급원이 아니다. 따라서 소금의 사용을 가급적 줄이고 꼭 사용해야 할 때는 요오드화 소금을 사용한다.

비건 우스터 소스: 전통적으로 이 소스는 안초비로 만들지만, 저염분 우스터 소스는 대부분 비건 제품이다. 구매 시 '베지테리언'이라 쓰여있는 라벨을 확인한다.

잼, 젤리, 저장 식품

타마리: 간장의 좀 더 전통적인 버전이다.

뉴트리셔널 이스트: 비타민 B12를 함유한 레드 스타 브랜드의 VSF 제품을 사용한다.

식초: 사과 식초, 발사믹 식초, 화이트 와인 식초로 대부분의 요리를 할 수 있지만, 다른 다양한 종류의 식초도 구매해두면 좋다. 볶음 요리에는 아시아 음식의 고유한 맛을 살려주기 위해 현미 식초를 사용한다.

더욱 고급스러운 조미료

많은 요리 애호가들이 다음과 같은 조미료를 구비해두고 싶어 하지만, '미식가'가 아닌 사람들도 이 조미료들을 사용하면 쉽고 빠르게 곡물, 콩, 두부 요리에 풍미를 더할 수 있다.

- 칠리 페이스트
- 해선장
- 데리야끼 소스
- 처트니
- 카레 페이스트

- 아티초크 하트
- 선 드라이드 토마토 오일 절임
- 로스티드 레드 벨 페퍼
- 올리브 타프나드
- 케이퍼
- 리퀴드 스모크
- 맛술
- 말린 표고버섯

베이킹

비건 요리를 하는 사람들은 영양 강화 밀가루, 통밀가루, 베이킹 소다, 베이킹 파우더 등과 같은 베이킹 필수품뿐만 아니라 다음과 같은 제품들도 종종 구비해놓는다.

베이킹에서 달걀의 대체품: 간 아마씨 또는 콩가루

우뭇가사리 분말 또는 플레이크: 젤라틴과 같은 식감을 위해 우뭇가사리를 물이나 주스에 끓인다. 자연식품점이나 아시안 식품점에서 찾아볼 수 있다.

기타 증점제: 칡가루와 옥수수 전분

병아리콩 가루: 자연식품점이나 전문점에서는 다양한 종류의 곡물 가루를 찾아볼 수 있다. 병아리콩 가루는 기본 재료라 할 수 있는데, 채수에 첨가해 걸쭉하게 만들면 매시드 포테이토나 추수감사절 칠면조 속에 들어가는 것과 같은 맛의 그레이비 소스를 만들 수 있다. 인도 식료품점에서는 보통 베산(Besan)이라 부른다.

무가당 코코아 분말

감미료: 유기농 설탕(축산 부산물로 가공되지 않은), 쌀 시럽, 엿기름 시럽, 메이플 시럽, 블랙스트랩 당밀(철분과 칼슘의 좋은 공급원), 일반 당밀(블랙스트랩 당밀보다 맛이 부드럽지만 영양가는 높지 않음)과 같은 다양하고 훌륭한 비건 감미료를 시중에서 구입할 수 있다.

바닐라와 레몬 추출물, 빵가루, 밀 배아

허브와 향신료

요리하는 것을 좋아하고 다양한 전통 음식을 체험하기 좋아한다면 허브와 향신료의 세계는 끝이 없다. 기본적인 준비를 해두고 싶다면, 아래 물품들을 구비하는 것이 좋다.

- 올스파이스
- 바질
- 월계수잎
- 카이엔 페퍼 파우더
- 고춧가루
- 계피
- 고수
- 쿠민
- 카레 가루
- 마늘 가루
- 생강
- 육두구
- 양파 가루
- 오레가노
- 파프리카 가루
- 파슬리
- 로즈마리
- 세이보리
- 타임
- 강황

음료

커피, 차, 와인, 맥주, 청량음료, 주스 및 기타 좋아하는 음료들을 구비할 수 있지만, 주 음료로서 가장 좋은 선택은 물이라는 것을 기억하자.

2부

제11장

건강한 시작:

임신 및 모유 수유를 위한 비건 식단

가족, 친구, 심지어 의료인까지도 임신 기간의 비건 식단 실천에 관해 놀라움과 우려를 표할 수 있다. 임신 기간에는 다른 어떤 시기보다도 충분한 영양을 섭취하고 건강한 생활 습관을 가지는 것이 중요하기 때문이다. 다행히, 적절한 식품과 보충제를 선택하면 비건 식단으로도 영양소 필요량을 쉽게 충족시킬 수 있다. 약 30여 년 전 테네시 주의 비건 여성 775명을 대상으로 한 연구에서, 임산부들이 임신 기간 동안 적절한 체중 증가를 보이며 정상 체중의 아기를 낳았는데, 이는 건강한 임신의 두 가지 척도라 할 수 있다.[1] 오히려 이 여성들은 일반적인 식단을 실천하는 집단에 비해 약간 더 높은 체중 증가를 보였고, 비건 식단을 지속한 시간이 길수록 더 많은 체중 증가를 보였다. 또 다른 놀라운 결과가 있었는데, 임신부의 5~10%에서 발생할 수 있는 임신 합병증인 자간전증이 비건 임신부 사이에서는 거의 발견되지 않았다는 점이다.

매우 제한적인 식단, 특히 마크로비오틱 식단을 실천하는 여성에 대한 몇몇 연구에서, 때때로 신생아가 비교적 낮은 체중으로 출생하는 경우가 있었지만, 비건 식단이 원인은 아니었다. 문제는 식단의 너무 낮은 지방 함량 및 열량이었다. 주목해야 할 점은 이러한 임산부들의 문제가 나타난 연구가 비건이 영양 정보를 접하기 힘들고, 비건 식품의 선택지가 많지 않았던 시절에 진행되었다는 점이다. 이런 부분과 관련해 지난 수십 년 동안 급격한 변화가 있었고, 오늘날 임신 기간 중에 건강한 비건 식단을 유지하는 것은 그 어느 때보다 쉽다. 영양소 필요량 섭취에 주의를 기울이고, 특히 비타민 B12와 철분 섭취에 신경을 쓴다면 비건 식단으로 건강하게 임신 기간을 보낼 수 있다.[2, 3]

충분한 열량의 섭취

비건의 건강한 임신에 있어 적당한 체중의 증가가 중요하지만, 임신 중이라고 해서 꼭 현재 섭취 열량의 2배를 섭취해야 하는 것은 아니다. 평균적으로 임산부들은 임신 4개월에서 6개월 정도의 기간에 하루에 340칼로리 정도를 추가로 섭취해야

임신을 계획 중이라면

아기의 건강을 위한 식단은 임신 전부터 시작하는 것이 좋다. 미국산부인과학회(American College of Obstetricians and Gynecologists)에서는 임신을 고려하는 사람들에게 임산부용 종합비타민을 복용할 것을 권장한다. 비건 여부를 떠나, 적어도 비타민 B 엽산 보충제는 복용할 필요가 있는데, 엽산의 적절한 섭취는 임신 초기에 필수적이기 때문이다. 엽산이 임신에 어려움을 겪는 여성들에게 도움이 된다는 연구 결과도 있다. 항산화물질이 풍부한 식품을 섭취하는 것 또한 도움이 될 수 있다. 다낭성 난소 증후군이나 자궁 내막증 등 난임과 관련된 질환을 가진 여성과 원인이 불분명한 난임을 겪는 여성은 혈액 내 산화적 손상 지표가 높은 경향을 보인다. 항산화 성분이 풍부한 과일과 채소를 충분히 섭취하는 것은 언제나 좋은 선택일뿐더러 위와 같은 경우에는 임신에 도움이 될 수 있다.[5~7] 혈중 수치 검사를 통해 비타민 D와 철분을 충분히 섭취하고 있는지 확인하는 것도 좋다. 아직 비타민 B12를 복용하고 있지 않다면, 지금 당장 시작하는 것이 좋겠다.

심각한 과체중이나 저체중이 되는 것은 임신 합병증과 조산의 위험을 높일 수 있다. 저체중인 사람은 임신 전에 체중을 몇 kg 늘리는 것을 목표로 해야 한다. 상당히 많은 양의 체중 감량을 하는 것은 훨씬 어려운 일일 수 있지만 단 몇 kg만 감량해도 도움이 될 수 있다.[8, 9]

마지막으로, 임신을 하게 될 가능성이 있는 사람은 금주를 고려하는 것이 좋으며, 커피를 많이 마신다면 하루에 한 잔에서 두 잔 정도로 줄일 필요가 있다.

하며, 7개월 이후에는 450칼로리 정도를 더 섭취해야 한다. 하지만 특정 영양소의 필요량은 50%까지 증가하기 때문에(290쪽의 '비임산부, 임산부 및 수유부의 영양소 권장량' 표 참조), 좋은 영양소를 함유한 식품으로 위 열량을 보충하는 것이 중요하다.

임산부는 291쪽의 '임산부 및 수유 여성을 위한 식품 가이드' 표에 실린 약간의 수정 사항만 적용하면 10장에서 제시하는 비건 식단 가이드를 충분히 따를 수 있다. 하루에 잎채소 1회 분량과 단백질이 풍부한 식품(콩, 땅콩 및 대두 식품 등) 및 곡물을 2회 분량 정도 추가로 섭취하면 임신 4~6개월 기간 동안 필요한 추가 열량과 영양소 필요량을 충족시키는 데 도움이 될 것이다. 임신 7개월 이후는 아기가 가장 빨리 성장하는 시기인데, 이 시기에는 통곡물이나 콩류, 대두 식품 1회 분량을 추가로 더 섭취해야 한다.

임신 기간 중 섭취하는 열량을 계산하는 것이 과학적으로 정확히 맞아 떨어지는 것은 아니지만, 의료진은 임산부의 건강 관리를 위해 체중 증가를 관찰할 필요가 있다. 건강한 임신을 위한 평균 체중 증가는 25~35lb(약 11~16kg)정도이나, 임신 초기의 체중에 따라 의료진은 이보다 더 높거나 낮은 체중 증가를 제안할 수도 있다. 대부분의 체중 증가는 임신 4개월 이후에 일어난다. 임신 중 충분한 체중 증가가 이뤄지지 않는 경우 아기가 저체중으로 태어날 수 있으며, 이는 아기의 건강 문제로 이어질 수 있다.

비타민 B12

비건 아기의 영양 결핍은 대부분 비타민 B12가 문제의 중심에 있을 가능성이 높다. 영양 결핍을 보이는 유아의 산모는 임신 기간 동안 비타민 B12의 수치가 낮았거나, 모유 수유 기간 동안 비타민 B12를 충분히 섭취하지 않았을 확률이 높다. 비타민 B12의 섭취 부족은 선천적 결손증을 초래하거나 신생아에게 심각한 비타민 B12 결핍을 불러올 수 있다. 우리의 몸은 간에 비타민 B12를 저장할 수 있지만, 이 간에 저장된 비타민 B12는 태반을 통과하지 못한다. 따라서 아기는 산모가 섭취하는 식품을 통해 직접적으로 비타민 B12를 전달받게 되는 것이다. 비건에게는 보충제와 강화식품이 비타민 B12의 유일한 공급원이다.

비타민 B12의 필요량을 충족시키기 위해, 매일 최소 25㎍에서 최대 250㎍에 해당하는 비타민 B12가 사이아노코발아민의 형태로 함유된 보충제를 섭취한다. 현재 복용 중인 임산부 보충제가 있다면, 이를 포함하고 있는지 라벨을 확인하자. 만약 비타민 B12의 함유량이 25㎍ 미만이라면, 별도의 비타민 B12 보충제를 섭취할 필요가 있다. 혹은 1회 분량에 최소 2.5㎍의 비타민 B12를 함유하는 강화식품을 매일 2회 분량 섭취함으로써 충분한 비타민 B12를 얻을 수도 있다(식품의 예시는 160쪽의

'비건 강화식품의 비타민 B12 함유량' 표 참조). 강화식품을 섭취할 경우에도, 때때로 보충제를 추가 복용해주는 것이 좋다.

단백질

단백질의 필요량은 임신 중에 거의 50% 가까이 증가하며, 임신 4개월 차부터는 단백질의 영양권장량이 임신하지 않은 여성에 비해 25g 높아진다. 식물성 식품 단백질의 경우 필요량이 약간 더 높기 때문에(4장 참조), 추가로 섭취해야 할 단백질은 이에 약 3g 정도를 더해 총 28g이 된다.

대부분의 임신을 하지 않은 잡식인 여성들은 필요량을 충족시킬 만큼의 충분한 단백질을 섭취하지만, 비건 여성의 경우는 다르다. 체중이 130파운드(약 59kg)인 비건 여성이 임신을 하는 경우, 임신 4개월 차부터는 하루에 약 80g의 단백질을 필요로 하게 된다(임신하지 않은 여성의 필요량인 52g에 임신을 위한 추가 28g을 더한 수치). 이는 하루에 약 5회 분량에 해당하는 콩류(콩, 땅콩, 땅콩버터, 대두 식품 등을 포함)를 섭취함으로써 단백질 필요량을 충족시키는 데 신경 써야 한다는 의미이다. 필수 아미노산 라이신이 풍부한 식품을 섭취하는 것이 특히 중요한데, 임신 과정에서 라이신의 필요량이 증가할 수 있기 때문이다.[10]

엽산

비타민 B9라고도 불리는 엽산(식품에 함유된 경우에는 'folate',

보충제의 형태에서는 'folic acid'로 불린다.)은 비타민 B12와 함께 임신 초기 몇 주간 태아의 신경계 발달에 필요하며, 엽산 보충제는 태아의 신경계 결함의 위험을 낮춰준다. 이러한 신경계의 초기 발달은 보통 여성이 임신 사실을 알기 전에 진행되므로 임신 전의 영양 상태가 매우 중요하다. 대부분의 비건은 잎채소, 콩, 감귤류 과일 등을 충분히 섭취함으로써 이 영양소를 충족시킬 수 있다. 하지만 엽산의 충분섭취량을 충족하기 위해, 임신 전 몇 개월과 임신 초기 3개월 동안은 엽산 보충제를 복용하는 것이 좋다.[11, 12] 엽산 400㎍을 함유하는 임산부 보충제를 선택하도록 한다.

철분

임신 중에 철분(특히 식물성 식품에 함유된 비헴철)의 흡수는 급격하게 증가하는 반면, 월경의 중단으로 인해 철분 손실은 줄어든다. 그럼에도 불구하고, 임신 기간 동안 철분의 필요량은 거의 2배로 증가한다. 태아가 철분을 축적하는 시기인 임신 7개월 이후에는 철분의 섭취가 특히 중요해진다. 임신 중에는 혈액량이 최대 50%까지 증가하는데, 이를 위해 철분의 필요량도 함께 증가하게 된다. 이론적으로 비건의 체내 철분 저장량이 더 낮기 때문에 임신 중의 철분 결핍 위험이 더 높을 수 있지만, 현실적으로는 모든 임산부가 같은 위험을 안고 있다. 식품 섭취를 통해 임신 기간에 필요한 철분의 양을 충족시키는 것은 비건과 잡식인 모두 쉽지 않다. 따라서 임산부는 항상 약 30mg의 철분을 함유하는 보충제를 섭취할 것이 권장된다.[13] 의료진이 권장하는 보충제를 섭취하는 것 외에도, 철분이 풍부한 식품을 계속 섭취하고, 식사와 간식을 통해 비타민 C를 함유한 식품을 섭취함으로써 철분의 흡수를 극대화하는 것이 중요하다.

아연

임산부의 아연 수치를 파악하기는 어렵지만, 베지테리언과 육식인의 여부를 떠나 많은 여성이 보충제를 별도로 복용하지 않는 한, 아연 섭취량이 권장량에 미치지 못한다는 연구 결과가 있다. 임신 중 아연의 흡수율이 높아질 수도 있지만, 필요량을 충족시키는 것은 여전히 중요하다.[14] 임신 중 아연 보충제를 섭취하는 것에 대한 이점은 알려진 바 없지만, 식물성 식품의 아연은 동물성 식품의 아연에 비해 흡수율이 낮기 때문에 비건 임산부에게는 보충제의 섭취가 도움이 될 수 있다. 아연의 충분섭취량 충족을 위해, 약 15mg의 아연을 함유하는 임산부 보충제를 선택하도록 한다.

비타민 D

비타민 D의 필요량은 임신 여부에 따라 달라지지는 않지만 충분한 양을 섭취하는 것이 산모와 아기의 건강에 모두 중요하다. 따뜻한 기후에서 규칙적으로 햇빛을 받으며 사는 사람은 쉽게 비타민 D의 필요량을 충족시킬 수 있다. 하지만 화창한 기후에 사는 사람들조차도 비타민 D의 부족을 보이는 경우가 있다는 점을 명심할 필요가 있다. 강화식품이 약간의 비타민 D를 제공해주기는 하지만, 필요량을 충족시키기에 충분한 양은 아니다. 비타민 D는 임산부 보충제에 가장 흔히 함유되는 영양소 중 하나이긴 하지만, 라벨의 함유량을 확인하는 것이 좋다. 영양권장량은 600IU(15㎍)이다.

요오드

요오드는 성장 중인 태아의 뇌와 신경계 발달에 필요하며, 요오드의 결핍은 인지 기능 및 발달의 저하와 관련이 있다. 전 세계적으로 요오드의 결핍은 예방 가능한 뇌 손상의 가장 흔한 원인이다. 다행인 것은 임신과 모유 수유 기간에 보충제나 요오드화 소금을 통해 요오드를 쉽게 충분히 섭취할 수 있다는 점이다. 섭취하고 있는 임산부 보충제가 최소 150㎍의 요오드를 함유하고 있는지 확인해야 한다. 그렇지 않은 경우, 보충제를 추가로 섭취하거나 소량의 요오드화 소금을 섭취할 필요가 있다. 해조류는 요오드가 너무 적거나 많이 함유되어 있을 수 있으므로, 해조류를 통해 요오드 필요량을 충족시키는 것은 권장되지 않는다. 드문 경우이긴 하지만, 정기적으로 해조류를 섭취한 임산부들이 요오드 중독을 보이는 경우가 있었다.[15, 16]

오메가3 지방산

긴 사슬 오메가3 지방산 DHA와 EPA의 합성이 임신 중 향상되기도 하지만, 이 지방산의 직접적인 공급원을 섭취하지 않는 베지테리언의 경우 더 낮은 혈중 수치를 보인다.[17] 이것이 어떤 문제가 되는지는 확신할 수 없지만, 임신 중 DHA의 섭취가 조산 위험의 감소와 관련이 있다는 연구 결과가 있다.[18] 전문가들은 DHA와 EPA를 합쳐 하루에 총 300mg을 섭취할 것을 권고한다.[19~21] 비건은 오메가3 지방산 중 특히 DHA의 혈중 수치가 현저하게 낮으므로 비건 임산부에게는 DHA 위주 혹은 DHA로 이루어진 보충제를 섭취할 것을 권장한다.

건강한 임신을 위한 팁

임신 중 건강한 식사를 위해 고려해야 할 것이 많다고 느껴질 수 있으나, 모든 정보는 몇 가지 지침으로 요약할 수 있다.

- 임신을 계획하는 단계에서 임산부 보충제의 복용을 시작한다. 철분, 엽산, 아연, 비타민 D, 요오드가 함유된 제품을 선택한다.
- 복용 중인 임산부 보충제가 최소 25㎍의 비타민 B12를 함유하지 않는 경우, 추가 보충제나 강화식품을 섭취하

도록 한다.

- 적정 체중 증가치에 관해 의료진과 상의하도록 한다. 체중을 증가에 어려움을 겪는다면, 두부, 견과류 버터, 아보카도와 같은 지방이 많이 함유된 식품을 좀 더 섭취하도록 한다.
- 식품을 선택할 때에는 291쪽의 '임산부 및 수유 여성을 위한 식품 가이드' 표를 참조한다. 이는 10장의 식품 가이드에 기반한 내용이지만, 콩류와 곡물 식품에 좀 더 중점을 두고 있다.
- 단백질 필요량은 임신 4개월 이후부터 28g 정도 증가한다. 비건 식단을 통해 이 필요량을 충족시키기는 어렵지 않지만, 특별한 주의를 기울일 필요는 있다. 4장의 단백질이 풍부한 식품의 목록을 확인하도록 한다. 매 끼니마다 최소 15~20g의 단백질을 섭취하는 것을 목표로 하고, 단백질이 풍부한 간식을 선택한다.
- 철분이 풍부한 식품을 많이 섭취하고, 매 끼니마다 좋은 비타민 C 공급원을 섭취해 철분의 흡수를 촉진하도록 한다. 대부분의 건강 관리 전문가들은 임산부들이 철분 보충제를 섭취할 것을 권장한다. 식물 위주 식단은 더 많은 철분 섭취를 필요로 하기 때문에, 보충제의 섭취가 비건에게 특히 중요하다.
- 임신 중에는 술, 담배 등의 섭취를 피한다. 커피 및 카페

인이 함유된 차는 하루에 한두 잔 정도로 제한한다. 또한 싹채소, 비살균 처리 주스, 사과주 등의 식품은 박테리아 오염의 원인이 될 수 있기 때문에 섭취를 피한다.

입덧

입덧을 '아침 구역질(Morning Sickness)'이라 부르기도 하지만, 임신 초기의 입덧은 하루 중 어느 때라도 발생할 수 있다. 입덧은 불쾌할 뿐만 아니라, 건강한 식사를 방해하기도 한다. 다음은 입덧을 완화하는 데 도움이 되는 몇 가지 팁이다.

- 공복 시 입덧이 심해질 수 있으므로, 소량의 식사를 자주 하도록 한다(소량의 식사는 일부 임산부에게 나타나는 속쓰림을 완화하는 데에도 도움이 될 수 있다.).
- 잠에서 깨자마자 아침 공복에 즉시 무언가를 먹도록 한다. 크래커, 건포도, 또는 기타 좋아하는 식품 중 탄수화물이 풍부한 것을 침대 옆 테이블에 구비해두도록 한다.
- 식사와 함께 음료를 마시는 것이 입덧을 악화시키는 것처럼 느껴질 경우 이를 피한다.
- 메스꺼움을 악화시키지 않을 법한 건강식품을 확인해둔다. 식품 선택은 개인의 컨디션에 따라 달라질 수 있지만, 대부분 통곡물 빵, 시리얼, 익히거나 말린 과일, 감자, 고구마 등이 좋은 선택이 될 수 있다. 잘게 썬 채소나 두부 등은 미소국에 넣어 먹으면 짠맛을 더 할 수 있고 위에 부

담을 줄일 수 있다. 과일 주스를 얼려두었다가 먹으면 탈수를 막는 데 효과적이다.

- 생강차, 혹은 진저 에일을 마시거나 생강 쿠키를 간식으로 먹는다.
- 임산부 보충제의 소화가 어려운 경우, 낮에 섭취하는 대신 밤에 잠들기 전에 섭취한다.
- 일부 여성들의 경우 온라인에서 판매하는 씨밴드(Sea Band) 브랜드의 입덧 방지 지압 밴드가 입덧을 완화하는 데 도움이 된다고 답했다.[22]
- 비타민 B6 보충제 또한 도움이 될 수 있지만, 이 장에서 권장하는 것 이외에 추가로 보충제를 섭취하기 전에는 반드시 의료진과 상의해야 한다.[23]

수유부를 위한 비건 영양제

일반 산모보다 비건 산모의 모유 수유율이 더 높다. 모유는 아기에게 이상적인 식품이기 때문에 이는 아기에게 좋은 일이라 할 수 있다. 이상적으로, 아기는 태어난 이후 최소 첫 1년간, 그리고 가능하다면 2년 동안 모유를 먹는 것이 좋다. 하지만 모유 수유를 오랜 기간 할 수 없는 상황이라면, 단 몇 달 동안이라도 수유를 하는 것은 아기의 건강에 도움이 된다. 모유를 섭취한 아이는 감염과 알레르기 질환의 위험이 더 낮고, 모유 수유가 일부 만성 질환에 관한 평생의 위험을 낮춰줄 수 있으며, 이러한 효과는 수유부에게도 있는 것으로 나타났다. 베지테리언 여성의 모유 수유에 대한 추가적 이점은 이들의 모유가 환경 오염 물질에서 더 자유롭다는 것이다.[24] 이에 관한 최근 자료가 있는 것은 아니지만, 1981년 비건 여성의 모유를 조사한 연구에서 17가지의 환경 화학 물질이 일반 여성의 모유에 비해 낮은 수치를 보이는 것을 발견했다. 비건 여성의 모유 중 가장 높은 수치가 일반 여성의 모유 중 가장 낮은 수치보다도 더 낮았다.[25]

모유 수유를 위한 영양소 필요량

수유부는 모유를 만들어내고 아기의 성장에 필요한 열량을 제공하기 위해 추가적인 열량 섭취를 필요로 한다. 따라서, 임신 기간보다 수유 기간 동안 더 많은 에너지를 필요로 하며, 대부분의 여성은 임신하지 않았을 때에 비해 하루에 약 500칼로리를 더 필요로 한다(이는 임신 말기에 필요로 하는 것보다 조금 더 많은 수치이다.). 만약 출산 후 체중을 감량하고자 한다면, 섭취 열량을 약간만 줄임으로써 모유의 양은 유지하면서 점진적으로 체중 감량을 진행할 수 있다. 섭취 열량을 너무 많이 줄이게 되면 모유의 양이 같이 감소할 수 있다. 충분한 양의 수분 섭취 또한 모유의 생산에 중요하다.

일부 영양소의 경우 필요량이 다소 증가하므로, 영양분이 풍부한 식품을 섭취하는 것은 항상 중요하다. 290쪽의 표에서 나타내는 바와 같이, 수유부는 임산부에 비해 더 많은 비타민 C, 비타민 A, 요오드, 아연 및 일부 비타민 B를 필요로 한다. 엽산의 필요량은 임산부에 비해 낮지만, 임신하지 않은 여성보다는 여전히 높다.

주목할 것은 철분의 필요량이 출산 후 감소한다는 점이다. 혈액 공급이 임신 전의 정상 수준으로 돌아가는 반면 월경은 중단된 상태이기 때문에, 적어도 모유 수유 초기에는 철분의 필요량이 임신 기간에 비해 현저히 낮다.

수유부가 가장 신경 써야 할 두 가지 영양소는 영양학 지식이 풍부한 비건이 이미 충분히 신경 쓰고 있는 비타민 D와 비타민 B12이다. 비타민 B12의 결핍은 영양소 권장량에 관한 지침을 따르지 않은 산모의 아기들에게서 발견되었는데, 이는 심각한 문제를 일으킬 수 있다. 모유의 비타민 B12 함량을 조사한 결과, 비건, 베지테리언, 일반 여성 사이에 수치의 차이는 없었지만, 모든 그룹의 수치가 전반적으로 낮았다.[26] 따라서 수유부는 비타민 B12 보충제를 매일 섭취할 필요가 있다.

오메가3 지방산 DHA는 시각적 · 정신적 발달에 모두 영향을 미치며, 영아용 분유에 이 지방산이 첨가되는 것은 이제 흔한 일이 되었다. 수유부는 200~300mg의 DHA를 함유하는 보충제를 섭취할 것이 권장된다.

많은 여성들은 모유 수유의 첫 몇 달 동안 임산부 보충제를

비임산부, 임산부 및 수유부의 영양소 권장량

영양소	비임산부	임산부	수유부
단백질(g)*	46	71	71
티아민(mg)	1.1	1.4	1.4
리보플라빈(mg)	1.1	1.4	1.6
니아신(mg)	14	18	17
비타민 B6(mg)	1.3	1.9	2.0
엽산(㎍)	400	600	500
비타민 B12(㎍)	2.4	2.6	2.8
비타민 C(mg)	75	85	120
비타민 A(㎍)	700	770	1,300
비타민 D(IU)	600	600	600
비타민 E(mg)	15	15	19
비타민 K(㎍)	90	90	90
칼슘(mg)	1,000	1,000	1,000
요오드(㎍)	150	220	290
철분(mg)**	18	27	9
마그네슘(mg)	310~320	350~360	310~320
인(mg)	700	700	700
셀레늄(㎍)	55	60	70
아연(mg)***	8	11	12

* 이는 단백질 필요량의 평균 수치일 뿐이며, 체중에 따라 필요량이 달라진다. 단백질의 필요량은 비건 임산부의 경우 약간 더 높을 수 있다. 4장의 내용을 참고해 임신 전 단백질 요구량을 계산한 다음, 28g을 더한다.

** 국립과학원은 베지테리언과 비건의 경우 이 수치의 1.8배를 섭취할 것을 권장하지만, 8장에서 언급한 대로 필수적인 것은 아니다.

*** 일부 비건의 경우 아연의 필요량이 최대 50% 더 높을 수 있다.

복용한다(철분 영양제를 제외하고). 엽산과 비타민 A가 풍부한 식품을 섭취하는 것도 중요하다. 이러한 영양소의 섭취를 증가시키기 위해 오렌지, 짙은 잎채소 등을 많이 섭취하는 것이 좋다.

다음의 표는 임신과 모유 수유 기간 동안 건강한 비건 식단을 계획하기 위한 지침이다. 자세한 내용은 리드 맨겔스(Reed Mangels) 박사의 저서인 《당신을 위한 완전한 비건 임신(Your Complete Vegan Pregnancy)》을 참조하도록 한다.

임산부 및 수유 여성을 위한 식품 가이드

식품군	임신 중 섭취 분량	수유 중 섭취 분량
곡물 및 녹말 채소	6회	6회
콩류 및 대두 식품	5회	6회
견과류	2회	2회
채소	4회(최소 1회 분량의 잎채소를 포함)	4회
과일	2회	2회
지방	3회	3회
칼슘이 풍부한 식품	흡수가 잘 되는 칼슘의 좋은 공급원이 되는 식품을 하루에 적어도 3컵 섭취한다. 이는 식물성 강화 대체유, 강화 주스, 칼슘 함유 두부, 오렌지, 그리고 케일, 겨자잎, 순무잎, 청경채, 콜라드잎과 같은 저옥살산염 채소를 포함한다.	

비건 임산부를 위한 보충제

- 엽산, 비타민 D, 아연, 철분 및 요오드를 함유하는 임산부 보충제
- 임산부 보충제의 사이아노코발아민 함량이 25㎍ 이하일 경우 비타민 B12 보충제 섭취 필요
- 칼슘 섭취가 임신 기간 중 권장량인 1,000mg에 못 미치는 경우 칼슘 보충제 섭취 필요
- 조류에서 유래한 DHA 300mg

비건 수유부를 위한 보충제

- 최소 25㎍의 사이아노코발아민을 함유하는 일일 비타민 B12 보충제
- 300mg의 DHA
- 150㎍의 요오드

그리고 복용 중인 보충제에 관해 의료진과 상의한다.

샘플 메뉴

임신 중이나 출산 후에는 많은 양의 음식을 한 번에 조리해두고 싶은 마음이 들 것이다. 이 샘플 메뉴는 음식을 준비할 시간이나 에너지가 없는 사람들을 위해 간단히 구성했다. 이 메뉴들은 건강한 비건 식단을 쉽게 계획할 수 있도록 고안되었다. 여기에는 속쓰림과 입덧 완화에 도움이 될 수 있는 여섯 끼의 간단한 식사를 담고 있다.

임산부를 위한 샘플 메뉴

아침

- 아침 식사용 강화 시리얼 1컵
- 강화 두유 1컵
- 바나나

간식

- 땅콩버터 2큰술과 당근

점심

- 두부 1/2컵을 넣은 미소국과 익힌 케일이나 콜라드 1컵
- 통곡물 크래커

간식

- 통곡물 빵과 후무스 1/2컵

- 강화 오렌지 주스 1/2컵

저녁
- 간 아마씨 1큰술을 넣은 현미 1컵
- 베이크드 빈 1/2컵
- 카놀라유 2작은술을 넣고 볶은 찐 채소 1컵

간식
- 비건 치즈 스프레드 2큰술을 바른 통곡물 잉글리시 머핀 1/2개
- 강화 두유 1컵

수유부를 위한 샘플 메뉴

아침
- 카놀라유 1작은술을 넣은 스크램블드 두부 1/2컵
- 마가린 1작은술을 바른 통밀빵 1조각
- 칼슘 강화 오렌지 주스 1컵

간식
- 포도 1/2컵
- 아몬드버터 2큰술을 바른 통곡물 크래커

점심
- 베지 버거
- 통밀 햄버거 롤

- 채 썬 토마토와 상추
- 다진 호두 1/4컵과 비건 마요네즈 1/2큰술을 넣은 브로콜리 샐러드

간식

- 작은 크기의 브랜 머핀
- 강화 두유 1컵

저녁

- 렌틸콩 수프 1컵
- 찐 콜라드 1컵
- 드레싱을 곁들인 그린 샐러드
- 통밀빵

간식

- 강화 두유 1/2컵, 냉동 과일 1/2컵, 바나나 1/4개로 만든 스무디

제12장

비건 어린이와 청소년 기르기

영아

비건에 확신을 가지고 있는 성인 비건도 갓 태어난 신생아를 위한 비건 식단에는 걱정이 들 수 있다. 영아는 일반적으로 생후 첫 1년간 체중이 3배로 증가하기 때문에, 이러한 초기 급성장기를 위해 충분한 영양소를 함유한 식품이 필요하다. 그렇다면 비건 식단이 이 영양소의 필요량을 모두 충족시킬 수 있을까?

이는 아기의 생후 첫 몇 달 동안은 문제가 되지 않는다. 모든 영아는 베지테리언으로 출발한다. 좀 더 정확히 말하자면, 락토 베지테리언으로서 삶을 시작하는 것이다. 생후 첫 6개월

간, 영아는 모유나 분유 외에는 다른 식품을 필요로 하지 않는다. 모유와 분유는 어린 아기를 위한 완벽한 식품이다. 비타민 B12 보충제(수유부의 식단에 비타민 B12가 충분하지 않을 경우에만 필요하다.)를 섭취하는 것이 아닌 이상, 비건 아기의 식단은 생후 6개월 무렵까지 잡식인 가족의 아기 식단과 완전히 같다고 할 수 있다.

생후 첫 6개월

생후 첫 6개월간, 아기들은 모유나 분유 이외의 어떤 식품도 필요로 하지 않으며, 섭취해서도 안 된다.[1] 이 시기의 아기는 고형 식품이 필요하지 않으며, 일부 채소류는 영아에게 매우 위험할 수 있다.

여러 이유로, 모유는 아기에게 최적의 식품이며, 대부분의 비건은 자신의 새로운 가족을 위해 모유 수유를 선택한다. 모유는 성장기 영아에게 이상적인 밸런스의 영양을 제공한다. 모유는 또한 독특한 면역 인자를 포함하고 있으며 알레르기의 위험을 낮춘다. 하지만 모유 수유를 하지 못하는 경우나, 모유 수유를 선택하지 않는 경우도 있다. 이런 경우에 철분 강화 대두 분유를 통해 아기의 정상적인 성장과 발달을 도울 수 있으며, 이는 미국소아과학회(American Academy of Pediatrics)의 승인을 받은 바 있다.[2, 3] 이런 종류의 분유는 동물성 식품에서 추출된 비타민 D를 함유하고 있기 때문에 100% 비건은 아니지만, 비건으로서 할 수 있는 가장 건강한 선택이다.

영아에게 직접 조제한 분유를 주어서는 안 되며, 일반 두유나 기타 식물성 대체유, 혹은 일반 우유도 먹여서는 안 된다. 일부 비건 영아가 영양 실조를 겪는 경우가 있는데, 이는 직접 조제한 분유를 먹이거나 비타민 B12 및 비타민 D를 충분히 보충해주지 않았기 때문이다. 아기들은 특수한 영양분 섭취 요건을 가지고 있기 때문에, 모유나 이러한 영양소 필요량을 충족시키기 위해 제작된 시판용 분유를 먹이는 것이 필수적이다.

생후 6개월 무렵, 아기들은 고형식을 시작할 준비가 되었다는 신호를 보내기 시작한다. 한 가지 징후는 앉아서 균형을 유지하는 능력이 생기는 것이다. 또 다른 징후는 음식을 삼키기 위해 혀를 사용해 음식을 입의 뒤쪽으로 이동시키는 능력을 보여주는 것이다. 고형식을 시작할 준비가 된 아기는 다른 가족이 먹고 있는 음식에 관심을 보이며, 종종 이 음식을 잡아 입에 넣으려고 한다. 고형식을 시작하는 시기에 관해서는 담당 소아과 의사와 상의하는 것이 좋다. 고형식을 너무 빨리 시작하는 것은(특히 생후 4개월 이전) 이후 알레르기와 비만의 위험을 증가시킬 수 있다.[4, 5] 대부분의 아기들은 생후 6개월 무렵부터 고형식을 시작해야 한다. 이러한 식품을 시도함으로써 아기는 신체와 사회성 발달을 이루고, 다양한 질감과 맛을 통해 여러 종류의 음식을 즐기는 법을 배운다.

영아는 또한 고형식을 통해 철분을 섭취한다. 모유는 일반적으로 철분의 함량이 낮기 때문에 이 시기의 영아는 체내에 저장된 철분에 의존하는데, 이는 생후 4개월이 되면 감소하기 시작한다. 고형식을 시작하는 시기와 아기의 섭취량에 따라, 일부 영아는 생후 4개월부터 철분 보충제가 필요할 수도 있다. 이에 관해서는 소아과 의사의 안내를 따르도록 한다.

첫 고형식의 모험

모유나 분유 이후 아기가 먹는 첫 식품을 '고형식'이라 부르는 것은 약간의 과장에 가깝다. 대부분의 영아는 걸쭉한 액체를 스푼으로 떠먹는 방식으로 고형식을 시작한다.

영아를 위한 첫 고형식에는 철분과 아연이 충분해야 한다. 가장 좋은 방법은 철분과 아연이 첨가된 영아용 시리얼을 모유나 분유와 섞어 먹이는 것이다. 아기가 퓨레 형식의 시리얼을 먹는 데 익숙해지고 하루에 1/3컵에서 1/2컵 정도를 섭취할 수 있다면, 다양한 종류의 식품을 으깨거나 퓨레로 만들어 먹이기 시작한다. 으깬 감자, 잘 익혀 으깬 콩, 연두부, 으깬 채소나 과일 등이 좋다.

인간은 선천적으로 단맛을 좋아하기 때문에, 영아기에 비교적 쓴맛을 가진 채소를 즐기는 법을 배우는 것이 중요하다.[6] 아기가 새로운 맛에 익숙해지도록, 채소를 으깨거나 퓨레로 만들어 모유, 분유, 시리얼, 혹은 아보카도나 순두부 같은 싱거운 음식과 섞어준다. 아기가 새로운 음식을 좋아하지 않는다면, 며칠을 기다렸다 다시 시도해보는 게 좋다. 아기가 새로운 음식을 받아들이는 데에는 긴 시간이 걸릴 수 있기 때문에 인내심이 필요하다.[7]

편의를 위해 시판용 이유식을 일부 구비할 수도 있으나, 대부분의 비건 부모는 이유식을 직접 만든다. 이는 비용이 적게 들 뿐만 아니라, 아기의 식단을 더 다양하게 만들어준다. 간단히 음식을 익혀서 으깬 후 얼음 틀에 넣어 얼려 소분하고, 먹이기 전에 냉장실에서 해동한다. 아기를 위한 이유식에는 간을 하지 않는다.

많은 부모들이 아기가 다른 종류의 우유나 이유식을 먹기 시작하면 아기가 직접 집어 먹을 수 있는 음식도 같이 주기 시작한다. 다양한 식감의 경험과 발달을 돕기 위해, 아기가 8~9개월이 되면 이러한 핑거푸드를 주는 것은 매우 중요하다. 익힌 파스타, 딱딱한 겉면을 제거하고 잘게 찢은 식빵, 아보카도, 바나나, 복숭아, 배, 키위, 멜론, 4등분한 포도와 같은 껍질을 제거한 잘 익은 과일, 브로콜리, 콜리플라워, 당근, 마, 호박과 같은 부드러운 익힌 채소, 두부 조각 등이 비건 영아를 위한 선택이 될 수 있다.

질식 사고를 예방하기 위해, 견과류, 자르지 않은 포도, 생채소, 사과와 같은 단단한 과일, 팝콘 등 아주 작은 음식이나 동그랗고 납작하게 자른 베지 소시지나 당근과 같은 식품 등은 아기에게 주지 않는다. 아기가 입천장에 대고 으깰 수 있는 식품을 선택한다. 견과류 버터는 약간의 대체유나 물로 희석해 빵에 얇게 펴발라서 주도록 한다(알레르기와 유아에 대한 정보는 302쪽의 '알레르기의 예방' 섹션을 참조). 또한 아기들이 음식을 먹을 때 바로 앉고 입에 음식을 잘 넣는지 확인하는 것도 중요하다. 아기가 음식을 먹을 때 절대 혼자 두어서는 안 된다.

이 시기에 모유와 대두 분유는 아기의 식단에서 여전히 중요한 역할을 하며, 최소 첫돌이 되기 전까지는 계속 섭취해야 한다. 모유와 분유는 특히 아연의 공급에 있어 중요하기 때문에, 이를 섭취하지 않는 경우 비건 영아의 식단에서 아연의 함량이 부족할 수 있다. 고형식을 하는 아기는 보통 하루 6끼 이상의 식사를 하며, 적어도 첫돌까지는 분유나 모유가 각 식사에 포함된다. 일반 두유는 일반 우유와 마찬가지로 돌이 지나지 않은 아기의 영양소 섭취 요건에 부합하지 않으므로 주지 않는다.

비건 영아를 위해 명심해야 할 몇 가지 사항

- 보충제의 섭취에 대해서는 소아과 의사와 상담한다. 비건 및 잡식인 가족 모두, 모유 수유 아기는 비타민 D를 섭취할 것이 권장된다. 철분 섭취는 생후 4개월경부터 시작하는 것이 좋다. 철분의 보충 기간은 아기 식단의 식품 구성에 따라 달라진다. 비건 모유 수유부의 아기는 엄마의 식단이 영양소를 충분히 함유하지 않는 경우에

알레르기의 예방

영유아에게 알레르기를 유발할 가능성이 가장 높은 식품은 우유, 달걀, 생선, 갑각류, 견과류, 참깨, 땅콩, 밀, 대두 등이다. 하지만 이 식품들이 모두 똑같이 알레르기를 유발하는 것은 아니다. 우유는 단연코 어린이들에게 가장 흔한 알레르기의 원인인 반면, 대두는 위 아홉 가지 식품 중 알레르기의 확률이 가장 낮다.[8~11] 땅콩이나 생선에 관한 알레르기를 제외하고, 아이들은 청소년기에 이르면서 대부분의 알레르기가 없어지게 되기 때문에, 밀이나 대두에 알레르기가 있는 아기가 꼭 청소년이나 성인이 될 때까지 이 알레르기를 가지고 있으리란 법은 없다.

적어도 생후 4개월까지 고형식을 시작하지 않는 것은 알레르기의 위험을 줄이는 데 도움이 될 수 있다. 하지만 일단 고형식을 시작한 이후에는 밀이나 땅콩버터와 같은 식품의 섭취를 주저할 필요가 없다. 오히려 영아기에 이러한 식품을 먹는 것이 추후에 알레르기의 위험을 감소시킨다는 결과를 보인 연구도 있다.[12] 알레르기의 가족력이 있는 아기라면 이러한 식품을 섭취하기 전에 소아과 의사와 상의하도록 한다.

영아의 알레르기를 확인하기 위해 중요한 점은 고형식을 시작할 때 한 번에 한 가지 식품만 시도하고 3, 4일 정도를 기다렸다가 다른 식품을 시도하는 것이다. 새로운 식품을 시도한 후에는 피부 발진, 쌕쌕거림, 콧물, 혹은 잦은 구토나 설사와 같은 위장 질환의 징후를 살펴본다.

어린 아기의 경우 영아 산통을 겪기도 하는데, 이 경우 건강하고 잘 먹는 아기가 지나치게 울거나 보채게 된다. 모유 수유 아기는 엄마가 섭취하는 식품에 대한 반응으로 인해 영아 산통을 겪기도 한다는 연구 결과가 있다. 영아 산통의 주요 원인 중 하나는 일반 우유이므로, 비건은 이 문제로부터 자유로운 편이다. 하지만 비건 식단에서도 영아 산통을 유발할 수 있는 식품이 포함될 수 있는데 특히 양파나 양배추과 채소가 그렇다. 이 식품의 섭취를 중지하는 것이 영아 산통의 완화에 도움이 된다 하더라도, 아기가 해당 식품에 알레르기가 있다는 뜻은 아니다.

만 비타민 B12 보충제가 필요하다. 304쪽의 '모유를 먹는 비건 영아를 위한 일일 보충제' 표는 모유를 먹는 비건 아기에게 권장되는 보충제를 나타낸다.

- 아기에게 살균 처리 되지 않은 주스, 사과 사이다, 꿀을 주어서는 안 된다. 모두 심각한 질병을 유발할 수 있다.
- 첫돌 전에는 주스를 섭취하지 않도록 한다.[13]
- 소금이나 감미료가 첨가된 음식을 주지 않는다.
- 첫돌이 지나지 않은 아기에게 모유나 분유 외에 다른 우유나 대체유를 주지 않는다. 일반 두유, 쌀 대체유, 헴프씨드 대체유, 아몬드 대체유(혹은 일반 우유)는 아기에게 알맞은 영양 성분을 가지고 있지 않으므로 첫돌 전에 이러한 우유와 대체유를 주어서는 안 된다(이유식을 만드는데 소량 사용하는 것은 무방하다.).

- 비건 소시지, 팝콘, 견과류, 딱딱한 사탕, 포도 등 질식을 유발할 수 있는 음식을 주지 않는다. 유아용 견과류 버터나 씨앗류 버터를 숟가락에 떠주거나 빵이나 크래커에 너무 두껍게 발라주어서도 안 된다.

모유를 먹는 비건 영아를 위한 일일 보충제

영양소	생후 6개월 이전	6~12개월
비타민 D	400IU(10㎍)	400IU(10㎍)
비타민 B12	엄마의 비타민 B12 섭취가 충분하지 않은 경우 0.4㎍	엄마의 비타민 B12 섭취가 충분하지 않은 경우 0.5㎍
철분	4개월 이후부터 체중 1kg 당 1mg	아기가 고형식을 통해 충분한 철분을 섭취하지 않는 경우 체중 1kg 당 1mg
불소		물의 불소 함량이 0.3ppm 미만인 경우 0.25mg

비건 영아를 위한 식단 샘플

6~8개월

아침

- 모유나 분유
- 모유, 분유, 혹은 물에 섞은 유아용 강화 귀리 시리얼
- 으깬 딸기

오전 중반

- 모유나 분유
- 잘게 자른 바나나

정오

- 모유나 분유
- 으깬 두부
- 으깬 익힌 당근

오후 중반

- 모유나 분유
- 사과 퓨레

저녁

- 모유나 분유
- 익혀서 잘게 자른 땅콩호박
- 익혀서 으깬 핀토콩

늦은 저녁

- 모유나 분유
- 모유, 분유, 혹은 물에 섞은 강화 귀리 시리얼

9~12개월

아침

- 모유나 분유
- 모유, 분유, 혹은 물에 섞은 유아용 강화 밀 시리얼
- 익혀서 잘게 자른 배

오전 중반

- 모유나 분유
- 으깬 아보카도

정오

- 모유나 분유
- 익혀서 잘게 자른 껍질콩
- 잘게 자른 부드러운 베지 버거 패티

오후 중반

- 모유나 분유
- 으깬 키위

저녁

- 모유나 분유

- 완전히 익힌 파스타
- 렌틸콩 퓨레
- 사과 소스와 섞은 케일

늦은 저녁

- 모유나 분유
- 부드러운 빵 몇 조각

백신과 비건 아동

당연하게도 건강한 식물 위주 식단을 하는 아이들 역시 병에 걸릴 수 있다. 하지만 이제 우리는 백신의 발견과 함께, 소아마비와 홍역, 파상풍과 같은 생명을 위협하는 질병으로부터 안전할 수 있게 되었다.

비건 부모들은 동물 실험을 하거나 동물 제품을 사용하는 백신의 사용에 의문을 제기할 수 있다. 하지만 비건 윤리는 실현 가능하고 실용적인 경우에 동물 제품의 대안을 찾을 것을 의미하는데, 현재 백신에 대해서는 비건 대안이 존재하지 않는다. 백신이 가져다주는 효과와 건강한 비건 아이들이 결국 모든 동물에게 이롭다는 점을 생각해볼 때, 백신은 비건 가족에게 있어서 책임있는 선택이라 할 수 있다. 또한 동물 실험의 대안에 관한 요구가 점점 높아짐에 따라, 결국 동물들에게 해를 끼치지 않고 생산할 수 있는 백신을 갖게 될 것이라 기대할 수 있다.

생후 첫 12개월간의 급성장기와 식욕 증가 기간 이후, 성장은 점차 느려지기 시작한다. 이 시기의 유아는 식욕이 저하될 수 있으며, 새로운 음식을 탐험하려 하지도 않는다. 유아 및 미취학 아동 시기에는 까다롭고 변덕스러운 식습관 때문에 새로운 음식은 커녕 모든 종류의 음식을 먹이기 어려워질 수 있다.

강화 두유나 완두 단백질로 만든 두유는 첫돌이 지난 아기에게 먹이기 시작할 수 있다. 쌀, 아몬드, 헴프씨드, 코코넛, 귀리 등으로 만든 대체유는 단백질의 함량(및 열량)이 낮기 때문에 주 음료로 사용하기는 곤란하다. 성장 속도가 느리거나 편식이 심한 아이의 경우, 모유나 대두 분유를 당분간은 계속 섭취하는 것이 현명할 수 있다.

철분과 아연의 적절한 섭취는 유아에게 특히 중요하다. 유아에게 좋은 식품은 땅콩버터, 해바라기씨 버터, 콩 스프레드, 두유로 만든 푸딩이나 스무디, 스파게티 소스를 얹은 렌틸콩, 후무스를 얹은 통곡물 빵 등이다.

312쪽의 '비건 유아(만 1~3세)를 위한 식품 가이드' 표와 334쪽의 '미취학 아동, 취학 아동 및 청소년을 위한 식단 가이드라인' 표는 유아를 위한 건강한 식단을 계획하는 데 도움이 될 것이다. 아이가 매일 이 식단을 완벽히 따르지 않는다고 해서 걱정할 필요는 없다. 세 살배기 아이가 2, 3일 정도 땅콩버터와 바나나 샌드위치만 먹고 지낸다 해도 건강에는 아무런 문제가 없다. 아이에게 채소와 같은 건강한 식품을 먹게 하는 것은 단순히 비건만의 문제가 아니며, 어린 자녀를 둔 모든 부모의 보편적인 문제이다.

만약 아이가 잘 먹지 않는다면, 아보카도, 견과류 버터와 씨앗류 버터, 두부, 강화 두유와 같은 고열량 음식 중 아이가 좋아하는 식품을 중점적으로 섭취하도록 한다. 저지방 식단은 어린 아이에게 적합하지 않다. 아이의 작은 위장을 쉽게 채우는 섬유질 같은 식품을 너무 많이 섭취하지 않도록 한다. 섬유질의 함량이 매우 높은 브랜 시리얼과 같은 식품은 피하는 것이 좋다. 주로 통곡물을 섭취하는 것이 좋지만, 일반 파스타와 같은 정제된 곡물을 식단에 포함하는 것도 나쁘지 않다. 유아 및 미취학 아동은 하루 종일 소량의 식사를 자주 하는 것이 좋으며, 영양소가 풍부한 간식은 이 연령대에 특히 중요하다. 비타민 D, 요오드, 철분, 아연을 함유하는 종합비타민 보충제는 아이가 잘 먹지 않는 시기에 영양소 필요량 공급을 위한 좋은 선택이다.

아이와 함께 새로운 음식을 탐험할 때에는 열린 마음을 가지는 것이 중요하다. 이 시기에는 "세상에 아스파라거스를 좋아하는 세 살짜리 아이는 없을 거야!" 같은 말을 계속 듣게 된다. 하지만 놀라운 것은 아스파라거스를 먹는 세 살짜리 아이들도 존재한다는 것이다. 이는 아주 드문 경우일 수도 있지만,

이게 내 자녀의 이야기가 될 수도 있다. 즉, 대다수 아이들이 좋아하는 음식을 기준 삼아 내 아이가 무엇을 먹고 싶어 할지 추측할 필요가 없다는 뜻이다. 멕시코의 어린이들은 핀토콩을 먹고, 중국의 두 살배기 아이들은 두부를 즐겨 먹기도 한다.

연구에 따르면 어린 아이가 새로운 음식을 시도하기까지 그 음식에 열 번 이상 노출되어야 한다고 한다. 따라서 가장 중요한 것은 인내심이다. 만약 아이가 베이크드 빈을 거부한다면, 일주일 정도를 기다렸다가 다른 종류의 요리로 다시 내어본다. 그리고 이를 또 반복하고 반복한다. 이미 익숙한 음식과 함께 새로운 음식을 소량 같이 내어주면 적응이 더 쉬울 수 있으며, 부모가 그 음식을 즐기는 모습을 아이가 직접 보는 것이 중요하다.

아이들은 먹기 편하고 손가락으로 집기 쉬운 음식을 시도할 가능성이 더 높다. 만약 이 시기의 아이가 편식이 심한 시기를 겪는 중이거나 다양한 음식을 먹는 것을 거부한다면, 어떤 방법으로든 식사에 재료를 섞어서 넣어보는 것도 좋다. 두유를 거부하는 아이도 두유를 넣어 만든 으깬 감자, 팬케이크, 스무디, 초콜릿 푸딩 같은 음식은 좋아할 수 있다. 어린 아이의 식단에 채소를 추가하는 것은 더 어려운 일이다. 다음은 이러한 부모들에게 유용할 수 있는 팁이다.

- 잎채소를 곱게 다져 스파게티 소스에 넣는다.
- 잘게 썬 케일, 콜라드, 혹은 브로콜리를 밥과 섞은 뒤 토르티야에 넣고 말아준다.
- 과일 스무디에 생케일을 추가한다.
- 잘게 다진 당근, 빨간색 피망, 브로콜리를 비건 크림치즈에 섞어 부드러운 토르티야에 말아준 후, 알록달록한 바람개비 모양으로 썰어준다.
- 생채소를 동물 모양으로 잘라 샐러드를 만들거나, 쿠키커터를 사용해 재미있는 모양의 샌드위치를 만든다.
- 케일이나 콜라드의 강한 맛을 아보카도, 두부, 두부 크림치즈와 같은 싱거운 음식과 섞어 중화시킨다.

비건 유아의 식단을 위한 팁

- 어린 아이는 위장이 작아 쉽게 포만감을 느낀다. 따라서 유아는 소량의 식사를 하루에 다섯 번에서 여섯 번 정도 하도록 한다.
- 다양한 식물성 식품을 섭취하도록 하고, 제한적인 식단을 피한다. 저열량 식단과 생식은 이 시기의 아이들에게 적합하지 않다.
- 아이들이 요리 과정을 돕게 해 새로운 음식에 관한 호기심을 자극한다. 아침 식사용 파르페를 만들기 위해 플라스틱 포크로 바나나를 썰고, 그래놀라, 딸기, 두유 요거

비건 유아(만 1~3세)를 위한 식품 가이드

식품군	하루 섭취 분량	대략적인 1회 섭취량
우유	2회	모유, 대두 분유, 강화 전지 두유 혹은 완두 단백 우유 1컵
콩류 및 견과류	3회 이상	익힌 콩, 두부, 템페, TVP 1/4컵 유사 고기(meat analog) 1온스 두유 요거트 1/4컵 견과류, 씨앗, 견과류 버터나 씨앗 버터 1~2큰술
과일	3회 이상	중간 크기 과일 1/2개 익히거나 통조림에 든 과일 1/4컵
채소	2회 이상	익힌 채소 1/4컵 혹은 생 채소 1/2컵
곡물과 빵	6회 이상	빵 1/2조각, 따뜻한 시리얼 1/4컵, 시리얼 1/2컵, 익힌 곡물이나 파스타 1/4컵
지방 및 기름	2~3회	식용유나 마가린 1작은술 곡물이나 따뜻한 시리얼에 아마씨유 1/4작은술 혹은 카놀라유 1작은술이나 간 아마씨 1/2큰술을 추가한 것

트를 층층이 쌓거나, 샐러드를 위해 상추를 찢고, 정원에서 완두콩을 수확하는 것 등을 해보도록 유도한다.

- 건강한 간식을 준비하면서 아이가 먹고 싶은 것을 직접 고르게 해 자립심을 키워준다. 예를 들어 바나나와 칸탈루프 멜론 중 무엇을 먹고 싶은지 물어보는 식으로, 건강한 선택을 보장함과 동시에 아이가 직접 선택하고자 하는 욕구를 충족시켜 주는 것이다.
- 익숙한 음식과 함께 새로운 음식을 시도하도록 유도하되, 이에 대한 언급은 하지 않는다. 아이가 먹기를 거부하는 경우 며칠을 기다린 후에 다시 시도한다. 아이가 새로운 음식에 흥미를 갖도록 부모가 그 음식을 즐기는 모습을 아이가 보게 하는 것도 좋다. 단, 앞서 말한 것처럼 새로운 음식에 대한 언급은 하지 않는다.

비건 어린이에게 중요한 식품

비록 아이의 식단에 어떤 종류의 우유도 요구되지 않지만, 강화 두유나 완두 단백질로 만든 강화 대체유는 비건 어린이의 영양소 필요량을 더욱 쉽게 충족시켜줄 수 있다. 아몬드, 귀리, 쌀, 헴프씨드 대체유와 같은 강화 대체유는 적당량 섭취해도 무방하나, 이러한 종류의 대체유는 단백질의 함량이 낮기 때문

비건 유아를 위한 식단 샘플

아침
- 간 아마씨 1/2큰술을 넣은 크림오브위트 1/2컵
- 강화 두유 1컵
- 밀감 1/2컵

간식
- 통곡물 빵 반 조각
- 아몬드버터 1큰술

점심
- 후무스 1/4컵
- 작은 통밀 피타빵 1개
- 복숭아 1/2개

간식
- 생채소
- 아보카도 1/4컵과 함께 간 부드러운 두부 1온스

저녁
- 마카로니 1/2컵
- 흰콩 1/4컵
- 찐 땅콩호박 1/4컵
- 살구 스튜 1/2컵

간식
- 강화 두유 1컵
- 그레이엄 크래커 1개

에 주로 섭취하는 대체유는 단백질이 풍부한 것으로 섭취하는 것이 좋다.

견과류와 씨앗류, 그리고 이들로 만들어진 버터는 에너지와 영양소가 풍부하기 때문에 어린 아이들의 식단에서도 중요하다. VSF 뉴트리셔널 이스트는 비타민 B12를 포함하는 비타민 B의 좋은 공급원이다. 콩 요리, 베지 버거, 스크램블드 두부, 으깬 감자 등에 뉴트리셔널 이스트를 추가하도록 한다.

설탕 제조 과정 중 가장 마지막에 남는 블랙스트랩 당밀(일반 당밀은 제외)은 칼슘과 철분의 좋은 공급원이다. 블랙스트랩 당밀은 맛이 강해 스무디, 베이크드 빈, 혹은 구운 과자 등과 같은 음식에 섞으면 아이가 더 쉽게 섭취할 수 있다. 또한 땅콩버터나 아몬드버터에 섞어 크래커나 빵에 발라 먹어도 좋다.

스스로 선택하는 시기: 취학 연령의 비건 아이들

아이들은 학교에서 점심을 먹고, 맥도날드에서 열리는 생일 파티나 파자마 파티 등을 가기 시작하면서 새로운 어려움을 마주하게 된다. 일부 아이들은 육식의 세계에 익숙할 수도 있고, 또 어떤 아이들은 자신의 식단이 남들과는 '다르다'는 생각에 덜 노출되었을 수도 있다.

아이가 문 밖을 나서는 순간, 아이의 비건 습관도 아이와 함께 따라 나서게 될까? 부모들은 이 문제에 있어 끝없는 개인적인 결정에 직면하게 될 것이다. 어떤 부모는 100% 비건을 고수하는 접근법이 내 가족이 추구하는 가치에 부합하며, 아이에게 혼란을 줄 가능성이 가장 낮은 길이라 믿는다. 또 어떤 부모는 특정한 사회적 상황에서 약간의 융통성을 허용하기도 한다. 어떤 쪽이든, 아이가 성장해감에 따라 부모가 아이가 먹는 음식을 통제하지 못하는 순간은 다가오게 된다.

하지만 가정에서는 334쪽에 표기한 것과 같이 식품의 섭취 분량을 일부 수정함으로써 10장에서 다룬 식품 가이드에 따라 균형 잡힌 비건 식사를 제공하는 것이 가능하다.

공립 학교의 식당은 비건 식단을 제공하는 경우가 많지 않기 때문에, 대부분 집에서 준비한 도시락을 먹는 것이 최선의 선택이다. 일부 학군에서는 비건 식단을 포함하는 건강한 급식을 만들기 위해 노력하고 있다. 이와 뜻을 같이하는 부모들과 교직원이 힘을 합쳐 학교의 급식 식단을 개선하고자 노력한다면 더 많은 아이들이 이러한 건강한 식품에 가까워질 수 있는 길이 열릴 것이다.

취학 연령의 비건 아이들을 위한 도시락

샌드위치나 랩 샌드위치를 위한 아이디어

- 잘게 썬 사과를 넣은 후무스
- 채 썬 당근과 아몬드버터
- 비건 마요네즈와 잘게 썬 셀러리를 넣은 두부 샐러드
- 비건 치즈, 아보카도 및 채소
- 비건 마요네즈를 넣은 병아리콩 샐러드
- 땅콩버터와 얇게 썬 사과 조각
- 익힌 당근을 넣어 만든 흰콩 퓨레와 섞은 잘게 썬 사과와 호두
- 채 썬 채소와 아보카도
- 채 썬 당근과 캐슈넛 치즈
- BLT: 템페 베이컨, 상추, 토마토 슬라이스
- 으깬 두부와 땅콩버터 드레싱을 올린 양배추 샐러드
- 옥수수와 해바라기씨를 곁들인 렌틸콩
- 비건 칠면조와 치즈
- 토르티야 말이: 잘게 썬 채소와 비건 크림치즈를 통밀 토르티야에 넣고 말아준 뒤 김밥처럼 동그랗게 자른 것

보온 도시락통

- 통조림이나 집에서 만든 베지테리언 칠리
- 채소 수프
- 빈스 앤 프랭크: 베지테리언 베이크드 빈과 두부 소시지

사이드

- 신선한 과일
- 타히니나 두부 소스를 곁들인 생채소
- 구운 토르티야 칩
- 파스타나 쌀 샐러드
- 베이글 칩
- 베지테리언 초밥

디저트

- 땅콩버터나 오트밀 쿠키
- 두유 요거트
- 건과일이나 트레일 믹스(에너지바)
- 그레이엄 크래커
- 그래놀라 바
- 채 썬 코코넛이나 잘게 다진 견과류를 넣은 대추야자
- 견과 과일 바이츠: 말린 과일, 견과, 땅콩버터를 섞어 가공하고 한입 크기로 말아 만든 간식

비건 청소년

청소년기의 성장은 영아기를 제외하면 그 어느 때보다도 빠르다. 청소년들이 몇 달만에 몇 센티미터 이상 자라는 급성장기 동안, 열량과 영양소 필요량은 평소보다 훨씬 높다. 급성장

기는 식욕 증가를 동반하기 때문에, 십 대 청소년은 영양소가 풍부한 음식을 많이 먹는 것이 매우 중요하다.

열량, 단백질, 칼슘, 철분(여학생의 경우)의 필요량은 급격하게 증가하게 된다. 십 대 시기의 청소년은 주로 간단한 도시락을 먹거나 혼자 식사를 하는 경우가 많고, 식품 선택에서 항상 영양 성분을 고려하는 것은 아니기 때문에 청소년기에 이러한 영양소 필요량을 충족시키기 어려울 수 있다. 비건 여부를 떠나 많은 청소년들이 충분한 칼슘과 철분을 섭취하지 못한다. 이들의 식단은 종종 지방과 당분의 함량이 너무 높고 섬유질이 부족하다.

비건 가정에서 자란 십 대 청소년들은 잡식인에 비해 다양한 종류의 건강한 식물성 식품에 더 익숙하기 때문에 조금 더 유리한 위치에 있다 할 수 있다. 일부 식물성 식품은 독특한 이점을 제공하기도 한다. 예를 들면, 사춘기와 청소년기에 대두 식품을 섭취하는 여학생은 성인이 된 이후에도 유방암에 걸릴 위험이 더 낮다.[14]

반면, 비건 청소년은 잡식인에 비해 칼슘과 철분의 섭취에 더 신경을 써야 할 필요가 있다. 청소년 시기에 강화 두유, 강화 주스, 칼슘이 든 두부 등과 같은 고칼슘 식품을 규칙적으로 섭취하는 것은 매우 중요하다. 베이크드 빈, 병아리콩 샐러드, 후무스, 부리토 등 청소년이 즐겨 먹는 식품에 철분의 좋은 공급원인 콩을 추가해야 한다.

잡식인 가정의 청소년이 직면하는 가장 큰 어려움은 본인이 스스로 비건 식단을 선택하는 경우이다. 이런 경우, 부모들이 비건 식단에 대해 공부하고, 집에 십 대들이 좋아할 만한 다양한 비건 음식을 항상 구비해놓는 것이 중요하다.

청소년 자녀를 둔 비건 부모는 다양한 어려움에 직면할 수 있다. 청소년기는 부모로부터의 독립을 시작하게 되는 시기이며, 일부 청소년들의 경우 이것이 동물성 식품을 시도해보는 것으로 이어지기도 한다. 동물 복지와 동물의 권리에 관한 많은 교육을 해온 가정에서는 큰 문제가 되지 않을 수도 있을 것이다. 또한 젊은이들 사이에서 비건 옵션이 점점 인기를 끌고 주류화되고 있기 때문에, 이러한 선택을 하는 경우는 많지 않을 수도 있다. 어찌 됐건 십 대 청소년은 패스트푸드점에서 육식을 하는 친구와 함께할 수도 있는 것이고, 아니면 자판기나 편의점에서 다양한 비건 간식거리를 찾을 수도 있는 것이다. 십 대들에게 적절한 수준의 자유를 주면서 비건 식단을 가능한 한 접근하기 쉽고 매력적이게 만든다면 음식과 식사에 관한 가족간의 갈등을 일부 극복하는 데 도움이 될 것이다.

334쪽의 표는 십 대들이 건강에 좋은 음식을 선택하는 데 도움이 된다. 모든 비건 청소년들은 비타민 B12와 비타민 D의 보충제를 섭취해야 하며, 요오드화 소금의 사용 여부에 따라 요오드 보충제가 필요할 수도 있다. 잘 짜여진 식단을 통해 다른 영양소 필요량을 충족시키는 것도 가능하다. 하지만 문제는 가정의 식단 선택과 별개로, 많은 십 대 청소년들은 식품을 선택할 때 영양소에 대해 큰 관심을 기울이지 않는다는 점이다. 십 대 소녀들이 철분을 충분히 섭취하고, 청소년들이 칼슘을 필요량만큼 섭취하는 일은 쉽지 않다. 비타민 B12 보충제에 더해 철분, 아연, 칼슘, 요오드, 비타민 D를 소량 함유하는 종합 비타민 보충제를 섭취하는 것은 많은 영양소를 필요로 하는 성장기에 좋은 보험이 될 수 있을 것이다.

십 대들은 많은 경우 본인의 식사와 간식을 직접 선택하기 때문에, 건강에 좋으면서도 쉽게 만들 수 있고, 가방에 넣고 다니기 편한 음식을 많이 준비해두는 것이 좋다. 다음은 십 대들이 좋아할 만한 식품에 대한 몇 가지 아이디어이다.

- 말린 과일
- 트레일 믹스
- 팝콘
- 냉동 비건 피자와 피자 포켓
- 후무스를 얹은 피타빵
- 개별 포장된 칼슘 강화 주스나 두유
- 베이글
- 아몬드버터를 바른 잉글리시 머핀
- 부리토
- 베지 버거

- 인스턴트 수프
- 인스턴트 핫 시리얼
- 인스턴트 시리얼
- 냉동 과일, 부드러운 두부, 강화 두유로 만든 스무디

십 대의 영양소 필요량과 필요 열량은 매우 다양해, 이 연령대를 위한 샘플 메뉴를 제시하는 것은 쉽지 않다. 339쪽과 340쪽은 열량 수준별로 몇 가지 다른 샘플 메뉴를 담고 있다.

아이들이 비건 식단으로 전환하는 것을 돕는 방법

비건 가정에서 자란 아이들은 다양한 식물성 식품에 친숙하고 이를 좋아할 가능성이 높다. 하지만 육식을 하다가 비건 식단으로 전환하는 가정의 아이는 어떨까? 부모가 최근에 비건이 되기로 결심했거나 시도 중이라면, 아이들이 이를 따라오는 데는 조금 더 오랜 시간이 걸릴 수 있다. 부모의 가장 큰 관심사는 아이들의 건강과 행복이기 때문에, 아이들이 충분히 음식을 섭취하고 영양소 필요량을 충족시킬 수 있도록 점진적으로 변화를 시도하는 것이 좋다.

아주 어린 자녀가 있는 경우, 아이가 2~3세였을 때 새로운 음식을 주었던 것과 같은 방식으로 새로운 비건 식품을 시도해

나가면 된다. 하지만 이미 식습관이 확립된 연령의 아이들은, 이러한 변화를 금세 눈치챈다. 이런 경우, 아이들에게 우리 가족이 왜 동물성 식품을 섭취하지 않기로 했는지 설명하는 것이 도움이 될 수 있다. 대부분의 어린 아이들은 동물에게 친밀감을 가지고 있으므로, 동물이 다치는 것을 보고 싶어 하지 않는다. 그렇다고 아이들에게 공장식 축산에 관한 영상을 보여줄 필요는 없으며, 보여주어서도 안 된다. 그저 모든 동물이 개나 고양이와 동일한 보살핌을 받을 만한 사랑스러운 존재라는 것을 아이들이 인식할 수 있도록 도와주면 된다. 예를 들면, 가족이 다 함께 농장 생추어리에 있는 동물을 보러 가는 것도 좋다. 또한, 아이들이 인간과 사육 동물 간의 유대를 잘 보여주는 책을 읽도록 하는 것도 좋다. 사랑받는 고전인 《샬롯의 거미줄(Charlotte's Web)》은 가장 이상적인 선택이라 할 수 있다.

아이가 새로운 식물성 식품을 탐구할 수 있도록 도와주어야 한다. 아이가 좋아하는 음식을 다양한 비건 버전으로 만들고 맛보는 과정이 들어간 재미있는 놀이가 도움이 될 것이다. 아이가 좋아하는 시리얼에 다양한 종류의 식물성 대체유를 곁들이고 어떤 대체유인지 맞추기 놀이를 한다거나, 콩과 TVP를 이용해 만든 다양한 칠리 레시피를 겨루는 작은 칠리 경연 대회를 열어볼 수도 있다. 혹은 다양한 종류의 비건 치즈를 사용해 그릴드 치즈를 만들어 비교해보는 것도 좋다. 이를 통해 아이는 요리 실력을 키우면서 새로운 음식에 대한 선택권도 가질 수 있게 된다.

하지만 매 끼니가 꼭 모험일 필요는 없다. 땅콩버터와 바나나를 넣은 샌드위치, 마리나라 소스를 곁들인 스파게티, 후무스 랩 샌드위치와 같이 아이가 이미 좋아하는 음식에 집중할 수도 있다.

비건 어린이의 실례

우리는 비건 어린이와 함께 사는 부모들에게 그들의 경험을 공유해달라고 요청했다. 특히 아이들이 무엇을 먹는 것을 좋아하는지, 비건으로 살면서 어떤 사회적 어려움을 겪고 있는지에 관한 이야기를 듣고자 했다. 부모들은 아이들이 행복하고, 활동적이며, 건강하다고 답했다. 아이들이 가끔 편식을 할 때도 있지만(비건이 아닌 아이들과 똑같이), 대부분 디저트와 같은 간식을 비롯한 음식을 다양하게 즐기고 있다고 한다. 때때로 학교나 생일 파티에서 어려움을 겪기도 하지만, 부모와 아이들은 모두 비건 생활 방식이 주는 기쁨 덕분에 이러한 어려움 또한 감내하고 이겨낼 가치가 있다고 믿는다. 다음은 우리가 받은 답변 중 일부이다.

클라렌스 탠은 싱가포르에서 아내 응 슈이와 함께 비건 아이 셋을 기르고 있다.

여섯 살인 첫째 아이 주드는 어릴 적 많은 양의 잎채소를 순식간에 먹어치워 우리를 놀라게 하곤 했다. 현재 네 살인 줄리아는 오빠와는 달리 탄수화물, 특히 빵을 좋아하고, 남매 모두 브로콜리를 좋아한다. 막내 줄리엔은 생후 6개월로, 아보카도나 찐 당근 같은 새로운 음식도 모두 잘 먹고 있다.

첫째와 둘째는 몬테소리 유치원에 다녔는데, 이 유치원에서는 우리의 비건 식단을 존중해주었다. 친구들이 왜 비건을 하느냐 물었을 때, 주드는 "동물을 죽이고 싶지 않기 때문이야."라고 말했다. 큰 아이들을 위한 도시락은 주로 다양한 종류의 볶음 요리, 파스타, 랩 샌드위치, 샌드위치, 죽 등이다. 매일 식단에 잎채소, 콩, 곡물, 과일, 씨앗 등의 식품을 꼭 포함시킨다.

아이들은 매우 활동적이며(자전거, 수영, 축구, 스케이트) 잔병치레도 많지 않아 주변 친구와 친척들에게 비건 식단은 영양소가 충분하고 건강하다는 점을 오랫동안 증명해왔다.

레슬리와 레이 파커 롤린스는 출생 이후부터 쭉 비건으로 지내온 열일곱 살 타일러와 열여섯 살 윌, 열한 살 마야를 키우고 있다.

비건 디저트와 간식을 늘 냉장고와 찬장에 준비해 놓아 아이들이 생일 파티, 파자마 파티, 학교 행사 등에서 먹을 수 있도록 하고 있다. 아이들은 치킨너겟, 맥앤치즈, 피자, 버거와 같은 음식의 비건 버전을 즐긴다. 아이들이 가장 좋아하는 음식은 두부 채소 볶음, 시금치 라자냐, 비건 닭다리와 타코이다.

타일러는 고등학교 미식축구 팀에서 뛰고 있으며 대학교 입학을 준비하고 있다. 윌은 비디오 게임과 사진 찍기를 좋아하고, 마야는 학교에서 런닝 동아리와 연극 동아리를 하고 있다.

정말 행복한 것은 아이들 스스로가 동물은 우리가 이용하기 위해 존재하는 것이 아니라고 믿고 있다는 점이다. 남편과 나는 아이들이 아직 비건에 완전히 다가가지 못한 세상에서 살면서 가질 수 있는 모든 질문, 우려, 생각 등에 대해 언제든지 우리에게 와서 물어보면 된다고 항상 말해왔다. 아이들은 우리가 동물, 지구, 그리고 자기 자신을 위한 인도적 선택을 할 수 있게끔 가르쳐준 것에 대해 감사히 여긴다. 타일러와 윌, 마야는 행복하고 건강한 비건 아이들의 살아있는 표본이다.

켈리 버겐은 세 살 반과 일곱 살 비건 아이 둘을 키우는 엄마이다.

아이들이 어릴 때부터 다양한 음식을 시도해왔는데, 입맛이 까다로운 편이라 매일 아침 최대한 다양한 영양소를 넣은 스무디를 만들어 주려고 한다. 아이들은 지난 몇 년간 스무디(과일에 아마씨, 헴프씨드, 호박씨, 단백질 파우더, 땅콩버터, 코코아 파우더를 이것저것 조합해보고, 대체유나 물 등을 넣어 만든)를 아침 식사로 먹어왔다. 우리는 주로 통곡물과 콩류를 많이 먹으며, 특별한 식사로는 가딘을 먹기도 한다. 또한 아이들의 연령에 맞춰 다양한 종류의 과일과 채소도 구매한다. 아이들은 현재까지 매우 건강하며, 첫째는 학교에서도 우수한 학생이고 축구부도 가입했다. 아이들은 종종 감기에 걸리기도 했지만, 대부분 빨리 회복해 병원을 찾는 일은 그리 많지 않았다.

아이들은 우리가 윤리적, 환경적인 이유로 비건이 되었다는 것을 알고 있으며, 첫째 아들은 종종 학교에서 환경 보호주의와 비거니즘에 관한 글을 쓰기도 한다. 우리는 아이들에게 모범을 보이되, 다른 사람들의 선택을 비판해서는 안 된다고 가르친다. 대신 아이들이 다른 사람들의 선택에 대해 느끼는 바를 우리와 이야기할 수 있도록 하고 있다. 우리는 1년에 한 번 농장 생추어리를 방문해 아이들이 동물과 얼굴을 보고 긍정적인 교감을 하도록 한다. 루비 로스(Ruby Roth)의 책은 아이들의 눈높이에 맞춘 교육을 위한 좋은 교재가 되어주었다.

조시와 미치 스타이거는 엄마 배 속에서부터 비건이었던 에반을 기르고 있다. 조시는 에반이 비건 아동의 빛나는 본보기라 말한다.

사람들은 아이를 비건으로 키우는 것에 관해 많은 오해를 한다. 사람들이 에반을 본다면 그런 부정적인 고정관념을 버리게 될 것이다. 에반은 매우 활발하며(항상 잘 웃는다.) 사람들은 아이를 볼때마다 나이에 비해 크다며 놀라곤 한다. 에반은 병치레를 한 적도 없고, 식성이 좋아 과일과 견과류 버터를 섞은 오트밀부터 바나나, 피자, 가끔씩 먹는 쿠키까지 모두 즐긴다.

아이가 나이를 먹어가면서, 나는 아이의 학교와 과외 활동 시간에 비건 간식을 제공해 사람들에게 비건 음식이 얼마나 맛있는지 보여줄 날을 학수고대하고 있다. 하지만 그보다도, 아이가 왜 비건을 하고 있는지 스스로 설명할 수 있도록 아이에게 충분한 정보를 주려고 한다. 때로는 올바른 일을 하기 위해 더 많은 노력이 필요하다는 걸 아는 것이 중요하다고 생각한다.

메리 마틴은 금융 서비스업의 싱크탱크 최고 운영 책임자이며, 아홉 살의 비건 딸을 둔 엄마이다.

딸은 태어난 지 3일째에 입양되어 그 이후로 쭉 비건으로 살고 있다. 태권도 초록띠로, 수영을 잘하는 호기심 많고 친절하며, 재미있고 영리한 딸은 체중과 신장에서 상위 25%에 속한다. 딸은 잔병치레가 없고, 밀가루가 들어가지 않은 검은콩 브라우니를 좋아한다. 가장 좋아하는 채소는 오이인데, 깨소금을 뿌린 참기름과 간장을 곁들여 먹는 것을 특히 좋아한다. 파티, 캠프, 학교 생활이나 다른 친구들과 노는 시간들 모두 대부분 특별할 것이 없다. 다른 건 몰라도 어울리는 엄마나 아이들은 우리 가족의 음식을 좋아하고 레시피를 알고 싶어한다.

라일라는 각각 세 살과 다섯 살인 두 비건 아이들의 엄마이다.

다섯 살짜리 아이는 우리가 왜 동물성 식품을 먹지 않는지를 이해하고 있으며, 마트나 파티 등에서 이에 대해 큰 소리로 이야기하기를 좋아한다. 딸 아이에게 '돼지고기 베이컨' 대신 '식물성 베이컨'을 선택하는 것은 너무나 당연한 일이기에, 아이는 고기를 먹고 싶다 요청한 적도 없다. '고기는 동물이다'라는 사실 하나면 아이에게는 충분한 것 같다. 소시지, 버거, 너겟처럼 문화적으로도 통용되는 식품에 대해 식물성 식품 버전의 대체품이 존재하기에 우리가 다른 사람들과 크게 다르지 않다고 느낄 수 있는 점도 다행이다. 그렇긴 하지만, 우리의 다섯 살짜리 아이는 우리 가족이 남들과 이런 식으로 다른 것을 사랑하고 자부심을 느끼는 것 같다.

변호사이자 작가인 안나 피퍼스는 각각 세 살과 여섯 살이 된 두 비건 아이들을 키우고 있다.

우리는 왜 우리가 비건인지에 대해 아이들에게 간단하게 설명하려고 한다. 우리의 주된 메시지는 우리가 대접을 받고 싶은 방식 그대로 다른 사람들을 대해야 하며, 여기에는 동물도 포함된다는 것이다. 그리고 우리의 아이들도 이를 잘 이해하고 있다. 가끔은 아이들에게 동물들은 농장에서 사는 것이 결코 행복하지 않을 것이라 말해주기도 한다. 우리는 또한 "엄마의 모유가 너희를 위한 것이듯, 소의 젖도 아기 소를 위한 것"이라고 이야기해준다. 그럼 아이들은 '왜 모든 사람은 비건이 아닌가' 같은 어려운 질문을 한다. 이에 대해 우리는 사람들이 오랫동안 동물을 먹어왔기 때문에 변화를 이뤄내는 것이 쉽지 않으며, 여전히 많은 사람들이 축산업에 대해 알아가는 중이기 때문에 우리가 동물과 비거니즘을 위한 홍보 대사가 되어야 한다고 답을 해준다. 또한 우리는 비건이 아니라고 해서 그 사람이 좋은 사람이 아니라는 뜻은 아니며, 우리 모두가 발전하는 과정에 있다고 설명하곤 한다.

수의사 멜리사 레스닉은 비건 쌍둥이를 키우고 있다.

우리 아이들은 행복하고 건강한 3학년 비건으로, 공부와 운동, 음악에 모두 뛰어나다. 아이들은 건강하게 자라기 위해 동물성 식품이 꼭 필요한 것은 아니라는 점을 그들 스스로가 보여주고 있다. 우리는 아이들에게 복잡한 설명을 할 필요가 없었는데 어떤 아이도 다른 먹을 것이 많은데 먹기 위해 동물을 죽이거나 해를 가하고 싶어 하지는 않기 때문이다. 아이들의 점심 식사는 학교 친구들과 조금 다르긴 하지만, 다른 아이들과 마찬가지로 다양한 간식을 먹는다. 우리는 동물을 위해 비건이 되었지만, 건강이라는 훌륭한 부수적인 이익을 얻었다. 나는 아이들에게 채소나 과일을 남기지 말고 다 먹으라고 이야기할 필요조차 없었다.

가끔은 아이들이 다른 사람과는 다르거나 소외된다고 느낄까 봐 걱정이 되기도 하지만, 아이들은 항상 자신이 비건이라 행복하다 이야기한다. 아이들이 동물의 고통 없이 만든 음식을 즐기는 모습을 보는 것은 정말 행복한 일이다. 아이들은 자신들이 먹지 않는 동물뿐만 아니라 우리의 반려동물도 소중히 대하며, 집에서 간혹 보이는 벌레의 생명까지 소중히 여겨, 벌레를 죽이는 대신 잡아서 집 밖에 놓아주곤 한다.

생명 존중에 초점을 두고 새로운 세대의 소년들을 기른다는 것

비건 아동을 키우는 아빠인 미치 스타이거는 비거니즘이 남성이 어떻게 행동해야 하는지에 대한 사회의 고정관념에 이의를 제기하는 하나의 방법이라 여긴다. "아들을 키우는 아버지로서, 남자는 '남자답다'거나 '남성적'이어야 한다는 사회적 압박이 남자 아이들을 학교 폭력이나 동물 학대와 같은 잘못된 선택을 하도록 만든다는 점을 잘 알고 있다. 내 아들에반을 이러한 압박에서 완전히 자유롭게 해줄 수는 없지만, 이를 잘 견뎌내기 위한 힘을 기르도록 도와줄 수는 있다. 올바른 지식을 통해 확고한 윤리 기준을 확립하고, 도움이 필요한 사람을 보호할 수 있는 자신감을 가지도록 하는 것이다.

나는 또한 아들에게 사람의 힘, 독립성, 그리고 존경을 받는 것은 성별과 무관하며, 신체적인 힘은 정신적, 정서적 힘 없이는 무용지물이라는 것을 가르치고자 한다. 나는 아이가 이 모든 힘을 잘 발전시켜, 그 과정이 외로울지라도 항상 자신의 말과 행동으로 옳은 일에 앞장설 수 있기를 바라며, 또 그럴 수 있으리라 믿는다. 그리고 특히 동물 보호의 문제에서 자신의 목소리를 낼 수 있게 되기를 바란다."

오늘날 아동의 과체중과 비만의 발생률은 그 어느 때보다 높으며, 비건 아동도 이 문제에 있어 자유롭지 못하다. 체중은 복잡한 문제이며, 특히 아이들의 경우에는 건강한 자존감뿐만 아니라 건강한 습관을 권장하는 방법으로 접근하는 것이 중요하다. 아이들은 체중 감량을 위한 다이어트를 해서는 안 되며, 어떠한 경우에도 자신의 신체 사이즈에 대해 비난을 받아서는 안 된다. 비만의 위험을 줄일 수 있는 습관에 관해서는 아래 팁을 참고하도록 한다.

- 씻어서 손질한 생채소와 후무스 또는 콩 소스를 냉장고에 보관하고, 조리대 위에는 과일을 구비해두어 아이들이 쉽게 과일과 채소를 먹도록 한다.
- 주스와 같은 단 음료의 섭취는 제한한다. 탄산수에 소량의 과일 주스를 타서 마시게 하면 지루하지 않게 설탕의 섭취를 줄일 수 있다.
- 아이가 음식을 다 먹도록 강요하지 않는다. 아이들은 자신이 배가 부른 때를 잘 알고 있다. 아이가 자신이 충분하게 먹었음을 표현할 줄 알아야 음식은 배고플 때에만 먹어야 한다는 것을 배울 수 있다.
- 단 디저트나 간식도 구비해둔다. 이러한 음식을 '나쁘다'

라 규정할 필요는 없으나, 행동에 대한 보상으로 이용함으로써 아이가 이를 좋은 음식이라 인식하지 않도록 한다. 주로 건강한 음식을 먹도록 하는 대신 가끔씩 아이가 좋아하는 간식을 주는 것도 좋다.

- 아이가 단체 운동, 창의적인 놀이, 혹은 식후 산책이나 주말 등산과 같은 가족 활동을 통해 활동적으로 생활하도록 장려한다.
- TV 시청을 제한한다. 미국소아과학회는 2세에서 5세의 아이가 하루 한 시간 이하의 시간 동안 수준 높은 프로그램을 시청하게 할 것을 권장하고 있다. 6세 이상 어린이의 경우 티비 시청 시간 및 시청하는 영상의 유형에도 제한을 두도록 한다.
- 아이를 위해 건강한 식습관과 운동 습관을 위한 롤모델이 되어야 한다.
- 건강한 신체 이미지를 위한 롤모델이 되도록 한다. 자신의 신체에 대한 부정적인 발언을 하거나 다른 사람의 신체에 대해 긍정적 혹은 부정적인 발언을 하지 않는다.

미취학 아동, 취학 아동 및 청소년을 위한 식단 가이드라인

식품군	섭취해야 하는 횟수	
	4~8세	9세 이상
곡물	6~8회	8~10회
고단백 식품: 콩류 및 대두 식품	3회	5회
견과류 및 씨앗류	1회 이상	1회 이상
채소	4회	4회
과일	2~5회	2~5회
지방	2회	3회
고칼슘 식품	흡수가 잘 되는 칼슘의 좋은 공급원이 되는 식품을 조합해 하루에 적어도 3컵 분량 이상 먹도록 한다. 식물성 강화 대체유, 강화 주스, 칼슘 첨가 두부, 오렌지, 그리고 케일, 겨자잎, 순무잎, 청경채, 콜라드잎과 같은 저옥살산염 잎채소가 이에 해당된다.	흡수가 잘 되는 칼슘의 좋은 공급원이 되는 식품을 조합해 하루에 적어도 4컵 분량 이상 먹도록 한다. 식물성 강화 대체유, 강화 주스, 칼슘 첨가 두부, 오렌지, 그리고 케일, 겨자잎, 순무잎, 청경채, 콜라드잎과 같은 저옥살산염 잎채소가 이에 해당된다.

위 가이드라인에 포함된 식품 외에도 다음 표의 보충제들은 아이가 영양소 필요량을 충족시키는 데 도움이 될 것이다.

미취학 아동, 취학 아동 및 청소년을 위한 보충제

나이	매일 섭취하는 비타민 B12(㎍)	주 2회 섭취하는 비타민 B12(㎍)*	요오드(㎍)	비타민 D(IU)**	DHA(mg)
1~3세	10~40	375	90	600	200
4~8세	13~50	500	90	600	200
9~13세	20~75	750	120	600~1,000	200
14~20세	25~100	1,000	150	600~1,000	200

* 비타민 B12 보충제를 매일이 아닌 일주일에 2회 복용하는 경우, 매회 위 용량을 복용한다.

** 현재 만 1세 이상의 어린이를 위한 비타민 D 권장섭취량은 600IU이다. 일부 전문가들은 더 많은 섭취가 유익하다고 주장하고 있기 때문에 용량의 범위를 1,000IU까지로 설정했다.

DHA에 대한 참고 사항

베지테리언이나 비건 아동에 대해 긴 사슬 오메가3 지방산인 EPA나 DHA의 수치를 측정한 연구는 없다. 그러나 우리는 긴 사슬 오메가3 지방산이나 필수 지방산인 ALA의 보충제 없이도 많은 아이들이 비건 식단을 통해 건강하게 자라왔다는 것을 알고 있다. 날 때부터 비건 식단을 해온 아이들은 체내에서 DHA와 EPA를 더 효율적으로 생성하는 것일 수 있다. 하지만 더 많은 연구 결과가 나올 때까지, 우리는 아이들이 하루에 약 200mg의 DHA 보충제를 섭취할 것을 권한다.

미취학 및 유치원 연령 아동을 위한 샘플 메뉴

아침

- 다진 호두 2큰술과 간 아마씨 1큰술을 넣은 오트밀 ½컵
- 칼슘 강화 오렌지 주스 ½컵
- 아몬드버터 1큰술을 바른 통밀 식빵 1조각

간식

- 강화 두유 ½컵
- 당근 머핀 작은 것 1개

점심

- 으깬 두부 ½컵, 비건 마요네즈 ½큰술, 채 썬 애호박을 작은 크기의 통밀 피타 포켓에 넣어 만든 샌드위치
- 오렌지 1개

간식

- 냉동 바나나 ½개, 딸기 ½컵, 강화 두유 1컵으로 만든 과일 스무디

저녁

- 현미 ½컵, 렌틸콩 1/4컵, 건포도 2큰술로 만든 필라프
- 아몬드 슬라이스 1큰술을 곁들인 찐 케일 ½컵
- 비건 아이스크림 1/4컵

간식

- 강화 두유 ½컵
- 무화과 바 2개

8세 아동을 위한 샘플 메뉴

아침

- 간 아마씨 1/2큰술을 넣은 인스턴트 시리얼 1온스
- 칼슘 강화 두유 1/2컵
- 잘게 썬 딸기 1/2컵

간식

- 땅콩버터와 바나나 샌드위치 1/2개
- 강화 두유 1/2컵

점심

- 옥수수 토르티야 1개, 올리브 오일 1작은술로 조리한 리프라이드 검정콩 1/4컵, 잘게 썬 상추와 토마토 1/2컵, 채 썬 비건 치즈 1온스로 만든 타코
- 칼슘 강화 오렌지 주스 1/2컵

간식

- 길게 썬 빨간 피망
- 과카몰리 3큰술

저녁

- 마카로니 1컵
- 토마토소스 1/2컵과 렌틸콩 1/4컵
- 익힌 당근 1/2컵

간식

- 강화 두유 1/2컵
- 그레이엄 크래커 1개

12세 아동을 위한 샘플 메뉴

아침

- 마가린 2작은술을 넣어 만든 통밀 팬케이크 2장
- 블루베리 1컵
- 다진 호두 2큰술
- 강화 두유 1컵

간식

- 무화과 5개
- 두유 요거트 1/2컵

점심

- 통밀빵 2조각에 다진 셀러리와 비건 마요네즈 1큰술, 으깬 병아리콩 1/2컵, 슬라이스 토마토를 넣어 만든 샌드위치
- 바나나

간식

- 통밀 롤빵 1개
- 베지 버거
- 얇게 썬 토마토와 피클
- 강화 두유 1컵

저녁

- 현미 1컵
- 익힌 브로콜리 1컵
- 찐 당근 1/2컵
- 땅콩 소스 1/4컵

청소년을 위한 샘플 메뉴(약 2,200칼로리)

아침

- 레이즌 브랜 시리얼 2컵
- 간 아마씨 1큰술
- 강화 두유 1컵
- 바나나 1개
- 통곡물 식빵 1조각
- 땅콩버터 2큰술

간식

- 후무스 1/4컵
- 통곡물 크래커
- 당근

점심

- 팔라펠 3개, 중간 크기의 통곡물 피타빵 1개, 잘게 썬 상추와 토마토, 레몬 타히니 소스 2큰술로 만든 팔라펠 피타 샌드위치
- 오렌지
- 오트밀 쿠키 2개

간식

- 스무디: 강화 두유 1/2컵, 냉동 믹스 베리 1컵

저녁

- 검정콩 버거
- 통곡물 햄버거 롤
- 케첩과 피클
- 비네그레트 드레싱을 얹은 그린 샐러드
- 찐 브로콜리 1컵

급성장기의 청소년을 위한 샘플 메뉴(약 3,000칼로리)

아침 도시락

- 순두부 1컵과 칼슘 강화 오렌지 주스 1/2컵, 냉동 바나나 1개, 간 아마씨 1큰술로 만든 고단백 스무디
- 땅콩버터 2큰술을 바른 잉글리시 머핀

간식

- 트레일 믹스 1/4컵

점심

- 6인치 통밀빵, 비건 햄 4조각, 비건 치즈 2조각, 상추, 토마토, 피클, 비건 마요네즈 1큰술로 만든 서브 샌드위치
- 강화 아몬드 대체유 1컵
- 사과

간식

- 오트밀 쿠키 2개
- 강화 두유 1컵

저녁

- 중간 크기의 통밀 토르티야 3개, 리프라이드 빈 1컵, 으깬 아보카도 1/2컵, 잘게 썬 토마토와 상추, 살사 소스로 만든 부리토
- 현미 1컵
- 찐 케일 2컵과 레몬즙 뿌린 타히니 2큰술

간식

- 브랜 플레이크 2컵
- 강화 아몬드 대체유 1컵

제13장

50대 이상을 위한 비건 식단

노화는 젊은 나이부터 시작되며, 20대에도 이미 진행되고 있다. 하지만 나이와 관련한 많은 변화들은 50대 무렵에 가장 뚜렷하게 나타나기 시작한다. 노화의 방식과 속도는 일부 유전의 영향을 받지만, 생활 습관과 환경이 더 큰 영향을 미친다. 건강한 식단이 노화의 시계를 멈출 수는 없지만, 특정 노화 과정을 늦추는 것은 가능하다. 예를 들어, 많은 식물성 식품이 함유하고 있는 항산화물질은 피부, 근육, 눈의 노화 과정에 영향을 미치는 세포의 손상을 일부 상쇄할 수 있다. 식이요법과 운동은 DNA 섬유 끝에 있는 보호막인 텔로미어(말단소체)를 보호한다. 짧은 텔로미어는 노화와 관련이 있으며, 운동, 스트레스 관리 및 전통적인 지중해 식단과 같은 식물 위주 식단 등이 텔

로미어 길이를 길게 유지하는 것에 영향을 미친다는 연구 결과가 있다.[1]

건강한 노화를 위한 좋은 영양소

비건 여부를 떠나, 모든 사람들에게 가장 큰 문제는 나이를 먹으면서 필요한 열량은 줄어드는 반면, 칼슘, 비타민 D, 비타민 B6, 단백질과 같은 영양소 필요량은 그대로거나 오히려 증가하는 것이다. 일부 영양소는 노화와 함께 소화와 흡수력이 떨어지고, 때문에 필요량은 증가하게 된다. 그리고 나머지 영양소의 경우, 나이를 먹으며 신체의 단백질 합성이 느려지고, 골교체율이 빨라짐에 따라 근육 손실과 골 손실로 이어져 더 많은 섭취를 필요로 하게 된다.

355쪽의 '노화에 따른 영양소 필요량의 변화' 표는 50세 이상의 성인을 위한 영양권장량을 나타낸다. 일부 중장년의 잡식인과 락토 오보 베지테리언은 영양소 섭취가 부족한 것으로 나타나고 있는데, 일부 비건 역시 동일한 문제를 겪고 있을 것으로 보인다. 영양소 필요량을 충족시키는 것은 노화 과정에서 뼈, 근육, 인지 기능을 보호하는 데 도움을 줄 수 있다.

근육과 뼈의 건강 유지

노화의 흔한 증상으로 근육량과 근력이 점점 손실되는 근육 감소증이 있다. 생활 습관, 질병, 염증, 호르몬 변화, 노화와 관련한 근육의 대사 변화 등 여러 요인이 원인이 될 수 있다. 시간이 지남에 따라 근육 감소증은 쇠약, 거동 불편, 뼈 건강 악화, 낙상 및 골절, 활동 감소, 독립성 손실 등으로 이어진다. 근육 감소증을 예방하는 가장 좋은 방법은 충분한 단백질과 열량을 섭취하고 운동을 하는 것이다.

하지만 이 연령대 성인의 근력 유지를 위해 얼마나 많은 단백질이 필요한지에 대해서는 일부 논란이 있다. 섭취하는 열량이 줄어드는 경우 단백질은 더 많이 섭취해야 하는데, 노화가 진행될수록 단백질은 활용 효율이 떨어진다. 단백질과 노화에 관한 많은 전문가들은 중장년층 이상의 단백질 영양권장량을 체중 1kg당 최소 1g, 혹은 최대 1.2g 정도까지 증가시킬 것을 주장해왔다.[2~4] 비건은 더 많은 양의 단백질을 섭취해야 한다는 점을 고려했을 때, 표준 체중 기준으로 1lb당 0.5~0.6g(1kg당 약 1.1~1.3g)의 단백질을 섭취해야 하는 것으로 해석된다. 이 권고안에서 제시하는 가장 높은 수치를 따르면 체중이 130lb(약 59kg)인 여성은 매일 78g 정도의 단백질을, 160lb(약 73kg)인 남성은 매일 96g의 단백질을 섭취해야 하는 것으로 보인다. 이는 현재의 영양권장량보다 25~50% 정도 더 섭취하는 것을 의미한다.

한 연구에 따르면, 단백질 섭취량이 많은 사람들은 70세 이후, 현재의 영양권장량에 가까운 단백질을 섭취하는 비교군에 비해 근육 손실이 훨씬 적었다.[5] 단백질은 뼈를 보호하며, 많은 단백질의 섭취는 완경 이후 여성의 고관절 골절률을 낮춰주는 효과가 있다.[6]

일부 전문가들은 근육 합성의 촉진을 돕는 것으로 보이는 아미노산 류신의 함량이 높은 음식을 섭취할 것을 권장한다. 비건 식단에서 류신의 가장 좋은 공급원은 우리가 단백질과 관련한 내용에서 계속 다뤘던 콩류다. 베지테리언에 관한 연구에 따르면, TVP(대두)로 단백질을 섭취하는 것은 노인 남성의 근육 합성에 있어 소고기만큼이나 효과가 있다고 한다.[7]

노인의 단백질 필요량에 대한 연구자들의 의견은 아직 분분하지만, 단백질이 근육을 유지하는 데 중요하며, 근육 감소증이 신체를 쇠약하게 한다는 점만은 분명하다. 불필요한 열량의 축적 없이 단백질의 섭취량을 늘리는 좋은 방법은 곡물의 일부를 콩, 대두 식품, 땅콩 등으로 대체해 섭취하는 것이다. 10장의 식품 안내서를 참조하되, 하루에 3회 분량의 곡물과 5회 분량의 콩류를 섭취하는 것을 목표로 한다. 356쪽에서 제시하는 메뉴는 이 가이드라인을 중심으로 한 식단의 예시이다.

노인의 단백질 필요량에 관한 논쟁과 달리, 비타민 D와 칼슘은 섭취량을 늘릴 것을 권고하고 있다. 이는 노화와 함께 햇빛을 통한 비타민 D의 합성이 감소하고 칼슘의 흡수율이 떨어지기 때문이다. 70대 노인은 20대에 신체에서 생산하던 비타민 D의 1/4만을 만들 수 있다.[8] 70대 이후의 비타민 D 영양권장량은 800IU(20㎍)이다. 햇빛을 통한 비타민 D의 합성이 어려워진 만큼, 보충제나 강화식품을 통해 비타민 D를 섭취해야 한다. 강화 시리얼과 식물성 강화 대체유는 약간의 비타민 D를 제공할 수 있지만, 영양권장량을 충족시키기에 충분하지 않다. 어떤 사람들은 건강한 혈중 비타민 D 농도를 유지하기 위해 영양권장량보다 더 많은 비타민 D를 필요로 하는 경우도 있으므로, 비타민 D의 복용량에 관해서는 의료진과 상의해보는 것이 좋다.

칼슘의 필요량은 50세 이후에 하루 1,000mg에서 1,200mg으로 증가한다. 칼슘은 뼈의 건강뿐만 아니라 혈압 조절과 대장암의 위험을 낮추는 것과 관련이 있다. 잎채소, 칼슘 첨가 두부, 강화 대체유 등을 통해 칼슘을 섭취하는 것이 이상적이다. 만약 권장량보다 부족한 양의 칼슘을 섭취하고 있다면, 이를 보완하기 위해 저함량의 보충제를 고려해보는 것도 좋다. 영양권장량 이상의 지나친 칼슘 섭취는 아무런 이득이 없다.

청력 감소, 건망증, 착란 상태, 우울증과 같은 노화의 여러 징후는 비타민 B12의 불충분한 섭취와 일정 부분 연관이 있다는 연구 결과가 있다. 비타민 B12가 신경계에 영향을 미치기 때문이다. 비타민 B12의 부족한 섭취는 뇌졸중과 같은 질병의 위험을 높일 수도 있다.

비타민 B12의 극심한 결핍과 잠재적 결핍은 식단의 유형과 상관없이 많은 노인들에게 흔히 나타난다.[9] 육식인에게도 영양소의 결핍이 있을 수 있다는 것이 놀랍게 들릴 수 있으나, 소화기의 기능 저하로 인해 많은 노인들은 육류, 유제품, 달걀을 통한 비타민 B12의 흡수가 감소하게 된다. 50세 이상 노인의 30%, 80세 이상 노인의 37% 정도가 이러한 흡수력 저하를 겪는다.[10] 그러나 이러한 변화는 보충제나 강화식품을 통한 비타민 B12의 흡수에는 영향을 미치지 않는다. 따라서 국립과학원은 50세 이상의 모든 사람들이 적어도 비타민 B12의 절반 이상을 보충제나 강화식품의 형태로 섭취할 것을 권고한다. 하지만 이 권고안에 관해 아는 사람은 그리 많지 않다. 앞서 6장에서 다루었듯이, 이 문제에 있어서는 비건이 우위를 차지하고 있다 할 수 있다. 좋은 영양소에 관해 잘 알고 있는 비건은 대부분 이미 비타민 B12 보충제를 섭취하고 있기 때문이다. 몇몇 연구에 따르면 노인은 하루에 약 500㎍에 달하는 비타민 B12를 필요로 한다고 한다. 신장의 기능에 문제가 있는 사람은 비타민 B12 보충제를 섭취하기 전에 의사와 상의해야 한다.

인지 기능 보호

노년층 비건의 인지 기능에 관한 연구 결과가 있는 것은 아니지만, 제7일 안식교인 중 육식을 하는 사람은 치매에 걸릴 확률이 2배 이상 높은 것으로 나타났다.[11]

알츠하이머병은 치매의 가장 흔한 유형으로, 뇌의 플라크 퇴적 및 단백질의 비정상적인 엉킴으로 특정된다. 알츠하이머는 유전적 요소도 있지만, 염증 및 산화 스트레스와 같은 식습관과 연관된 특정 요인들도 발병의 위험을 높인다는 연구 결과가 있다. 산화 스트레스는 349쪽에서 다루도록 하겠다.

치매의 또 다른 유형은 뇌로 향하는 동맥에 생긴 죽상동맥경화증(지방과 콜레스테롤의 축적)이 뇌세포로 흘러 들어가는 산소의 양을 감소시켜 발생한다. 비건 식단은 낮은 콜레스테롤 수치 및 낮은 혈압과 연관이 있기 때문에, 이 유형의 치매 위험을 줄이는 데 도움이 된다. 동맥 건강에 관한 더 자세한 내용은 15장을 참조하도록 한다.

영양소 필요량을 충족시키는 것은 인지 기능을 보호하는 데에 필수적이다. 비타민 B12, 비타민 B6, 엽산 등의 결핍은 호모시스테인 수치를 높여, 인지 저하를 불러올 수 있다.[12~15] 노인의 비타민 B6 필요량은 더 높아지는데, 젊은 남성과 여성은 필요량이 동일한 반면, 노인층에서는 남성의 필요량이 여성보다 높다. 여성의 경우 나이가 들면서 필요량이 소폭 증가하는 반면, 노년층 남성의 필요량은 젊은층에 비해 약 30%나 더 증가하기 때문이다. 많은 식물성 식품이 비타민 B6를 적정량 함유하고 있기에 대부분의 비건은 비타민 B6의 수치가 좋은 편이다.[16, 17] 비타민 B6의 가장 좋은 공급원이 되는 식품은 아보카도, 바나나, 시금치, 감자, 고구마, 강화 시리얼, 두유이다. 또한 모든 콩은 적당량의 비타민 B6를 함유하고 있다.

마지막으로, 오메가3 지방산 DHA와 EPA의 보충제가 인지 기능을 보호하는 데 도움이 될 수 있다고 하지만, 전반적으로 볼 때 이에 관한 증거는 희박하다.[18]

식단 외의 요인들 또한 뇌를 젊게 유지하는 데 중요한 역할을 한다. 운동은 특히 중요하며, 독서나 십자말풀이를 하거나 새로운 기술을 배움으로써 뇌에 가능한 한 많은 자극을 주는 것 또한 매우 중요하다.

인지 기능 보호를 위한 팁

- 계속 같은 말을 반복하는 것처럼 들리겠지만, 인지 기능 문제에 있어 이는 아무리 강조해도 지나치지 않다. 비타민 B12의 좋은 공급원을 섭취하고 있는지 꼭 확인한다.

- 비타민 B6의 좋은 공급원(아보카도, 바나나, 시금치, 감자, 고구마, 강화 시리얼, 두유 및 콩)을 섭취한다.
- 충분한 양의 잎채소와 베리류를 포함하는 과일과 채소(얼리지 않은 것과 냉동 모두)를 통해 많은 항산화물질을 섭취한다.
- 매일 걷기, 웨이트 트레이닝, 혹은 운동 클래스 등을 통해 꾸준히 운동한다.
- 두뇌도 운동이 필요하다. 십자말풀이를 하거나 새로운 언어나 피아노를 배우며, 손주들을 위해 회고록을 쓰는 것도 좋다. 50세 정도의 비교적 젊은 나이에도 이러한 종류의 활동은 인지 기능의 보호에 도움이 된다.

항산화물질과 노화

항산화물질이 풍부한 식품은 활성 산소의 활동을 막아 뼈, 근육, 뇌, 심지어 눈을 보호하는 데 도움을 준다. 활성 산소는 신진대사와 에너지 생산의 정상적인 산물이다. 이는 약 백만분의 1초 정도의 짧은 수명을 가지고 있지만, 이 짧은 시간 안에 세포 손상의 연쇄 반응을 일으킬 수 있다. 이는 근육 손실 및 골다공증에 영향을 주는 산화 스트레스로 이어진다.[19~21]

식물은 수천 개의 항산화물질을 가지고 있는데, 이는 활성 산소의 피해를 막아주는 화합물이다. 동물성 식품도 항산화물질을 함유하지만, 식물에 비해 그 함량이 떨어진다. 3,100개 이상의 다양한 식품을 대상으로 한 연구에 따르면, 식물성 식품의 평균 항산화물질 함량은 육류, 유제품, 달걀의 평균 함량보다 약 64배 높았다.[22] 과일과 채소는 가장 많은 항산화물질을 함유하고 있지만, 이 물질은 콩, 견과류, 씨앗류, 대두 식품, 통곡물, 심지어는 올리브 오일이나 커피와 차에도 함유되어 있다. 따라서 비건과 베지테리언을 포함해 식물 위주 식단을 하는 사람들의 항산화물질 수치가 높고 산화 손상의 지표가 낮다는 연구 결과는 놀라운 일이 아니다.[23, 24]

항산화물질의 수치를 높게 유지하는 것은 노년의 비건에게 실질적인 이득을 제공한다. 예를 들어 노화의 흔한 증상인 백내장의 경우, 영국의 한 연구에 따르면 비건이 육식을 하는 사람들에 비해 발병 위험이 훨씬 낮은 것으로 나타났다.[25]

항산화 성분이 풍부한 식품을 더 많이 섭취하는 것은 알츠하이머병을 예방하는 데에도 도움이 된다. 시카고의 러쉬 대학교 의료원과 보스턴의 하버드 공중 보건 대학교의 연구진은 알츠하이머병의 위험을 낮추고 진행을 지연시킬 수 있는 식생활 패턴에 관한 연구를 바탕으로 마인드 식단(MIND diet)을 개발했다. 이는 비건 식단은 아니지만, 동물성 식품을 제한하고 잎채소, 베리류, 견과류, 통곡물, 콩, 올리브 오일 등 항산화물질이 풍부한 식품에 중점을 두고 있다.[26, 27]

노년층 비건을 위한 철분

철분의 필요량은 노화와 함께 증가하지 않는다. 오히려 여성의 경우 더 이상 월경을 통한 철분 손실이 없기 때문에 필요량은 약 절반 수준으로 감소한다. 하지만 철분의 결핍은 65세 이상 노인에게 여전히 흔하며, 특히 85세 이상의 노인에게 더욱 흔하다.[28] 생애주기의 다른 모든 단계와 마찬가지로, 비건은 철분의 섭취에 각별한 주의를 기울여야 하며, 철분의 흡수를 돕기 위해 식사와 간식에서 가급적 많은 비타민 C의 좋은 공급원을 섭취해야 한다.

이러한 항산화물질 중 일부는 흡수를 위해 지방을 필요로 하기 때문에, 지방의 섭취가 너무 적지 않도록 해야 한다. 영양소 필요량을 충족시키고 항산화 성분이 풍부한 식단을 섭취하는 것은 오랜 기간 건강을 지킬 수 있는 강력한 방법이다.

식단 계획의 어려움

노년층을 위한 건강한 식단을 계획하는 일이 어려운 건 영양소 필요량의 변화 때문만은 아니다. 노화로 인해 후각 능력이 저하되면서 미각의 민감성도 함께 감소한다. 이는 실제로 겪을 수 있는 현상이며, 과다한 염분 섭취나 식욕 부진으로 이어질 수 있다. 음식의 맛이 좋지 않으면 먹는 것이 어려워지지만, 몇 가지 간단한 요령으로 음식에 풍미를 더하는 것은 어렵지 않다.

- 콩 요리에 뉴트리셔널 이스트를 넣고, 소스에 선드라이 토마토를 갈아 넣고, 발사믹 식초를 곁들여 채소를 굽는 등의 방법으로 요리에 감칠맛을 더한다. 감칠맛에 대한 자세한 내용은 69쪽을 참조한다.
- 즐겨먹는 음식이 더 이상 예전처럼 맛이 좋지 않을 경우, 허브나 향신료의 양을 2배로 늘려 사용한다.
- 단맛이 없는 곡물 요리에 잘게 썰거나 말린 과일을 넣어 단맛을 낸다.
- 채소, 두부, 템페 요리에 쓰일 양념이나 콩에 리퀴드 스모크를 몇 방울 첨가한다.
- 매운 음식을 좋아한다면, 요리에 살사 소스나 고춧가루를 첨가하거나 콩에 카레 가루를 곁들인다.

생활 환경의 변화 또한 식품 선택에 중요한 영향을 미친다. 혼자 사는 노인들은 요리나 식사 행위에 대한 관심이 떨어지기도 한다. 거주 지역의 노인 복지관에서 식사를 제공하는 경우, 전화를 걸어 비건 옵션이 있는지를 확인하도록 한다(비건 옵션이 없다 하더라도, 많은 사람이 문의를 하면 추가하게 될 수도 있다.). 또한 거주 지역에 베지테리언 단체나 동물 권리, 혹은 동물 복지 문제를 위한 단체가 있는지를 알아본다. 이러한 종류의 단체들은 도시락을 함께 나눠 먹거나 요리 수업을 제공하기도 한다.

만약 가입할 만한 비건 단체를 찾을 수 없다 해도, 여전히 나의 비건 음식을 다른 사람들과 공유할 수 있다. 독서회에 가입해 비건 쿠키를 가져가거나, 교회의 모임에 비건 요리를 챙겨갈 수도 있다.

추운 겨울과 같이 집 밖에 외출하는 게 어려운 경우, 대부분의 식료품점은 배달 서비스를 제공한다. 비건을 위한 옵션은 다양하지 않지만 이에 대해 꾸준히 문의한다면 비건 옵션을 찾는 사람들이 점점 많아진다는 생각을 심어주게 될 것이다.

노년층 비건을 위한 영양 섭취 팁

- 열량에 주의를 기울인다. 노화와 함께 필요한 열량이 감소하기 때문에, 열량 섭취를 줄이거나 신체 활동을 늘리는 것(전반적인 건강을 위해 더욱 필요하다.)이 중요하다.
- 영양가 없는 단 음식이나 간식을 제한한다. 이는 모든 사람에게 해당되지만, 체중 감량을 위해 섭취 열량을 줄이고 있는 경우, 현재 섭취하는 식품에서 최대한 많은 영

양소를 섭취하는 것이 특히 중요하다. 영양소 필요량을 충족시키기 위해 자연상태 식물성 식품 및 강화식품을 많이 섭취하도록 한다.

- 감자, 고구마, 바나나, 무화과, 콩, 대두로 만든 식물성 고기, 아보카도, 시금치, 강화 시리얼, 두유 등 비타민 B6가 풍부한 식품을 많이 섭취한다.
- 비타민 D 보충제를 섭취한다. 비건 여부를 떠나 모든 노년층은 보충제 없이 비타민 D 필요량을 충족시키기 쉽지 않다.
- 칼슘이 풍부한 식품을 많이 섭취한다. 평소의 식단에 칼슘이 충분하지 않다면, 적당한 함량의 칼슘 보충제를 섭취하는 것이 좋다.
- 연령에 상관없이, 비타민 B12 보충제를 꼭 섭취한다.
- 다양한 콩류, 견과류 버터, 대두 식품을 통해 충분한 단백질을 섭취한다. 쌀이나 보리 대신 단백질이 가장 풍부한 곡물 중 하나인 퀴노아를 섭취하도록 한다.
- 물을 많이 마시는 것을 잊지 않는다. 많은 노인들이 충분한 수분을 섭취하지 않는다.

노화에 따른 영양소 필요량의 변화

	31~50세		51~70세		70세 이상	
	남성	여성	남성	여성	남성	여성
칼슘(mg)	1,000	1,000	1,200	1,200	1,200	1,200
비타민 D(IU)	600	600	600	600	800	800
철분(mg)	8	18	8	8	8	8
철분(mg) (베지테리언)	14	33	14	14	14	14
비타민 B6(mg)	1.3	1.3	1.7	1.5	1.7	1.5
비타민 B12(㎍)	2.4	2.4	2.4	2.4	2.4	2.4

칼슘과 비타민 D는 충분섭취량 기준, 철분과 비타민 B6, 비타민 B12는 영양권장량 기준이다.

영양소 섭취를 극대화하려는 노년층을 위한 저렴하고 준비가 쉬운 샘플 메뉴

아침

- 다진 호두 1/2컵을 넣은 브랜 플레이크 1온스
- 강화 두유 1컵
- 얇게 썬 바나나 1개

간식

- 통밀 잉글리시 머핀 1/2개
- 땅콩버터 2큰술
- 포도 1/2컵

점심

- 직접 만들거나 통조림에 담긴 저염 검정콩 수프 1컵
- 비네그레트 드레싱과 섞은 그린 샐러드

간식

- 두부 1/2컵과 냉동 딸기 1/2컵을 넣은 스무디

저녁

- 옥수수 토르티야 1개에 리프라이드 콩 1/2컵, 다진 토마토, 아보카도, 살사소스를 얹은 콩 부리토
- 찐 케일 1컵
- 비건 아이스크림 1/2컵

제14장

비건을 위한 스포츠 영양학

모든 운동선수들에게 식물 위주 식단이 적합하다는 점에는 의심의 여지가 없다. 풋볼, 역도, 테니스, 카레이싱 등을 포함한 다양한 스포츠의 세계적인 선수 중 일부는 식물성 식품을 중심으로 하는 식단과 함께 성공적인 선수 생활을 누려왔다.

하지만 우리 대부분은 이런 선수가 아니다. 운동을 하기 위해 일주일에 두세 번 헬스장에 가는 사람은 현재의 비건 식단에서 크게 바꾸어야 할 부분이 없을 것이다. 하지만 운동 생리학자들은 근육량의 증가를 위해 단백질의 섭취를 늘릴 것을 권장한다. 이는 더 강한 능력을 갖고 싶어하는 운동 애호가들에게도 해당될 수 있다. 철분 또한 비건 운동선수들의 식단에서 신경써야 할 영양소이다. 그리고 크레아틴, 카르니틴, 카르노신 등과 같은 경기력 향상 성분에 대해서도 다루도록 하겠다.

필요 에너지의 충족

운동 효율성, 성별, 비운동적 습관, 신체 사이즈, 유전 요인 모두 필요 열량에 영향을 미친다. 필요량은 모든 개인마다 다르며, 얼마나 운동하는지에 따라 달라지므로, 에너지 필요량을 결정하는 정해진 공식은 없다. 운동선수의 에너지 필요량은 하루에 2,000칼로리에서 6,000칼로리까지 다양하다.

장거리 육상 선수 같은 지구력을 요하는 운동선수는 근력 운동을 하는 선수에 비해 섭취해야 하는 열량이 더 많지만 부족한 열량 섭취가 근육 감소, 부상 위험 증가, 운동 후의 더딘 회복을 야기하는 것은 모든 운동 선수에게 마찬가지이다. 충분한 열량을 섭취하지 못한 여성 선수들은 월경이 멈추는 경우도 있는데, 이는 뼈 건강 악화로 이어질 수 있다.

일반적으로, 비건은 육식을 하는 사람들보다 적은 열량을 섭취하는 경향이 있기 때문에, 10대 운동선수나 높은 열량을 필요로 하는 사람들은 충분한 열량을 섭취하는 것을 어렵게 느낄 수도 있다. 필요 열량을 충족시키기 위한 추가 조치가 필요한 경우, 식단의 간단한 수정을 통해 섭취 열량을 높일 수 있다.

- 식사에 정제된 곡물을 추가한다. 보통 통곡물이 건강을 위한 최선의 선택이지만, 운동선수는 식사량이 많기 때문에 일반인에 비해 가공식품을 더 많이 섭취해도 무방하다. 가공식품은 섬유질의 함량이 낮기 때문에 포만감이 덜하다. 파스타도 좋은 선택인데, 알덴테로 익힌 파스타는 가공된 곡물에 비해 탄수화물이 혈액 내로 분비되는 속도가 늦다. 또한 단백질이 풍부한 식품이 필요한 경우 렌틸콩, 검정콩, 혹은 에다마메로 만든 파스타를 선택한다.
- 샐러드를 만들거나 채소를 볶을 때 적당량의 기름을 사용한다.
- 견과류, 트레일 믹스, 혹은 그래놀라를 넣은 비건 요구르트를 간식으로 섭취한다.
- 지방 및 열량의 섭취를 위해 샌드위치에 아보카도나 견과류 버터를 추가한다.
- 식단에 열량, 지방, 단백질의 함량을 늘리기 위해 샐러드나 곡물 요리에 두부나 템페를 추가한다.
- 과일 스무디에 순두부를 추가한다.
- 이동 중 간식으로 먹을 수 있도록 에너지바를 준비한다.

많은 스포츠 영양 전문가들은 지구력 위주의 운동선수 및 근력 운동을 하는 선수 모두 일반 성인의 영양권장량보다 더 많은 단백질을 섭취해야 한다는 데 동의한다.[1,2] 운동선수들의 일일 단백질 권장량은 일반적으로 체중 1kg당 1.2g~2.0g 정도이다. 일부 전문가들은 선수들이 영양권장량의 최소 2배 이상의 단백질을 섭취해야 한다고 권고한다.[3] 비건이 섭취해야 하는 단백질의 양은 이보다 더 높기 때문에, 비건 운동선수는 체중 1kg당 약 1.8g의 단백질을 섭취할 것을 목표로 해야 한다.

그러나 정확한 단백질 필요량은 여러 요인에 따라 달라질 수 있다. 이제 막 훈련을 시작해 근육을 키우고 있는 사람은 이미 잘 훈련되어 근육량을 유지하고 있는 선수들보다 더 많은 단백질을 필요로 한다. 충분한 열량을 섭취해야 근육 합성을 위한 여분의 단백질을 남겨놓기 위해선 충분한 열량 섭취가 필요하므로, 체지방을 줄이기 위해 열량 섭취를 제한하고 있는 운동선수 또한 더 많은 단백질을 섭취할 필요가 있을 것이다. 지구력 운동을 하는 선수들은 근육을 상당량 키워야 하는 선수들에 비해 비교적 적은 단백질을 필요로 하지만, 대부분 고열량을 섭취하기 때문에 이에 따라 단백질의 섭취량도 높아지게 된다.

단백질 섭취의 시기에 대해서는 스포츠 영양 전문가들 사이에서도 많은 논쟁이 있다. 근육 단백질 합성을 극대화하기 위해 운동 후 2시간 이내에 단백질이 풍부한 식사를 섭취하는 것이 예전의 권고 사항이었다. 하지만 최근의 연구에 따르면, 근력 훈련 후 최소 24시간 동안 근육 단백질의 합성이 증가하는 것으로 나타났으며, 지구력 훈련 역시 이와 비슷한 결과를 보였다.[1] 이는 운동 직후에 많은 양의 단백질을 섭취하는 것이 그리 중요하지 않을 수 있음을 의미한다. 그러나 하루 종일 여러 끼니에 나누어 단백질을 섭취하는 것에는 확실히 이점이 있는 것으로 보인다.[3] 비건을 위한 합리적인 접근은 체중 1lb당 0.2g(1kg당 약 0.44g)의 단백질을 하루에 네 끼 섭취하는 것이다. 즉, 체중이 130lb(약 59kg)인 운동선수는 한 끼에 26g의 단백질을, 체중이 170lb(약 77kg)인 선수는 한 끼에 34g의 단백질을 섭취해야 한다. 원한다면 더 적은 양의 단백질을 더 자주 섭취하는 것도 무방하다.

단백질 파우더가 단백질 필요량을 충족시키고 근력을 강화하는 데 필수적인 것은 아니지만, 많은 운동선수들은 단백질의 섭취를 늘리는 쉬운 방법으로 단백질 파우더를 선택한다. 비건이 아닌 사람들에게는 유청 단백질의 인기가 높은데, 이는 근육 합성을 촉진하는 필수 아미노산인 류신이 풍부하기 때문이다.[4] 하지만 연구에 따르면 단백질의 종류는 근육 합성에 큰 영향을 끼치지 못하는 것으로 나타났다. 대두 단백질은 근육량과 근력 발달에 있어 유청 및 기타 동물성 단백질만큼이나 효과적인 것으로 밝혀졌다.[3, 5, 6] 우리는 현재 다른 유형의 단백질 파우더의 효과에 대한 정보를 가지고 있지 않지만, 유명한 보디빌더 중에는 완두콩, 쌀, 그리고 기타 식물 단백질에 기초한 파우더를 사용하는 경우도 있다. 비건 운동선수들의 경우, 식단에 소량의 류신 보충제를 추가하기도 한다. 하지만 적절한 근육의 합성을 위해서는 여러 아미노산을 함께 섭취해야 하기 때문에, 음식의 대체제로 류신 보충제를 섭취하는 것은 이상적인 접근이 아니라는 점을 명심해야 한다.

위 권장 사항들은 엄격한 훈련을 받는 선수들을 위한 것이지만, 근육을 키우고 유지하는 것은 누구에게나 필요한 일이다. 이는 나이를 먹으며 특히 중요해지는데, 근육을 키우고 유지하는 것은 골손실을 예방하고 수십 년간 균형 감각과 힘을 유지하도록 도와준다. 노년층의 근육은 단백질에 덜 민감한 것으로 나타나는데, 이는 근육 단백질 합성을 촉진하기 위해서는 더 많은 단백질이 필요하다는 뜻이다. 이 장에서 제시하는 운동선수들을 위한 단백질 권장량은 건강한 근육을 만들고 유지하고자 하는 60세 이상의 노인에게도 가장 적합한 수치라 할 수 있다.

탄수화물과 지방

탄수화물은 격렬한 운동을 하는 동안 근육과 뇌의 주요 연료로 쓰이기 때문에, 탄수화물의 섭취가 줄어들면 운동 수행 능력이 떨어지게 된다. 단백질이나 열량과 마찬가지로, 탄수화물의 정확한 필요량은 훈련 내용과 필요 열량에 따라 달라진다. 대부분의 운동선수들은 하루에 체중 1kg당 5g~12g의 탄수화물을 필요로 한다. 지구력 운동을 하는 선수들은 이 범위 내에서 최고 수치에 해당하는 양을 섭취하도록 노력해야 한다. 식물 위주 식단은 전형적으로 탄수화물의 함량이 높기 때문에, 비건은 이 점에 있어 유리하다 할 수 있다.

고지방 저탄수화물 식단은 고강도 운동의 수행을 방해하는 것으로 보인다(15장에서는 키토제닉 식단에 대한 몇 가지 문제를 다룰 것이다.).[1] 지방의 함량이 매우 낮은 식단의 섭취 역시 바람직하지 않다. 미국 영양및식이요법학회와 미국스포츠의학회(American College of Sports Medicine)의 스포츠 영양에 대한 공동 발표문은 섭취 열량의 최소 20%를 지방을 통해 섭취할 것을 권고하고 있다.

철분

철분 손실은 모든 종류의 격렬한 운동, 특히 장거리 달리기와 같은 지구력 운동에서 발생한다. 이는 특히 여성 선수들에게 중요한데, 여성 선수의 철분 필요량은 영양권장량에 비해 70%나 더 높기 때문이다.[7] 앞서 8장에서 다룬 바와 같이 비건과 베지테리언은 육식인에 비해 철분의 필요량이 더 높기 때문에, 비건 여성 운동선수들에게 특히 문제가 될 수 있다. 하지만 철분 결핍 진단을 받은 경우가 아니라면, 주기적인 철분 보충제의 섭취는 권장되지 않는다. 모든 비건 운동선수들은 식단에 철분이 풍부한 식품을 포함하고, 187쪽에서 설명한 철분 흡수를 극대화하기 위한 방법에 주의를 기울여야 한다. 식단에 비타민 C의 좋은 공급원을 포함시키는 것이 식사를 통해 철분의 흡수를 돕는 가장 좋은 방법이다. 철분의 수치를 주기적으로 확인하는 것은 모든 운동선수들, 특히 비건 여성 운동선수들에게 도움이 될 것이다.

경기력 향상을 위한 개선제

아미노산과 다른 단백질 형태의 화합물을 포함한 많은 보충제가 선수들의 경기력을 향상시키기 위해 판매된다.

크레아틴

크레아틴은 다수의 임상 시험에서 운동선수의 근력과 근육량을 향상시키는 것으로 밝혀진 유일한 보충제이다. 하지만, (역도를 제외한) 특정 운동 경기에서 이점이 나타난 경우는 크게 찾아보기 어렵다. 역도에서도 크레아틴이 '효과가 있는' 그룹과 '효과가 없는' 그룹이 나뉘었다.

크레아틴은 역도, 단거리 경기, 축구, 럭비, 하키 등과 같은 짧고 반복적인 격렬한 운동에서 피로를 줄여준다. 단거리 경주나 역도에서 피로 감소는 훈련량을 증가시켜 더 좋은 결과를 얻을 수 있음을 의미한다. 크레아틴은 근육량의 증가와 지구력 운동을 위한 체내 탄수화물 저장 개선과 관련이 있다.[8, 9]

인간은 간과 신장에서 크레아틴을 합성하고, 육식인은 하루에 1~2g의 크레아틴을 섭취한다(하지만 이 중의 30% 정도는 조리 과정에서 파괴된다.). 베지테리언 식단은 크레아틴을 함유하지 않으며, 따라서 베지테리언의 혈액, 소변, 적혈구, 근육 조직의 크레아틴 수치는 낮다. 한 연구에 따르면 크레아틴 보충제의 효과는 육식인보다 베지테리언에게 더 큰 것으로 나타났다.[10] 하지만 크레아틴 수치가 높은 운동선수에게는 보충제의 효과가 덜하다.[11] 다행인 것은, 크레아틴 보충제는 비건이기 때문에 섭취하는 데 문제가 없다는 점이다.

크레아틴 보충제의 복용은 일반적으로 로딩과 유지, 두 단계에 걸쳐 이뤄진다. 주스와 같이 탄수화물이 풍부한 식품과 함께 크레아틴을 복용하면 근육이 크레아틴을 흡수하는 것을 도울 수 있다.

로딩: 하루에 약 20g을 네 번에 나누어 총 6일간 섭취한다.

유지: 육식인의 복용량은 보통 하루에 2g 정도이므로, 비건은 하루에 약 2.7~3.4g 정도를 섭취한다.[12] 일부 연구진들은 크레아틴의 효과를 극대화하기 위해 격월로 복용할 것을 권고한다.

크레아틴 보충제의 가장 흔한 부작용은 체중 증가이다(이는 주로 수분 증가 때문이다.).[13] 일부 운동선수들은 소화 기관의 불편함을 호소하기도 한다.[1] 이 보충제의 사용에는 많은 논쟁이 있지만, 일반적으로 성인에게는 안전한 것으로 보인다.[14] 하지만 탈수, 근육 좌상이나 파열, 신장 손상 등에 대한 입증되지 않은 보고도 있기 때문에 크레아틴을 복용 중이라면 의료진과 상담하는 것이 좋다.

카르니틴

카르니틴(L-카르니틴, 아세틸 L-카르니틴 등으로도 알려진)은 육류와 유제품에서 발견되는 아미노산이다. 이는 지방 대사를 위해 필요하며, 체중 감량과 경기력 향상에 효과가 있다고 광고된다. 하지만 카르니틴의 이러한 효과에 관한 증거는 많지 않다.

식물성 식품은 카르니틴을 거의 포함하지 않지만, 간과 신장에서 합성될 수 있다. 비건, 베지테리언, 그리고 저지방 고탄수화물 식단을 하는 사람들은 카르니틴의 혈중 수치가 낮다. 하지만 이것이 건강에 해롭다는 근거는 없으며, 운동 경기력과 관련이 있는지에 대해서도 밝혀진 바가 없다. 한 연구에서, 두 달 동안 하루에 120mg의 카르니틴 보충제를 섭취한 비건은 소변을 통해 더 많은 카르니틴을 배출하는 것으로 나타났지만, 혈장 내의 수치는 유의미한 증가를 보이지 않았다. 이는 대부분의 카르니틴이 소변을 통해 손실된다는 것을 보여준다.[15]

비건이 카르니틴을 복용해야 한다는 증거는 없지만, 베지테리언이 아닌 사람들은 보통 하루에 100~300mg 정도의 카르니틴을 섭취하기 때문에, 비건도 이와 비슷한 양을 제공하는 보충제를 섭취하는 것이 안전할 것이다. 사탕무 설탕의 효모 발효에 의해 만들어지는 카르니틴은 비건이 복용할 수 있는 카르니틴 중 하나이다. 카르니틴을 복용하는 경우, 메스꺼움과 설사와 같은 부작용을 유의하도록 한다.

카르노신과 베타-알라닌

카르노신(베타-알라닐-L-히스티딘으로도 알려진)은 두 가지의 아미노산, 베타-알라닌과 히스티딘으로 구성된 분자이다. 인간을 포함한 동물은 다양한 조직, 특히 근육과 뇌에서 카르노신을 생산한다. 식물성 식품은 카르노신을 전혀 함유하지 않으며, 한 연구에 따르면 베지테리언은 육식인에 비해 근육 조직 내 카르노신의 수치가 50% 더 낮은 것으로 나타났다.[16] 그러나 운동을 통해 카르노신 수치를 높일 수 있으며, 한 연구는 고강도 인터벌 트레이닝이 베타-알라닌을 섭취하지 않은 베지테리언 남성의 근육 카르노신 수치를 증가시킨다는 것을 발견했다.[17]

비록 베타-알라닌이 식단에 필수적인 것은 아니지만(신체가 직접 생산하므로), 베타-알라닌 보충제는 근육 카르노신 수치를 증가시키는 것으로 나타났다. 카르노신 보충제가 시중에 나와 있기는 하지만, 우리가 아는 바로는, 인간의 운동 능력에 대한 연구는 카르노신 자체가 아닌 베타-알라닌에 대해서만 진행되었다. 약 여섯 건의 연구에서 하루에 대략 6g의 베타-알라닌을 여러 번에 걸쳐 총 4~6주간 섭취했더니 특히 사이클 경기에서 운동 능력이 향상된 것으로 나타났다.[18, 19] 하지만 모든 연구가 유의미한 효과에 대한 결과를 보이지는 않았다.[20]

일부 선수들의 경우 베타-알라닌 보충제를 통해 운동 능력의 향상을 보일 수 있으며, 베지테리언은 논베지테리언에 비해 더 큰 이득을 볼 수도 있지만, 이 두 집단을 비교한 연구는 없다. 비건용 베타-알라닌 보충제도 생산되고 있다.

베타-알라닌 보충제는 가벼운 저림 현상이나 따끔거림과 같은 부작용에 대한 보고가 있기는 하지만, 최대 10주까지 매일 6g 정도를 섭취하는 것은 안전해 보인다.

여성 운동선수: 건강 문제

여성 운동선수의 3대 증후군은 저체중, 열량 부족, 그리고 무월경이라 불리는 월경의 상실이다. 이는 특히 체조와 피겨스케이팅처럼 날씬한 체형을 강조하는 스포츠나 달리기와 같은 열량 소모량이 많은 종목에서 흔히 나타난다. 실제로 젊은 여성 장거리 달리기 선수의 절반 이상이 무월경을 겪기도 한다. 무월경은 뼈 건강의 악화와 밀접한 관련이 있다. 체중 부하 운동이 뼈를 보호하기는 하지만, 월경이 중단된 여성에게서 나타나는 골밀도 약화를 보완해주지는 못한다.

비건 운동선수들은 열량의 섭취가 더 적은 경우가 많기 때문에 저체중과 무월경의 위험이 더 클 수 있다. 섬유질의 함량이 많은 식물성 식품은 운동선수들이 충분한 열량을 섭취하기 전에 포만감을 느끼게 한다.

무월경의 가장 좋은 치료법은 운동을 줄이고, 열량 섭취를 늘리고, 필요한 경우 체중도 증가시키는 것이다. 섭취 열량을 하루에 200~300칼로리 정도 늘리고 주에 하루는 운동을 쉬는 것이 정상적인 월경 주기를 회복할 수 있는 합리적인 접근법이다.[21] 이러한 방법으로도 여성이 월경을 다시 시작하는 데는 수개월, 심지어 1년이 걸릴 수 있다. 또한 모든 여성 운동선수들에게 칼슘과 비타민 D의 필요량을 충족시키는 것은 필수적이다. 비건은 영양소 필요량을 충족시키기 위해 이 두 영양소를 위한 보충제 섭취를 고민할 필요가 있다.

경쟁 촉진

충분한 수분 섭취와 에너지의 확보는 운동 경기에서 성공하기 위한 열쇠이다. 지구력 종목의 많은 운동선수들은 경기 전 23시간 동안 활동을 줄이고 탄수화물이 풍부한 식품을 섭취하는 탄수화물 로딩(carbohydrate loading)을 통해 글리코겐의 체내 저장을 늘린다. 비건 식단은 분명 이를 위한 이상적인 식단이다. 경기 직전 몇 시간 동안 탄수화물을 섭취하면 특히 간에 더 많은 글리코겐을 저장할 수 있으며, 아직 소화관에 남아있는 포도당으로부터 추가적인 에너지도 공급받을 수 있다.[1]

경기 전 식사는 빠른 소화를 위해 지방과 섬유질의 함량이 낮고, 단백질 함량이 적당하며, 탄수화물이 풍부해야 한다. 신체 사이즈에 따라, 경기 전 2~4시간 동안 1½컵에서 3컵 정도의 수분을 섭취하는 것을 목표로 한다. 경기에 출전하기 전에 방광을 비울 수 있는 충분한 시간을 벌면서 소변을 옅은 노란색으로 만드는 것이 목적이다.

1시간 이상의 지구력 운동을 하는 동안, 음료나 젤을 통해 30~90g 정도의 탄수화물을 섭취하는 것은 경기력 향상에 도움이 된다. 대부분의 운동선수들은 경기 중에 시간당

400~800ml의 수분을 섭취해야 한다. 경기가 1시간 이하인 경우는 추가 열량을 섭취할 필요가 없지만, 일부 연구에 따르면, 단순히 소량의 탄수화물에 입을 대는 것만으로도 뇌를 자극하고 경기력을 향상할 수 있다는 결과가 있다. 더 긴 시간의 경기에서는 음료, 젤, 혹은 에너지바 등을 통해 시간당 30~60g 정도의 탄수화물을(매우 긴 경기에서는 시간당 90g) 섭취하는 것이 경기력을 향상시키는 데 도움이 된다.

경기 후에는 글리코겐을 회복하고, 수분을 충분히 섭취하며, 근육 내 단백질 합성을 촉진하는 것이 중요하다. 체중 1lb당 약 0.5g(1kg당 약 1.1g)의 탄수화물과 총 20~25g의 단백질을 제공하는 식사를 하도록 한다. 그리고 이후 몇 시간 동안 경기 중 손실된 체중 1lb당 1.25~1.5쿼트(1kg당 약 3~3.6L)에 해당하는 수분을 섭취한다. 이후 4~6시간 동안은 계속 고탄수화물 식품을 섭취해주어야 한다.

운동선수를 위한 식사 계획 지침

식품군	2,500칼로리	3,000칼로리	4,000칼로리
콩류(콩, 대두 식품, 땅콩버터, 단백질 파우더)	6회 분량	7회 분량	8회 분량
과일 및 채소	10회 분량	12회 분량	15회 분량
곡물	8회 분량	10회 분량	14회 분량
견과류 및 씨앗류	2회 분량	2회 분량	4회 분량
기름	2회 분량	3회 분량	4회 분량

2,500칼로리: 다섯 끼

1번 식사

- 구운 두부 1/2컵
- 비건 마가린 1작은술을 바른 통밀 식빵
- 바나나

2번 식사

- 토마토소스 1/2컵과 함께 요리한 네이비 빈 1컵
- 현미 1컵

3번 식사

- 베지 버거 1개
- 퀴노아 1 1/2컵
- 익힌 콜라드 1컵

4번 식사

- 다양한 잎채소 2컵에 강낭콩 1/2컵, 혼합 견과류 1/2컵, 귤 2개, 기름 2작은술이 들어간 비네그레트 드레싱을 얹은 샐러드

5번 식사

- 고구마 1컵과 비건 마가린 1작은술
- 구운 두부 1/2컵
- 찐 브로콜리 1컵

3,000칼로리: 다섯 끼

1번 식사

- 단백질 파우더 1스쿱, 냉동 딸기 1/2컵, 바나나 1개, 두유나 완두콩 두유 1컵로 만든 스무디

2번 식사

- 베지 버거
- 퀴노아 1 1/2컵에 아몬드 1/2컵, 귤 2개, 기름 1작은술이 들어간 비네그레트 드레싱을 얹은 퀴노아 샐러드

3번 식사

- 쌀 2컵
- 팥 1컵
- 볶은 껍질콩 1컵
- 호박 1/2컵

4번 식사

- 식빵 1조각
- 땅콩버터 2큰술

5번 식사

- 다양한 잎채소 2컵에 병아리콩 1/2컵, 토마토 1컵, 잘게 썬 생채소 2컵, 호두 1/4컵, 기름 2작은술이 들어간 비네그레트 드레싱을 얹은 샐러드
- 구운 감자

4,000칼로리: 여섯 끼

1번 식사

- 스크램블드 두부와 시금치: 두부 1컵, 시금치 1컵, 기름 1작은술
- 구운 감자 1컵
- 비건 마가린 1작은술을 바른 통밀 식빵 1장

2번 식사

- 파스타 3컵
- 토마토소스 1컵과 함께 요리한 흰 강낭콩 1컵

3번 식사

- 채 썬 녹색 양배추와 적색 양배추 2컵에 슬라이스한 아몬드 1/4컵, 잘게 썬 사과 1/2컵, 타히니 2큰술로 만든 레몬 타히니 드레싱을 얹은 참깨 양배추 샐러드
- 고구마 1컵
- 오트밀 쿠키 2개

4번 식사

- 단백질 파우더 1스쿱, 아몬드버터 2큰술, 냉동 믹스베리 1/2컵, 바나나 1개로 만든 스무디

5번 식사

- 베지 소시지
- 아보카도 슬라이스 3개
- 통밀 롤빵 1개
- 케일 1컵, 호박씨 2큰술, 슬라이스 포도 1/2컵에 기름 2작은술이 들어간 비네그레트 드레싱을 얹은 케일 샐러드

6번 식사

- 퀴노아 1 1/2컵과 견과류 믹스 1/4컵
- 렌틸콩 1컵
- 익힌 당근 1컵

제15장

식물성 식품의 이점:
만성 질환 줄이기

식물성 식품에 기반한 식단은 건강에 엄청난 이득을 가져다 줄 수 있다. 전통적인 지중해식 식단처럼 유서 깊은 식단은 심혈관 질환, 암, 당뇨병, 노화에 따른 인지 저하 등과 같은 질병의 위험을 낮추는 데 도움이 된다. 최근에는 비건 식단을 포함한 식물 위주 식단이 심장병과 당뇨병을 관리하기 위한 치료적 접근법으로 더 많이 사용되고 있다. 식단은 건강을 증진시키는 생활 방식의 한 부분일 뿐이지만, 식물성 식품이 몇 가지 독특한 특성을 가지고 있다는 점은 의심의 여지가 없다.

- 식물성 식품은 암, 심장 질환, 당뇨병 및 비만의 위험을 낮추는 것과 관련이 있는 섬유질을 함유한다. 섬유질

이 풍부한 식단은 소화력의 개선과 소화기 암의 위험 감소, 혈중 콜레스테롤 감소, 혈당 수치 조절 개선과 연관이 있으며, 섬유질이 포만감을 주기 때문에 섭취 열량을 줄이는 데에도 도움이 된다. 동물성 식품은 섬유질을 함유하지 않으며, 육류와 유제품에 기반한 식단을 따르는 사람들은 일반적으로 전문가가 권장하는 만큼의 섬유질을 섭취하지 못한다. 비건은 보통 미국인 평균 섭취량의 2배나 되는 양의 섬유질을 섭취한다.

- 식물성 식품은 포화 지방의 함량이 낮다. 포화 지방은 대부분 육류와 유제품에서 나온다. 특정 유형의 포화 지방의 지나친 섭취는 혈중 콜레스테롤 수치를 증가시키고 심장병의 위험을 높인다. 이와 반대로, 식물성 식품의 불포화 지방은 건강에 도움이 된다. 식단에서 포화 지방을 다불포화 또는 단일 불포화 지방으로 대체하는 것은 혈중 콜레스테롤 수치를 낮추는 데 도움이 된다.
- 식물성 식품은 콜레스테롤을 함유하지 않는다. 식이성 콜레스테롤은 포화 지방에 비해 혈중 콜레스테롤 수치에 훨씬 적은 영향을 미치지만, 여전히 질병의 위험을 높이는 데 기여할 수 있다.
- 식물성 식품은 파이토케미컬을 공급한다. 이는 식물에서만 발견되는 화합물로, 비건 음식에는 수십만 가지가 존재한다. 일부는 항산화물질이며, 또 다른 일부는 항염이

나 항균 활동을 하는 물질이다. 잎채소와 같은 특정 식품의 파이토케미컬은 해로운 자외선을 걸러낼 수 있다. 일부 파이토케미컬은 발암 물질을 해독하는 과정에 직접적인 영향을 미치기도 한다. 이러한 건강 증진 물질을 충분히 섭취하는 방법은 간단한데, 자연상태 식물성 식품(특히 과일과 채소)을 충분히 섭취하기만 하면 된다.

- 식물성 식품은 엽산, 칼륨, 비타민 C, 비타민 E와 같은 영양소의 훌륭한 공급원이며, 이는 만성 질환의 위험을 낮추는 것과 연관이 있다.

과일, 채소, 통곡물, 콩류, 견과류 및 씨앗류 등을 주로 섭취하는 사람들의 건강 상태가 대체로 더 좋다는 점을 고려했을 때, 비건(위와 같은 식품만을 섭취하는 모든 사람들)이 가장 건강하다 말하는 것이 당연하다. 하지만 질병 발생률을 정확히 알아내는 것은 매우 복잡하며, 특히 비건의 경우는 여전히 인구 비율이 비교적 낮기 때문에 더욱 어렵다.

베지테리언과 비건에 관한 연구

비건 식단의 건강 효과에 관한 가용 정보의 대부분은 두 건의 큰 역학 연구에서 비롯된 것이다. 이러한 연구는 비용이 많이 들기 때문에, 그리 많은 연구가 존재하지 않는다.

- 옥스퍼드 연구팀의 암과 영양에 대한 유럽의 전향 조사인 '에픽 옥스퍼드 연구'는 약 6만 5천 명을 대상으로 진행했으며, 수많은 베지테리언과 비건을 동원해 이들의 건강을 잡식인과 비교했다는 점에서 특별하다.
- '제7일 안식교인에 대한 코호트 연구-2(AHS-2: Adventist Health Study-2, 이하 AHS-2)'는 제7일 안식교인을 대상으로 한 연구로, 2002년에 시작되었으며 미국의 50개주와 캐나다에서 약 9만 6천 명이 연구 대상으로 참여했다. 제7일 안식일 재림교는 건강한 습관과 베지테리언 식단을 장려하기 때문에, 이 연구의 대상자 또한 수많은 비건과 베지테리언을 포함하고 있다. 안식교인들은 흡연 및 음주율 또한 낮기 때문에, 베지테리언과 육식인을 비교하기에 좋은 모집단이라 할 수 있다. 이들은 미국에서 유일하게 질병률에 대한 연구가 진행된 대규모의 베지테리언/비건 집단이다.

이어지는 내용에서는 위에서 설명한 에픽 옥스퍼드 연구와 AHS-2가 자주 언급되고 있는데, 우리가 비건 건강에 관해 알고 있는 많은 부분들이 이 두 연구에 기반하고 있기 때문이다.

또한 1980년대의 연구들은 혈중 콜레스테롤 수치와 같은 비건 건강의 특정 양상에 대한 정보를 제공했으며, 비건 식단이 심장 질환이나 당뇨병과 같은 질환을 치료하는 데 미치는 영향에 대한 많은 연구도 있어 왔다. 이 장에서는 최적의 비건 식단을 계획하는 데 필요한 지침을 만들기 위해, 비건의 건강에 관한 연구, 만성 질환 치료를 위한 비건 식단 사용에 관한 연구, 식단과 건강에 관한 광범위한 연구를 살펴볼 것이다.

비건 식단과 체중

과학자들은 신장 대비 체중비인 신체질량지수(BMI, 이하 BMI)를 가지고 체중을 평가한다. 하지만 이는 근육량을 반영하지 않기 때문에 완벽한 평가 방법이라 할 수는 없다(근육이 지방보다 무게가 더 나간다.). 이러한 이유로 근육량이 적은 노년층이나 근육의 비율이 높은 운동선수들에게는 유용한 척도가 되지 못한다. 이는 또한 개개인의 건강 상태를 예측하지 못한다. 하지만 이런 주의 사항을 염두에 둔다면, BMI는 모집단을 비교하는 데 유용한 도구가 될 수 있다.

BMI 지수 20~25는 '정상'으로 분류되고, 때때로 '건강한' BMI로 정의되기도 한다. 25 이상은 과체중, 30 이상은 비만으로 간주된다. 에픽 옥스퍼드 연구와 AHS-2 모두에서, 비건은 육식인, 베지테리언, 세미 베지테리언에 비해 체질량 지수가 낮은 것으로 나타났다. 이 집단의 체중에 영향을 미치는 가장 큰 요인은 섬유질의 섭취인 것으로 보이는데, 이는 여러 다양한 면에서 체중에 영향을 미친다. 아래의 표는 이 두 연구에서 나타난 BMI 지수를 보여준다.

제7일 안식교인들의 체질량 지수(AHS-2)[1]

비건	락토 오보 베지테리언	페스코 베지테리언 (생선을 제외한 고기를 먹지 않음)	세미 베지테리언	육식인
24.1	26.1	26.0	27.3	28.3

영국 베지테리언의 체질량 지수(에픽 옥스퍼드 연구)[2]

	비건	락토 오보 베지테리언	페스코 베지테리언	육식인
남성	22.5	23.4	23.4	24.4
여성	22	22.7	22.7	23.5

BMI 지수만으로 한 사람의 건강에 관한 결론을 도출하는 것은 불가능하다. 하지만 집단을 기준으로 비교해볼 때, 지나치게 높은 BMI 지수는 심장 질환, 고혈압, 당뇨병, 암 등의 높은 발병률과 연관이 있다는 것을 알 수 있다. 비건의 낮은 평균 BMI 지수는 그들의 특정 만성 질환의 낮은 발병률과 연관이 있다 할 수 있지만, 반드시 그 때문만은 아니다. 우리는 곧 이

것이 완전한 설명이 될 수 없다는 점을 알게 될 것이다.

심혈관 질환

심혈관 질환(CVD)은 혈관이 좁아지거나 막혀 심장마비나 뇌졸중의 위험도가 올라가는 상태를 뜻한다. 식물성 식품을 기반으로 하는 식단은 심혈관 질환의 위험을 낮추는 효과가 있다. 특히 비건은 고혈압의 발병률이 낮고 혈중 콜레스테롤의 수치가 낮은데, 이는 심장마비나 뇌졸중을 예방하는 두 가지 요인이다.

고혈압

베지테리언 식단이 혈압을 낮추는 효과가 있다는 발견은 20세기 초반으로 거슬러 올라간다. 1926년 캘리포니아의 의사였던 아서 도널드슨(Arthur Donaldson)은 베지테리언 대학생들의 혈압이 고기 섭취를 시작한 지 2주만에 증가했다고 보고했다.[3] 그 후 약 100년이 지난 지금까지도, 식물 위주 식단이 혈압에 미치는 긍정적 효과에 대한 연구는 계속 축적되고 있다. AHS-2와 에픽 옥스퍼드 연구에 따르면, 비건이 육식인이나, 다른 종류의 베지테리언에 비해 낮은 혈압 수치를 보이는 것으로 나타났다.[4, 5] 에픽 옥스퍼드 연구에서는 육식인이 비건에 비

해 고혈압에 걸릴 확률이 2.5배 높았다.[6]

비건의 혈압이 대체로 낮은 것은 그들의 평균 체중이 낮기 때문으로 보일 수도 있으나, 대부분의 전문가들은 다양한 요인이 복합적으로 작용한다고 주장한다. 이들의 혈압이 낮은 데에는 나트륨의 낮은 섭취도 일부 연관이 있다. 과일과 채소를 많이 함유하는 식단은 낮은 혈압과 연관이 있으며, 이는 식물 위주 식단이 고혈압을 예방하는 데 도움이 되는 원인일 수 있다. 식물성 단백질 또한 고혈압을 예방하는 데 도움이 될 수 있다.

식단 변화가 혈압을 낮추는 데 미치는 영향력은 대쉬 식단(DASH diet, 고혈압 관리 식단)을 사용해 심도 있게 연구되어 왔다. 대쉬 식단은 식물 위주(완전한 비건은 아닌) 식이요법으로, 포화 지방과 정제된 탄수화물을 적게 섭취하고, 칼륨, 마그네슘, 칼슘, 섬유질 및 식물성 단백질이 풍부한 식품 위주로 구성한다. 이 식단은 고혈압 환자의 혈압을 빠르게 낮추는 데 매우 효과적이다. 권장량 이상의 나트륨을 섭취하는 경우에도 효과가 있지만,[7, 8] 나트륨의 섭취가 하루 1,500mg 이하로 제한될 때 더욱 효과적이다. 저나트륨 대쉬 식단은 중등도 고혈압 환자의 혈압을 낮추기 위한 약물 요법과 비슷한 효과를 보인다.[9] 최초의 대쉬 식단은 지방의 함량이 비교적 낮았으나, 이후 연구에서 불포화 지방과 단백질(특히 식물성 단백질)을 더 포함하는 것이 더 나은 결과를 보이는 것으로 나타났다.[10]

대쉬 식단 연구뿐만 아니라, 혈압에 영향을 미치는 다른 생활 양식 요인에 관한 연구 또한 고혈압 예방이나 치료에 가장 효과적인 비건 식단을 계획하는 데 도움이 될 수 있다.

혈압을 낮추기 위한 지침

- 과일과 채소를 충분히 섭취한다. 대쉬 연구는 하루에 7~12회 분량에 해당하는 양을 섭취할 것을 권장하고 있으며, 비건의 높은 과일과 채소의 섭취량은 이들의 혈압이 비교적 낮은 이유 중 하나일 가능성이 매우 높다.
- 칼륨, 마그네슘, 칼슘이 함유된 식품을 선택한다. 143쪽의 표를 참조해 식품을 선택하도록 한다.
  - 칼륨이 풍부한 식품으로는 감자, 고구마, 시금치, 애호박, 토마토, 바나나, 대추, 무화과, 살구, 오렌지, 오렌지 주스, 익힌 콩, 아몬드 등이 있다. 하루에 4,700mg을 섭취하는 것을 목표로 한다. 이는 대쉬 연구에서 사용된 수치로 칼륨의 영양권장량보다 다소 높다.
  - 마그네슘은 바나나, 대추, 무화과, 오렌지 주스, 건자두, 옥수수, 오크라, 감자, 시금치, 고구마, 아몬드버터, 땅콩버터, 아몬드, 익힌 콩, 그리고 보리, 귀리, 퀴노아와 같은 통곡물에 함유되어 있다. 대쉬 연구는 하루에 500mg을 섭취할 것을 권장하는데, 이 또한 영양권장량보다 다소 높은 수치이다.
  - 칼슘의 가장 좋은 공급원은 식물성 강화 대체유, 잎채

소, 칼슘이 첨가된 두부, 아몬드버터, 강화 주스, 네이블 오렌지, 무화과 등이다. 대쉬 식단의 권장량은 하루 1,250mg이다.

- 하루에 최소 30g 이상의 섬유질을 섭취한다. 비건 식단은 기본적으로 섬유질이 풍부하기 때문에, 곡물은 주로 통곡물로 선택하고 콩류, 견과류, 씨앗류, 과일 및 채소를 충분히 섭취하면 쉽게 필요량을 충족시킬 수 있다.
- 나트륨의 섭취를 하루에 2,300mg 이하로 제한한다. 일부 사람들, 특히 아프리카계 미국인과 노인은 혈압을 낮추기 위해 섭취량을 하루 1,500mg 이하로 줄여야 할 수도 있다.
- 술은 하루에 한 잔 이하로 제한한다.
- 매일 최소 30분 이상의 운동을 한다.
- 복부에 살이 찐 사람은 4.5kg 정도의 적은 체중 감소라도 혈압을 낮추는 데 도움이 된다. 하지만 과일과 채소를 충분히 섭취하고 나트륨의 섭취를 줄이는 데 집중하는 것이 더욱 중요하다. 대쉬 연구에서 피실험자들은 체중 감소 없이 혈압을 낮췄다. 체중은 비건의 혈압이 낮은 이유 중 일부일 뿐이다.

나트륨 섭취를 줄이기 위한 팁

- 통조림 콩, 통조림 채소, 토마토소스 등을 구입할 때에는 나트륨의 함량이 적은 것을 선택한다.
- 통조림 콩이나 채소를 물에 헹궈 나트륨을 일부 제거한다.
- 가공된 식물성 고기나 치즈의 섭취를 제한한다.
- 피클, 절인 채소, 올리브, 사우어크라우트 등 소금에 절인 식품의 섭취를 제한한다.
- 겨자, 케첩, 바비큐 소스, 간장(저염 버전 포함), 미소와 같은 소금 함량이 높은 조미료의 섭취를 제한한다.
- 곡물과 콩은 직접 요리하되, 소금을 첨가하지 않는다.
- 소금 대신 향신료를 사용한다. 요리 과정이나 식사 과정에서 허브, 향신료, 레몬즙이나 라임즙, 식초, 무염 조미료 등을 사용해 맛을 낸다.

비건 식단과 심장 질환의 위험 요인

전문가뿐만 아니라 미디어에서도 포화 지방이 심장 질환의 위험을 높인다는 오랜 믿음에 대해 많은 논의를 해왔고, 의문을 제기해왔다.[11, 12] 포화 지방을 정제 탄수화물로 대체해 섭취하는 것이 심장 질환의 위험을 낮추는 것이 아니라 오히려 증가시키는 경우가 있는 것으로 나타났기 때문이다. 이는 포화 지방이 아닌 정제 탄수화물이 진짜 문제라는 주장으로 이어졌다.

사실, 포화 지방과 정제 탄수화물 모두가 문제이다. 포화 지방을 건강한 지방(다불포화 지방 및 단일 불포화 지방)으로 대체하면 혈중 콜레스테롤 수치를 낮추고 심장 질환의 위험도 낮출 수 있다는 것을 보여주는 많은 연구들이 있다.[13] 포화 지방을 탄수화물로 대체하되, 정제하지 않은 자연상태 식물성 식품의 탄수화물로 대체하면, 이보다는 작지만 비슷한 효과를 불러올 수 있다. 탄수화물과 지방의 섭취를 제한하는 문제가 아니라, 올바른 식품을 선택하는 문제라 할 수 있다.

식품은 각기 다른 유형의 포화 지방산을 함유하고 있으며, 이 중 특정 포화 지방산만이 혈중 콜레스테롤 수치에 영향을 미치기 때문에, 이는 다소 복잡한 문제라 할 수 있다.[14] 이와 관련한 연구는 여전히 진행 중이지만, 비건은 대체로 포화 지방의 섭취량이 적은 편이기 때문에 비건 식품을 선택하는 데에 큰 영향을 미치지는 않는다.

코코넛 오일을 많이 섭취할 경우, 비건 식단임에도 포화 지방을 지나치게 섭취할 수 있다. 코코넛 오일에 관한 자세한 이야기는 7장에서 다룬 바 있다. 간단히 말해, 코코넛 오일을 소량으로 사용하는 것은 괜찮지만, 너무 많이 섭취하지 않는 것이 좋다. 팜유나 팜커널유 또한 포화 지방 함량이 높은 식물성 식품이기 때문에, 일부 비건 마가린처럼 이를 첨가한 식품의 섭취도 제한할 것이 권장된다.

당연하게도, 비건은 육식인이나 다른 유형의 베지테리언보다 혈중 콜레스테롤 수치가 낮다. 더 중요한 사실은 LDL 콜레스테롤 수치도 더 낮다는 점이다. LDL 콜레스테롤은 동맥 내 퇴적물 증가의 원인이 되는 '나쁜' 콜레스테롤인데, 이로 인해 혈관이 좁아지거나 심지어 막히게 된다.

육식인이나 락토 오보 베지테리언에 비해 비건의 콜레스테롤 수치가 낮다는 연구 결과는 1980년 이후 꾸준히 있어왔다.[15] 에픽 옥스퍼드 연구에 따르면, 비건은 다른 식단 유형에 비해 콜레스테롤 수치가 낮을 뿐만 아니라, 아포지질단백질 B라 불리는 화합물 또한 가장 낮은 수치를 보인다. 이는 LDL 콜레스테롤에서 주로 발견되는 단백질이다.[16]

비건은 또한 사용되지 않은 열량을 일시적으로 저장하는 역할을 하는 트라이글리세라이드의 수치가 지속적으로 낮게 나타난다.[15] 알코올, 정제 탄수화물, 당분, 지방의 함량이 높은 식단은 트라이글리세라이드 수치를 상승시켜 심장 질환의 위험을 높일 수 있다.

게다가 비건은 비교적 낮은 만성 염증 수치를 보인다는 연구 결과도 있다.[17] 부상에 대한 일시적인 반응이자 치유 과정의 일부라 할 수 있는 급성 염증과는 달리, 만성 염증은 장기간에 걸쳐 신체 전반에 나타난다. 이는 면역 체계 표지로 측정되며, 심장 질환, 당뇨병, 암, 알츠하이머 등의 위험을 높인다. 식이요법을 포함한 생활 습관의 요인들이 염증의 위험성과 밀접한 연관이 있다.

지방의 종류

식품에는 건강에 각기 다른 영향을 미치는 세 가지 종류(포화 지방산, 단일 불포화 지방산, 다불포화 지방산)의 지방산이 포함되어 있다.

포화 지방은 혈중 콜레스테롤 수치를 높이며, 심장 질환 및 기타 만성 질환의 위험과 관련이 있다. 팜커널유와 코코넛 오일을 제외한 기타 식물성 식품은 육류, 유제품, 달걀에 비해 포화 지방의 함량이 훨씬 낮다.

단일 불포화 지방은 콜레스테롤 수치를 낮추는 데 도움이 되며, 많은 만성 질환의 위험을 줄이는 데 효과가 있을 수 있다. 단일 불포화 지방이 풍부한 식물성 식품에는 아보카도, 올리브, 대부분의 견과류(호두 제외), 땅콩, 올리브 오일, 카놀라유, 고올레산 해바라기씨유 및 홍화유, 아몬드 오일 등이 있다.

다불포화 지방은 특히 혈중 콜레스테롤 수치를 낮추는 데 효과적이며, 심장 질환의 위험을 낮추는 것과 관련이 있다. 씨앗류, 호두, 대두 식품 및 기타 식물성 기름에는 이 지방이 풍부하다. 7장에서 다룬 오메가6와 오메가3 지방은 모두 다불포화 지방이다.

스테롤은 세포막에서 발견되는 지방 유사 화합물이다. 콜레스테롤은 거의 동물성 식품에서만 발견되는 스테롤이다. 우리 몸의 모든 세포가 세포 구조의 일부로서 콜레스테롤을 필요로 하지만, 신체에서 충분히 생산해낼 수 있기 때문에 굳이 식품으로 섭취할 필요가 없다.

파이토스테롤은 혈중 콜레스테롤 수치를 낮추고, 심장 질환을 예방하는 데 도움을 줄 수 있는 식물성 스테롤이다. 인체는 파이토스테롤을 만들어내지 못하며, 식물성 식품을 통해 얻을 수 있다. 가장 좋은 공급원은 채소, 견과유 및 올리브 오일, 견과류와 씨앗류, 밀 배아, 아보카도, 콩 등이다.

마지막으로, 비건 식단은 항산화물질이 풍부하다. 항산화 보충제의 사용이 심장 질환의 예방에 효과가 있다는 연구 결과는 없지만, 항산화물질이 풍부한 식단이 염증의 감소와 같은 이점을 가질 수 있다고 보는 것이 타당하다. 비건은 염증 수치, 혈압, 콜레스테롤 수치, 트라이글리세라이드의 수치가 비교적 낮기 때문에, 심장 질환의 위험성 또한 현저히 낮을 것으로 기대할 수 있다. 하지만 실제 연구 결과는 다소 혼란스럽다. 미국인과 유럽인을 모두 대상으로 하는 유일한 연구가 1999년에 발표되었는데, 이 연구에서 비건의 심장병으로 인한 사망 위험이 육식인보다 26% 더 낮다는 점을 발견했다. 하지만 놀라운 것은, 락토 오보 베지테리언과 페스코 베지테리언은 이보다도 낮은 사망 위험률을 보였다는 점이다.[18]

AHS-2에서는 더 놀라운 사실이 발견되었다. 비건 남성이 육식을 하는 남성에 비해 심장마비로 사망할 위험은 42%나 낮았지만, 비건과 베지테리언 여성은 모두 육식을 하는 여성과 동일한 위험률을 보였다. 그리고 이는 비건 여성이 비건 남성과는 다른 식품을 섭취했기 때문은 아닌 것으로 보인다.[1, 19] 이는 아마도 여성의 사망 위험성에 있어서는 다른 요인이 특히 중요하게 작용하기 때문으로 보인다. 예를 들어, 스트레스와 우울증은 심장 질환의 위험을 높일 수 있으며, 여성은 남성보다 우울증을 겪을 가능성이 더 높다.

베지테리언의 심장 질환 발병률(즉 심장 질환으로 인한 사망자 수가 아닌, 얼마나 많은 수의 베지테리언이 심장 질환을 가졌는지)에 관한 유일한 연구는 에픽 옥스퍼드 연구뿐이다. 이 연구에서 베지테리언은(비건 포함) 약 30% 정도 더 낮은 발병율을 보였다.[20]

하지만 전반적으로 보았을 때, 비건의 심장 질환에 관한 연구는 제한적이며, 우리가 예상하는 것과는 결과가 사뭇 다르다. 이런 결과에 관한 한 가지 설명은 비타민 B12의 낮은 수치와 관련이 있다는 것인데, 다만 비타민 B12의 부족이 심장 질환의 위험을 높인다는 이론은 지난 수년간 지지를 받지 못했다.[21, 22] 또한 일부 비건은 최적의 심장 건강을 위한 충분한 양의 건강한 지방을 섭취하지 않았을 수도 있다.

비록 비건의 심장 질환 발병률이 낮다는 일관적인 결과가 나타나지는 않았지만, 심장 질환을 앓고 있는 환자를 치료하기 위해 생활 방식 접근법의 일환으로 비건 식단이나 비건에 가까운 식단을 사용하는 것은 여전히 큰 관심을 끌고 있다. 현재 비건의 건강 전반, 특히 심장 질환과 관련한 지표에 대해 밝혀진 내용을 미루어 볼 때, 최대한 건강하게 짜여진 비건 식단이 심장 질환 치료에 좋은 접근법이 되리란 점은 설득력이 있다.

심장 질환의 치료를 위한 비건 식단

네이슨 프리티킨(Nathan Pritikin) 박사는 만성 질환의 예방과 치료를 위해 모든 지방의 섭취를 제한하는 비건 식단의 초기 옹호자였다. 그의 접근법은 콜레스테롤, 혈당, 혈압의 수치를 낮추는 데 효과적이었다.

몇 년 후, 딘 오니쉬(Dean Ornish) 박사는 이와 비슷하지만 완전한 비건은 아닌 식단을 사용해 '생활 방식과 심장 질환에 관한 실험(Lifestyle Heart Trial)'을 진행했다.[23] 피실험자들은 중등도에서 중증의 관동맥성 심장 질환을 가진 환자들이었다. 일부 피실험자는 심장 질환 환자에게 권장되는 일반적인 식단을 따랐고, 다른 일부 피실험자는 종합적인 생활 방식 계획을 따랐는데, 이는 초저지방 베지테리언 식단(달걀 흰자와 무지방 유제품을 제외하고는 모두 자연상태 식물성 식품으로 구성), 유산소 운동, 스트레스 관리, (특정 질환을 가진 사람들의)환자 모임, 금연 등을 포함하는 것이었다.

콜레스테롤의 수치를 낮춰주는 일반적인 식단을 따른 피실험자들은 연구 과정 동안 상태가 더 악화된 반면(5년 후 죽상동맥경화증이 약 28% 증가함), 생활 방식 계획을 따르는 그룹의 피실험자들은 건강이 개선되었다. 이 그룹의 죽상동맥경화증은 5년 후에 거의 8%까지 감소했다.

생활 방식과 심장 질환에 관한 실험은 종합적인 생활 방식의 변화를 포함하고 있기 때문에, 식단 자체가 결과에 얼마나 큰 영향을 미쳤는지에 대해서는 확언할 수 없다. 예를 들어, 생활 방식 그룹은 단 한 명의 여성을 포함하고 있었으며, 이 여성은 프로그램의 시작과 함께 담배를 끊었다(금연은 심장 질환의 위험을 줄이는 데 있어 매우 중요한 요소이다.). 따라서 이 연구는 해당 식단이 여성의 죽상동맥경화증의 발병률을 감소시키는 데 효과가 있는지는 설명하지 못한다. 생활 방식 계획에서 사용된 휴식 요법들은 혈압을 낮춰 주었는데, 이 역시 개선 효과에 일부 영향을 미쳤을 것이다. 또한, 생활 방식 계획을 따르는 피실험자들은 대조군에 비해 더 많은 체중을 감량했다.

클리블랜드 클리닉의 한 프로그램도 죽상동맥경화증 완화를 위해 지방 함량이 매우 낮은 비건 식단을 성공적으로 사용했다. 하지만 이는 아직 통제된 연구를 통해 검증되지 않았고, 실험 참가자들 사이의 체중 감소 및 다른 변화에 대한 연구 결과도 없기 때문에, 이 식단의 효과에 대한 결론을 내리기는 너무 이르다 할 수 있다.[24]

이러한 식단들의 일반적인 특징 중 하나는 모두 지방의 함량이 낮다는 점이지만, 이것이 꼭 '포화 지방'의 섭취를 줄이는 것만큼 중요한지는 분명하지 않다. 전통적인 지중해 식단과 같은 고지방 식물 위주 식단은 심장 질환의 위험을 낮추는 데 매우 효과적이다.[25] 건강한 식이 지방은 혈중 콜레스테롤의 수치를 낮추고, 또한 '좋은' 콜레스테롤인 HDL 콜레스테롤의 영향을 증가시킬 수 있다. HDL 콜레스테롤은 여러 메커니즘을 통해 심혈관계 질병의 위험을 낮추는 역할을 하며, 따라서 많은 연구자들이 이 메커니즘을 더 정확히 설명하기 위해 연구 중이다. 혈액 내 HDL 콜레스테롤은 양보다 질이 더 중요한데, 이것이 HDL이 체내에서 얼마나 잘 기능하고 있는가와 직접적인 연관이 있기 때문이다.[26] 표준 혈액 검사로는 이를 알 수 없기 때문에, 우리는 HDL 수치가 질병의 위험에 어떠한 영향을 미치는지는 알 수 없다. 아몬드, 호두, 올리브 오일과 같은 고지방 식품은 모두 HDL 콜레스테롤의 기능 향상에 영향을 미친다.[26~29]

저지방 비건 식단과 관련이 있는 이점은 아마도 체중 감소, 포화 지방의 섭취 감소, 식물 내 항산화물질과 같은 질병 예방에 효과적인 화합물, 이 세 가지가 복합적으로 작용한 결과일 것이다. 지방 함량이 다양한 세 가지 식단을 비교한 결과, 피실험자들의 지방이나 탄수화물 섭취량은 결과에 영향을 미치지 않았다. 동맥 건강에 영향을 미친 요소는 혈압의 감소였는데, 이는 체중의 감소에 따른 결과였다.[38] 심장 질환의 위험을 낮추는 열쇠는 그저 건강한 식물성 식품을 다양하게 포함한 비건

혈관 및 추가 지방

혈관내피는 혈관의 막을 형성하는 얇은 세포층이다. 혈관내피가 손상되면 염증이 생기고, 심장 질환의 위험이 높아질 수 있다. 혈관내피층을 손상시키는 요인으로는 고혈압, 높은 LDL 콜레스테롤 수치, 흡연, 운동 부족, 스트레스 등이 있다. 혈관내피층은 산화 손상에 매우 취약하기 때문에, 식물성 식품이 함유하는 항산화물질을 섭취하는 것이 혈관을 건강하게 유지하는 데 중요하다 할 수 있다.

심장 질환을 예방하거나 관리하기 위해 지방의 섭취를 제한해야 한다고 믿는 연구자들은 식이 지방의 섭취, 특히 음식에 기름을 첨가하는 것은 동맥의 혈관내피층을 손상시킬 수 있다고 주장한다. 하지만 지방과 기름이 혈관내피에 미치는 영향에 문제를 제기한 연구들은 대부분 건강에 좋지 않은 정제 탄수화물과 함께 지방의 함량이 매우 높은(한 연구에서는 무려 83%에 달하기도 했다.)식단을 사용했다.[30~32] 이와 반대로, 참기름, 올리브 오일, 호두유와 같은 지방이 풍부한 특정 식품은 혈관내피를 보호하는 효과가 있다는 연구 결과가 있다.[28, 33~35] 이는 식물성 식품과 건강에 좋은 지방을 기반으로 하는 전통적인 지중해 식단이 건강한 혈관내피 기능과 연관이 있는 이유 중 하나일 것이다.

식단, 특히 혈압과 혈중 콜레스테롤 수치를 낮추는 것에 초점을 맞춘 비건 식단을 진행하는 것일지도 모른다.

현재의 연구들은 심장 건강을 위한 최적의 식단에 고지방

식품을 포함할 수 있다고 주장한다. 특히 아몬드, 호두, 피칸과 같은 나무 견과류는 혈중 콜레스테롤의 수치를 낮추는 지방을 함유한다. 나무 견과류는 또한 아르기닌을 특히 많이 함유하는데, 아르기닌은 혈관내피층을 보호하는 데 도움을 주는 자연 발생 화합물이자 산화질소의 전구물질 아미노산이다. 많은 연구가 규칙적인 견과류의 섭취와 심장 질환의 위험 감소의 연관성을 증명했다.[39]

엑스트라 버진 올리브 오일은 올레오칸탈을 섭취할 수 있는 유일한 음식으로, 올레오칸탈은 올리브 오일 특유의 알싸한 맛을 내는 파이토케미컬이다. 양질의 올리브 오일이 가지는 중요한 이점 중 하나는 올리브 오일이 채소에 풍미를 더해 사람들이 더 먹게 만든다는 것이다. 하지만 올레오칸탈은 풍미 이상의 것을 제공한다. 올레오칸탈은 체내의 염증을 낮추어 심장 질환의 위험을 낮춰주는 황산화제이다.[40]

대두 식품과 같은 기타 고지방 식품들은 우리가 9장에서 언급한 것과 같이 심장 질환에 관해 몇 가지 이점을 가지고 있다. 현재의 연구들에 따르면, 고지방 식물성 식품은 심장의 건강에 좋은 식단에 필요하다 할 수 있다.

탄수화물이 질병의 위험에 미치는 영향

탄수화물은 뇌와 중추신경계가 선호하는 연료이기 때문에 신체의 중요한 에너지원이라 할 수 있다. 식품은 두 가지 탄수화물을 함유하는데, 이는 '단당류'와 '복합 탄수화물'이다.

단당류는 하나 또는 두 개의 당 분자를 가지고 있다. 과당은 과일에 풍부한 단일 분자 당이다. 일반적으로 사용하는 설탕은 자당인데, 이는 포도당과 과당이라는 두 개의 단일 분자 당의 결합으로 만들어진다. 유제품은 또 다른 종류의 단당인 유당을 함유한다.

복합 탄수화물(다당류)은 당류의 긴 사슬이다. 감자, 콩, 곡물 등에 함유된 탄수화물은 대부분 '전분'인데, 이는 포도당의 긴 사슬로 만들어진 복합 탄수화물이다. 식물성 식품은 또한 '전분이 아닌 다당류'를 포함하는데, 이는 사람이 소화시킬 수 없는 포도당의 긴 사슬이며, 식이섬유의 한 종류이다. 정제된 탄수화물이 풍부한 식품은 일반적으로 섬유질은 제거되고 전분만 남는다.

올리고당은 당류의 짧은 사슬로, 단당류보다 길지만 전분보다는 짧다. 일부 올리고당은 소화가 되지 않으며, 일부 사람들에게는 장의 문제를 일으킬 수 있다. 이 부분은 16장에서 더 자세히 다루도록 하겠다.

과일의 천연 당류, 설탕, 혹은 빵, 파스타, 콩, 감자에 들어 있는 모든 소화 가능한 탄수화물은 장에서 소화되어 단일 분자당인 포도당을 생성한다. 생명 유지에 사용되는 이 당은 혈액 속으로 들어가 세포에 에너지를 공급한다. 식사 후 혈당 수치가 높아지면 췌장은 인슐린 호르몬을 혈액으로 배출한다.

인슐린은 세포가 혈액으로부터 포도당(및 지방)을 흡수하도록 도와 세포가 에너지 생산을 위해 이 영양소를 사용할 수 있도록 한다.

일부 탄수화물은 다른 탄수화물에 비해 더 천천히 포도당으로 전환한다. 혈당 지수(GI)는 탄수화물이 얼마나 빨리 분해되어 혈액으로 흡수되는지를 측정한 것이다. 혈당 지수가 높은 식품은 혈당을 급격히 증가시켜 인슐린의 수치의 급증으로 이어지는데, 이는 심장병, 당뇨병, 그리고 심지어는 암 발병의 위험을 증가시키는 원인이 된다.[41]

혈당 지수가 낮은 식품은 체지방을 에너지로 사용하도록 촉진시키고 포만감을 주기 때문에 체중 조절에 도움을 줄 수 있다.[42] 이는 저탄수화물, 고단백 식단이 인기 있는 이유 중 하나이다. 그러나 비건은 탄수화물의 섭취가 더 높음에도 불구하고 육식을 하는 사람에 비해 표준 체중에 더 가깝다. 그리고 어떤 사람들은 탄수화물이 풍부한 식단을 통해 체중 감량과 혈당 조절의 개선을 경험하기도 한다.

혈당 지수가 낮은 식단을 위해 탄수화물을 줄일 필요는 없다. 중요한 것은 탄수화물이 풍부한 식품을 피하는 것이 아니라, 더 천천히 소화되는 탄수화물을 선택하는 것이다. 정제된 곡물 대신 통곡물, 주스 대신 통과일, 인스턴트 시리얼 대신 오트밀 같은 조리된 시리얼, 통조림 채소 대신 생채소나 살짝 익힌 채소를 선택하는 것은 이를 위한 간단한 방법이다.

당뇨병

당뇨병은 두 가지 질병을 포괄하는 광범위한 용어이다. 제1형 당뇨병은 췌장이 인슐린을 충분히, 혹은 아예 생산하지 못하는 자가면역 질환이다. 인슐린 없이는 혈당이 세포에 흡수될 수 없기 때문에 세포가 굶어 죽게 된다. 이 병을 가진 환자들은 평생 인슐린 치료를 받아야 한다. 하지만 더 흔한 유형은 제2형 당뇨병으로, 이는 충분한 인슐린이 생산되지만, 세포가 이에 내성이 생기는 병이다. 제2형 당뇨병은 미국에서 발생하는 모든 당뇨병의 95%를 차지한다. 어리거나 젊은 사람들에게서는 발병이 드물기 때문에 '성인' 당뇨병으로도 불린다. 하지만 지난 수십 년간 변한 점이 있다면, 현재 제2형 당뇨병은 상당수의 젊은 성인과 심지어 어린이 사이에서도 발견된다.

아프리카계 미국인, 히스패닉/라틴계 미국인, 미국 원주민, 또는 알래스카 원주민은 제2형 당뇨병에 걸릴 위험이 특히 높다. 제2형 당뇨병에는 강력한 유전적 요소가 있지만, 생활 습관과 식생활이 이 병의 발병에 중요한 역할을 한다. 이 병의 발병은 복부 지방과 장기 주변에 축적되는 지방인 내장 지방과도 밀접한 연관이 있다. 우울증과 활동적이지 못한 생활 습관 또한 제2형 당뇨병의 발병 위험을 높인다. 당뇨병은 심장병의 위험을 증가시키므로, 당뇨병의 치료를 위해서는 심장 건강에 좋은 식사를 하는 것이 중요하다.

제2형 당뇨병 환자 일부는 약을 복용하지만, 식이요법과 운동을 통해 잘 관리되는 경우도 많다. 체중 몇 kg을 감량하는 것만으로도 혈당 조절의 개선에 도움이 된다.

AHS-2에서 비건은 육식을 하는 사람에 비해 제2형 당뇨병에 걸릴 위험이 약 60% 낮았다. 이들의 발병률은 또한 다른 유형의 베지테리언보다도 더 낮았다.[43, 44] 비건의 낮은 BMI 지수가 이를 일부 설명하지만, BMI 지수를 차치하고서라도 비건은 여전히 당뇨병에 있어 더 낮은 위험을 보인다. 이는 비건 식생활이 당뇨병의 위험을 낮추는 데 직접적인 영향이 있다는 점을 보여준다.

예를 들어, 책임있는의료를위한의사위원회의 연구원들은 과체중이지만 당뇨병이 없는 사람들을 상대로 저지방 비건 식단의 효과를 조사했다. 피실험자들은 췌장(인슐린을 생산하는 장기)의 세포 기능 향상과 내장 지방을 포함한 체지방의 감소를 경험했다.[45]

당뇨병을 앓고 있는 피실험자 그룹에도 동일한 식이요법이 적용되었다. 저지방 비건 식단을 섭취한 사람들은 기존의 당뇨병 식단을 섭취한 사람들보다 나은 혈당 조절 능력을 보였다. 이들은 더 적은 열량과 더 많은 섬유질을 섭취했고, 더 많은 체중을 감량했다. 혈당 조절의 차이는 대부분 체중 감소에 의한 것이었지만, 이 연구는 식단에 대한 중요한 결론을 제시한다. 이 연구가 시사하는 것은, 당뇨병을 앓는 모든 사람이 탄수화물의 섭취를 피해야 한다는 주장은 잘못되었다는 것이다. 피실험자들은 자연상태 식물성 식품을 통해 많은 탄수화물을 섭취했지만 좋은 결과를 보였다.[46, 47] 이 두 연구는 모두 지방의 함량이 매우 낮은 식단을 사용했다. 하지만 심장병에 관해 언급한 것처럼, 지방의 양은 중요한 요소가 아닐 가능성이 높다.

한국에서는 당뇨병 환자를 대상으로 지방의 함량이 약 20% 정도(적당히 낮은 수치에 해당한다.)로 동일한 비건 식단과 일반적인 당뇨병 식단의 효과를 연구했다. 두 식단의 지방 함량은 같았지만 비건 식단을 하는 피실험자의 섬유질 섭취량이 더 높았고, 비건 그룹이 더 많은 체중을 감량하고 더 나은 혈당 조절 능력을 보였다.[48] 그리고 체코에서는 당뇨병 환자들이 비건에 가까운 고지방 식단(동물성 식품으로는 하루에 1컵 분량의 저지방 요거트만 포함)을 섭취하는 연구를 진행했다. 이 식단을 통해 환자들의 혈당 조절 능력이 개선되었고, 체지방이 감소되었으며, 약물의 사용도 줄었다.[49]

이 연구들이 시사하는 바는 다양한 종류의 비건 식단이 제

2형 당뇨병을 제어하는 데 효과적일 수 있다는 것이다. 특히 체중 감량을 촉진하는 비건 식단인 경우 더욱 효과적일 수 있다. 비건 식단은 섬유질의 함량이 높고, 포화 지방이 적으며, 동물성 단백질을 식물성 단백질로 대체하기 때문에 당뇨병의 관리를 위한 좋은 선택이 될 가능성이 높다.

총 정리: 만성 질환의 관리를 위한 식품 선택

심장병의 예방을 위한 것이든, 당뇨병의 관리를 위한 것이든, 식품 선택에 관한 지침은 대체로 같다고 볼 수 있다.

- 포화 지방의 섭취를 줄인다. 대부분의 식물성 식품은 자연적으로 포화 지방의 함량이 낮기 때문에, 비건은 이 점에서 유리한 위치에 있다.
- 하루에 1, 2회 분량의 견과류를 매일 섭취한다. 견과류는 LDL 콜레스테롤을 줄이는 등 심장 건강에 좋은 요소가 많다.
- 정제 탄수화물보다는 섬유질이 풍부한 식물성 자연식품을 섭취한다. 말린 콩에 들어있는 섬유질은 혈중 콜레스테롤을 낮추고 혈당을 조절하는 데 도움이 된다.
- 대두 식품에 거부감이 없다면, 대두 식품을 식단에 포함

한다. 대두 단백질은 LDL 콜레스테롤을 낮추고 대두 이소플라본은 동맥 건강에 도움을 줄 수 있다. 이에 관한 자세한 내용은 222~223쪽을 참조한다.

- 칼륨, 마그네슘, 칼슘이 풍부한 식품 및 과일과 채소를 충분히 섭취해 혈압을 건강한 범위로 유지할 수 있도록 한다. 7장에서 언급한 대로 오메가3 지방의 필요량을 충족시키고 있는지 확인한다.
- 비타민 B12를 필요량에 맞게 충분히 섭취한다.
- 음주에 대해서는 의료진과 상의하도록 한다. 적당한 알코올의 섭취는 HDL 콜레스테롤의 기능 개선에 도움이 될 수 있다. 하지만 여성의 경우, 소량의 알코올 섭취도 유방암의 위험을 높일 수 있다.

우울증과 식단

누구나 가끔씩 우울감을 겪는다. 이는 심신을 쇠약하게 하는 만성 우울증과는 구분된다. 우울증은 스트레스 및 불안과 함께 심장 질환과 당뇨병의 위험을 증가시키기 때문에 건강에 큰 문제가 될 수 있다. 대부분의 사람들에게 우울증의 치료는 생활 습관의 변화, 상담, 약물 치료를 포함하는 포괄적인 접근이 필요하다. 그리고 식이요법 또한 도움이 될 수 있다는 연구 결과가 점점 많아지고 있다.

우울증과 스트레스는 우리 신체의 염증 수치를 높여 다른 만성 질환의 위험을 높일 수 있다. 하지만 염증은 일부 우울증의 근원이 되기도 하기 때문에, 이는 상호적인 관계라 할 수 있다. 즉 염증을 줄이는 식단이 우울증의 치료에 도움이 될 수 있다는 뜻이다.[50]

비타민 B12의 섭취 부족은 또한 호모시스테인 수치에 영향을 미쳐 우울증의 위험을 증가시킬 수 있다지만, 이에 대해서는 많은 논란의 여지가 있다(155쪽 참조). 비타민 B6는 신경 전달 물질인 세로토닌에 필요하기 때문에 정신 건강에 중요한 영양소이다.

일반적으로 식물 위주 식단은 우울증을 앓는 사람들에게 몇 가지 이점을 가져다 준다. 전통적인 지중해 식단은 더 좋은 감정 상태와 연관이 있고, 비건과 베지테리언 모두 일반적으로 기분이 더 좋고 우울함을 더 적게 경험한다는 연구 결과가 있다.[51~56]

반면, 한 연구에서는 베지테리언 남성이 더 높은 우울증 점수를 보인다는 점을 발견했지만, 이 연구는 인과 관계를 측정할 수 있도록 설계되지 않았다.[57] 이 연구의 연구자들은 비타민 D의 섭취 부족이 원인일 수 있다고 주장한다. 평균적으로 비건은 건강한 범위의 비타민 D 수치를 보이지만, 육식을 하는 사람들에 비해 대체로 낮은 경향이 있다. 우리는 또한 일부 비건의 경우 자신의 식단과는 상관없이, 그들의 높은 공감 능력과 동정심에 의해 더 쉽게 우울감을 느끼는 것으로 추정한다.

식단은 우울증의 완벽한 치료 수단이 될 수 없으며, 상담, 인지 치료, 약물과 같은 다른 효과적인 치료법을 대체할 수 있는 것도 아니다. 하지만 생활 방식을 바꾸고 비건 식단에 약간 수정을 가하면 정신 건강을 증진시키는 접근법으로서 일부 도움이 될 수 있다.

- 402쪽에서 다룬 만성 질환을 줄이기 위한 건강한 식생활 지침을 따르도록 한다. 심장 질환과 당뇨병의 위험을 낮추는 식단은 염증의 감소와 우울증 증상의 개선에도 도움이 된다. 이는 충분한 채소와 과일을 섭취하고, 정제되지 않은 식품을 통해 소화가 느린 탄수화물을 주로 섭취하며, 건강에 좋은 식물성 지방을 함유한 식품을 선택하는 것을 의미한다.
- 식사에 기름을 첨가해야 하는 경우, 엑스트라 버진 올리브 오일을 주로 사용하도록 한다. 올리브 오일의 항염 특성이 우울증 개선 효과와도 연관이 있다.[58, 59]
- 비타민 B12와 비타민 D 보충제를 복용한다. 이 두 가지 비타민을 충분히 섭취하지 않으면 우울증으로 이어질 수 있다.
- 비타민 B6를 충분히 섭취하도록 한다. 이 영양소가 풍부

한 음식은 348쪽을 참조한다.

- 우울증 진단을 받은 사람의 경우, 의사에게 비건용 EPA 보충제 복용에 관해 상담하도록 한다. EPA 보충제가 우울증 치료에 도움이 된다는 연구 결과가 있다.
- 충분한 수면을 취한다. 수면이 부족하면 염증이 심해질 수 있다.
- 매일 운동한다. 신체 활동은 스트레스와 우울증에 대한 강력한 해독제이다. 야외에서 할 수 있다면 더욱 좋다.
- 매일 명상이나 기도를 하는 것을 고려한다. 매사추세츠 대학교에서 개발한 MBSR(마음챙김 기반 스트레스 완화)프로그램의 정신적, 육체적 건강에 대한 많은 연구가 있다.
- 동물과 교감한다. 구조된 반려동물을 통해 스트레스, 불안, 우울증의 완화를 경험할 수 있다. 현재 동물을 입양할 수 없는 형편이라면, 위탁 프로그램에 참여하거나 동물 보호소에서의 자원봉사 활동을 고려하는 것도 좋다. 또는 주변 친구들을 위해 반려동물을 임시로 돌보는 일을 해볼 수도 있다.
- 긍정적이고, 즐겁고, 서로 지지하는 인간관계를 발전시킨다. 사회적 상호 작용은 정신 건강을 포함한 전반적인 건강에 매우 중요한 요소이다.

비건 식단과 암

식단과 암의 관계는 연구하기가 다소 까다롭다. 암은 복잡한 질병이며, 암의 위험을 나타내는 표지가 많지 않기 때문이다. 식단이 혈중 콜레스테롤 수치에 미치는 영향을 측정하여 이것이 심장 질환 위험에 어떤 영향을 미치는지는 예측할 수 있지만, 암의 발병 위험과 관련된 직접적인 혈액 지표는 많지 않다.

그럼에도 불구하고, 우리는 지난 몇 년간 암의 위험을 줄이기 위한 식품 선택과 관련한 많은 지식을 축적해왔다. 미국암연구협회에 따르면, 암의 위험을 줄이기 위해서는 자연상태 식물성 식품이 풍부하고, 붉은 고기가 적으며, 가공식품, 설탕이 든 음료 및 알코올의 섭취가 낮은 식단을 실천해야 한다.

각기 다른 종류의 식단을 실천하는 사람들의 장 건강을 비교한 연구에서 볼 수 있듯, 섬유질이 풍부한 식물성 식품을 기반으로 하는 식단은 몇 가지 잠재적인 이점이 있다. 베지테리언의 대장 환경(각기 다른 박테리아와 효소의 수치를 포함한)은 육식인과는 다른데, 대장암의 위험이 더 낮은 것으로 보인다.[60] 이는 부분적으로 섬유질의 섭취량이 더 많은 것과 관련이 있는데, 섬유질을 많이 섭취하는 것은 암의 발병 위험을 낮추는 것과 연결되어 있다.

식물성 식품의 암 예방 효과와는 대조적으로, 특정 동물성 식품은 암의 위험을 증가시킬 수 있다. 붉은 고기와 가공육은 대장암, 위암, 또는 방광암 위험의 증가와 연관이 있다. 칼슘의 섭취가 높으면 전립선암의 위험이 높아진다는 연구 결과도 있으나, 반대로 대장암의 위험은 낮아진다.

우리가 알고 있는 암과 식단의 연관성은 비건 식단이 어느 정도 암에 대해 예방 효과를 가진다는 것을 암시한다. 하지만 식단과 암의 발병에 관한 연구는 결과를 도출하기까지 수 년이 걸리며, 비건의 암 발병률에 대한 연구 결과는 이제 막 나오기 시작하는 실정이다. 에픽 옥스퍼드 연구에서, 비건의 전반적 암 발병 위험은 논비건보다 19% 정도 더 낮았지만, 이 결과는 통계적으로 유의미한 수준을 겨우 충족한 것에 불과했다.[61] AHS 또한, 에픽 옥스퍼드 연구와 마찬가지로 간신히 통계적으로 유의미한 수치지만, 비건의 전반적인 암 발병 위험이 육식인에 비해 16% 정도 더 낮게 나타났다. 여성의 경우 여성 암의 발병 위험이 더 낮았고, 남성의 경우 전립선암의 위험이 더 낮았다.[62, 63]

비건의 암 발병률에 관한 연구 결과가 우리가 원하는 만큼 흥미롭지는 않지만, 암은 장기간에 걸쳐 발병하는 질병이라는 점을 명심할 필요가 있다. 어린 시절의 식단이 나중에 암에 걸릴 위험에 영향을 미친다는 연구 결과도 있다. 이는 평생의 식습관을 연구하지 않고서는 식단과 암 발병률의 연관성을 발견하기 쉽지 않다는 뜻이다. 또한 이러한 연구에 참여한 비건 중

특수 질병

두 가지 질병(제1형 당뇨병과 신장병)은 이 책이 다루는 범위를 벗어난다. 하지만 이 질병을 가진 사람들도 비건이 될 수 있다는 점을 확실히 하기 위해, 이 두 질병을 간단하게 다루고 넘어가고자 한다.

제1형 당뇨병

제1형 당뇨병 환자를 대상으로 한 비건 식단에 대한 연구는 없지만, 이 병에 걸린 환자들이 비건이 될 수 없는 이유는 존재하지 않는다. 당뇨병에 대한 모든 식이요법이 그러하듯, 섬유질이 풍부한 자연상태 식물성 식품을 최대한 많이 섭취하고, 정제된 곡물, 첨가당, 설탕이 든 음료 등을 피하는 것이 현명하다. 그리고 제1형 당뇨병의 다른 모든 식단 변화와 마찬가지로, 의료진과 긴밀히 협력해 혈당 수치와 인슐린 필요량을 모니터링해야 한다.

신장병

식물 위주 식단은 신장 질환의 지표를 감소시키는 데 도움이 되는 것으로 나타났으며, 중등도의 신장 질환을 가진 환자는 비건 식단의 도움을 받을 수 있다.[64] 이는 비건 식단의 단백질 수치가 낮기 때문일 수도 있으며, 또한 혈중 콜레스테롤 수치와 혈압을 낮추는 효과, 그리고 식품 내의 항산화물질 때문일 수도 있다. 자연상태 식물성 식품의 낮은 인 흡수율 역시 장점이 될 수 있다.[65] 식물성 고기는 나트륨과 단백질의 함량이 높아 만성 신장 질환을 가진 환자는 섭취를 제한해야 하지만, 양질의 단백질을 공급하기 때문에 투석을 받는 환자에게는 도움이 될 수 있다.

투석을 하는 환자는 칼륨과 인의 섭취는 제한하면서 동시에 적절한 단백질 섭취를 요구하기 때문에 비건 식단을 적용하기 더 어려울 수 있다. 이를 위한 식단 계획은 본 책의 범위를 벗어나기 때문에, 공인된 영양사이자 신장 영양 전문가인 조앤 브룩하이저 호건(Joan Brookhyser Hogan)의 《신장 질환을 위한 베지테리언 식단(The Vegetarian Diet for Kidney Disease)》을 추천한다.

상당수는 어린 시절 비건이 아닌 식단을 먹고 자랐을 것이라 추측할 수 있다. 더 많은 연구 결과가 나오기 전까지는, 자연상태 식물성 식품을 중심으로 하는 식단이 암의 위험을 낮추기 위한 좋은 선택이라 생각해도 무방할 것이다.

구석기 시대와 비건 식단

우리는 최적의 건강 상태를 위해 우리의 선조들처럼 먹어야 하는 것일까? 이는 유명한 '팔레오 식단'의 식품 선택 접근법을 뒷받침하는 이론이다. 이 식단의 지지자들은 현대의 많은 만성 질환이, 수십만 년간 이어져 온 단백질이 풍부하고 수렵 채집에 기반한 식단에서 벗어난 결과라고 주장한다.

구석기 시대는 250만 년 전에 최초로 도구를 사용한 유인원의 출현으로 시작되었다. 이는 약 1만 2천 년 전 농업이 등장할 때까지 지속되었는데, 이때 곡물과 콩류(그리고 일부의 경우 유제품 포함)가 식단에 도입되었다. 수렵 채집 사회에서 사람들이 농작물과 가축을 기르는 사회로의 전환은 사람의 식습관에 중요한 변화를 가져왔다. 오늘날의 구석기 식단 지지자들은 이러한 변화를 피하고, 우리의 선조들이 먹었을 것으로 추정되는 음식들(고기, 생선, 달걀, 견과류, 과일 및 채소)만을 섭취하려 한다. 이 이론은 우리의 신체가 수렵과 채집을 통한 식품 섭취를 위해 유전적으로 설계되었다고 주장한다.

그러나 초기 인류의 식단을 그대로 복제하는 것은 구석기 식단 지지자들이 주장하는 것처럼 그리 간단하지 않다. 우선, 우리는 그 당시와 같은 식품을 접할 길이 없다. 과일, 채소, 육류를 포함해 오늘날 우리가 소비하는 거의 모든 식품은 10만 년 전에 먹었던 음식과 확연히 다르다. 공장형 농장에서 사육된 동물의 고기는 초기 인류가 사냥했던 야생 동물의 고기와 다르다. 그리고 현대의 구석기 식단 지지자들은 풀을 먹고 자란 동물로부터 고기를 얻고자 하지만, 이는 전 세계 인구를 먹여 살릴 수 있는 실행 가능한 선택지가 아니며, 대부분의 사람들이 감당할 수 있는 옵션도 아니다.

초기 식단을 연구하는 인류학자들은 곡물이 구석기 시대 식단의 일부였을 가능성이 있다고 주장한다. 이탈리아 선사학 연구소의 고고학자 안나 레베딘(Anna Revedin) 박사는 구석기 시대의 원시 분쇄 도구로 사용된 돌에서 양치류의 뿌리나 부들에서 나온 녹말질의 곡물 흔적을 발견했다. 레베딘 박사의 연구팀은 농업 사회 이전의 인간들이 껍질 제거, 건조, 분쇄, 조리 등을 포함하는 다단계의 가공 과정을 거친 곡물 가루를 소비했을 것이라 주장한다.[66] 독일 라이프치히에 있는 막스 플랑크 인류학 연구소(Max Planck Institute for Evolutionary Anthropology)의 인류학자인 아만다 헨리(Amanda Henry)는 고대인의 치아 플라그에 있는 음식물의 찌꺼기를 조사해 초기 네안데르탈인이 목초 씨앗, 콩류, 뿌리 등을 섭취했다는 증거와 이들 중 일부는 조리된 상태였다는 점을 발견했다.[67]

사실, 인류학자들은 한 가지의 구석기 식단만 존재했을 가능성은 낮다고 본다. 오늘날과 마찬가지로, 시간과 지역에 따라 다양한 식단이 존재했을 것이다. 초기 식단의 대부분은 섬유질의 함량이 매우 높고 포화 지방이 적었을 확률이 높다. 초기 인류가 섭취한 동물은 현대의 농장에서 자란 동물에 비해 군살이 없고 근육질이기 때문이다. 또한 초기 인류의 식단은 설탕이 거의 들어있지 않으며(꿀에서만 소량 섭취했을 것이다.), 나트륨의 함량이 상대적으로 낮고, 비타민 C, 칼슘, 칼륨이 풍부했다.[68] 따라서 구석기 시대의 영향을 받은 식단이 혈압과 포도당 내성을 향상시킬 수 있다는 연구 결과가 나온 것은 놀라운 일은 아니다.[69] 흰 밀가루, 감자튀김, 공장식으로 사육된 육류, 설탕이 든 탄산음료 등을 섭취하는 현대 서구 식단에 비해, 구석기 식단은 뚜렷한 장점을 가지고 있다. 하지만 이와 같은 이점들은 섬유질이 풍부한 식물성 식품에 기반한 잘 짜여진 비건 식단의 전형적인 특징이기도 하다.

노스웨스턴 대학교의 인류학자 윌리엄 레너드(Willian Leonard)는 2002년 《사이언티픽 아메리칸(Scientific American)》에 실린 글에 다음과 같이 적었다. "우리는 이제 인류가 구석기 시대 식단 하나에 의존하지 않고 다양한 식단을 유연하게 섭취할 수 있도록 진화했음을 안다. 이 점은 오늘날 인간이 건강하기 위해 무엇을 먹어야 하는지에 관한 논쟁에 중요한 의미를 갖는다. […] 인간에 대해 주목할 만한 점은 우리가 먹는 식품의 엄청난 다양성이다. 우리는 북극에 존재하는 거의 모든 종류의 동물성 식품부터 높은 안데스 산맥에서 발견되는 덩이줄기와 곡물에 이르기까지 온갖 식품을 섭취하며 지구상의 어느 곳에서든 생존해왔다."[70]

이 놀라울 정도로 다양한 식이 패턴은 점점 더 복잡해져 가는 세상에서 더 나은 식품을 선택하고자 하는 사람들에게 좋은 소식이라 할 수 있다. 초기 인류는 육아 기간 동안 생존할 수 있는 충분한 식량을 얻는 것이 유일한 관심사였다. 하지만 오늘날 우리는 식품을 선택할 때, 영양소 필요량뿐만 아니라 지구 온난화, 고갈되어 가는 천연 자원, 세계 기아 문제, 그리고 동물 복지에 미치는 영향까지 고려한다. 이런 요소를 모두 고려했을 때 비건 식단은 가장 논리적인 선택이라고 볼 수 있을 것이다.

비건 식단을 통해 구석기 식단의 가장 좋은 점만을 모방하는 것은 어렵지 않다. 견과류, 씨앗류, 올리브, 아보카도 등을 통해 지방을 섭취하고, 섬유질과 영양소가 풍부한 과일과 채소를 충분히 섭취하면 된다. 현대의 식량 공급과 주방의 편리성을 통해 우리는 초기 인류가 섭취하기 어려웠던 콩류와 같은 특정 식품을 더 쉽게 사용할 수 있게 되었으며, 우리는 이러한 식품이 가져다주는 건강상의 이점에 대해서도 잘 알고 있다. 오늘날 우리가 이런 다양한 선택을 할 수 있게 된 것은 매우 다행스러운 일이다. 식물성 식품에 기반한 식단은 영양소 필요량을 충족시키고, 건강을 개선하며, 지구를 보호하는 동시에, 동물의 복지를 위한 최선의 선택이기 때문이다.

비건 키토 식단

탄수화물이 풍부한 비건 식단은 체중 감량과 당뇨병 같은 만성 질환의 증상 관리에 효과적일 수 있음에도 불구하고, 많은 사람들이 저탄수화물 접근법을 선호한다. 탄수화물을 줄이는 것이 특히 당뇨병에 효과적일 수 있다는 많은 연구 결과가 존재한다. 하지만 이러한 연구들은 모두 비건을 대상으로 한 것은 아니며, 탄수화물의 낮은 섭취가 이 장에서 다루고 있는 탄수화물이 풍부한 식단에 비해 어떠한 이점을 가지는지도 확실하지 않다. 하지만 육식인과 마찬가지로, 비건 또한 서로 다른 식단을 선호하며, 탄수화물의 섭취를 제한하고 키토제닉 식단을 시도하고자 하는 사람들 역시 심심치 않게 볼 수 있다.

키토제닉 식단은 탄수화물의 섭취를 극단적으로 제한하는 식단으로, 체중 감량을 원하는 사람들 사이에서는 전혀 새로운 것이 아니다. 1960년대, 저탄수화물 기반의 '드링킹 맨 다이어트'는 사람들이 원하는 만큼 스테이크를 먹고 마티니를 마시면서도 체중을 감량할 수 있다고 주장했다. 그리고 당연하게도, 이는 10년간 가장 인기 있는 체중 감량 식단 중 하나였다.

그리고 최근에는, 키토 식단 매니아들이 체중 감량뿐만 아니라 제2형 당뇨병 및 기타 만성 질환의 관리를 위해 이 식단을 실천하고 있다.

키토제닉 식단은 탄수화물의 섭취를 매우 낮은 수준으로 제한하는데, 일부 경우에는 하루에 30g 정도로 제한하기도 한다(일반적인 식단의 권장량은 약 225g에서 300g이다.). 탄수화물이 제공하는 포도당을 세포로부터 빼앗음으로써, 키토제닉 식단은 에너지를 위해 우리 몸의 지방을 분해하도록 강요한다. 일부 지방은 간에서 케톤으로 전환된다. 뇌는 지방산을 직접적으로 사용해 에너지를 얻을 수 없기 때문에, 몸은 뇌에 연료를 공급하기 위해 케톤을 제공한다.

단기적으로 키토제닉 식단은 체중 감량에 효과가 있지만, 그 이유는 잘 알려지지 않았다. 이는 단순히 케톤이 식욕을 억제하는 데 도움이 되기 때문이거나, 혹은 이 식단이 지방 분해 속도를 빠르게 하기 때문일 수 있다. 키토제닉 식단을 통해 일어나는 대사 변화들 또한 에너지를 소모하는데, 이 과정이 체중 감량을 촉진하는 데 도움이 될 수도 있다.[71]

전통적으로 키토제닉 식단은 고기, 고지방 유제품, 달걀, 기름 등을 기반으로 한다. 그래서 비건 버전의 키토제닉 식단이 존재한다는 사실에 놀랄지도 모른다. 비건 키토제닉 식단은 건강한 기름, 코코넛 제품, 견과류, 씨앗류, 견과류 및 씨앗류의 버터, 비녹말성 채소, 두부, 템페, 세이탄, 루피니 콩, 검정콩, 캐슈 치즈, 비건 크림 치즈, 뉴트리셔널 이스트, 아보카도 및 (적당량의) 베리류가 주를 이룬다. 이 식단은 실천은 어렵지만, 열광하는 사람도 많다. '비건 키토 메이드 심플(Vegan Keto Made Simple)' 페이스북 페이지는 약 5만 명의 회원을 가지고 있다.

장기간에 걸친 키토제닉 식단이 체중 감량에 얼마나 효과적인지는 연구된 바가 없다. 우리는 이 식단이 장기적으로 건강에 미치는 영향 또한 알지 못한다. 다만 일부 사람들에게서 혈중 콜레스테롤과 트라이글리세라이드의 수치가 개선되었으며,

제2형 당뇨병의 관리에 도움이 될 수 있다는 연구 결과가 존재한다.[72] 하지만 이 식단이 장내 박테리아와 뼈 및 신장 건강에 미치는 영향에 대해서는 더 많은 연구가 필요하다.

그리고 키토제닉 식단은 모든 종류의 건강한 식물성 식품을 극도로 제한하는 접근법이기 때문에, 대부분의 사람들에게 장기적인 방안이 되기는 어렵다. 이는 건강과 즐거움에 초점을 둔 생활 방식이라기보다는 체중 감량에 초점을 맞춘 일시적인 유행의 다이어트 법에 가깝다.

우리가 키토제닉 식단에 약간의 의구심을 가지고 있기는 하지만, 전형적인 식물 위주 식단을 실천하고 있으나 현재 건강 상태나 체중에 만족스럽지 않은 일부 비건이 키토 식단을 시도해보는 것에 관심을 가질 수 있다는 점도 알고 있다. 그리고 키토제닉 식단의 인기를 감안하면, 우리는 비건 버전의 키토 식단이 존재한다는 점 또한 감사하게 여기고 있다. 만약 이 식단을 시도하기로 결심했다면, 식품 선택에 대한 안내와 지원을 위해 페이스북 그룹 비건 키토 메이드 심플에 가입할 것을 추천한다. 무료 앱인 '키토(Keyto)'는 비건 키토제닉 식단을 위한 메뉴와 쇼핑 목록을 제공한다.

하지만 저탄수화물 식단을 시도하고자 하는 비건 역시 탄수화물의 섭취를 적정 수준으로만 줄이는 것이 가장 현실적이라는 사실을 알게 될 것이다. 총 섭취 열량의 30~40%를 탄수화물로 섭취하는 것이 합리적이다.

다음은 비건 식단에 변형을 주어 탄수화물 섭취량을 (약간) 줄이고, 단백질 섭취를 늘리기 위한 방법들이다.

- 곡물보다는 콩을 주로 섭취한다. 탄수화물의 섭취를 극도로 제한하는 식단에서는 콩의 섭취 또한 제한하지만, 콩이 건강에 미치는 이점이 너무나 많기 때문에 이는 바람직한 방법이 아니다. 검정콩과 루피니콩은 다른 콩류에 비해 탄수화물의 함량이 특히 낮다.
- 콩으로 만든 파스타를 시도해본다. 에다마메로 만든 파스타는 특히 단백질이 풍부하고 탄수화물의 함량이 낮다.
- 퀴노아와 같은 고단백 곡물을 선택한다.
- 탄수화물의 섭취량이 낮아지면 지방의 섭취량이 많아지므로, 견과류와 씨앗류를 통해 양질의 지방을 섭취한다.
- 식사에 대두 식품과 세이탄을 포함시킨다.
- 과일보다는 채소를 중점적으로 섭취한다.

다음은 비건을 위한 저탄수화물 식단의 예시이다. 이는 약 1,800칼로리를 제공하며, 40%의 탄수화물, 35%의 지방, 25%의 단백질을 함유한다.

아침

- 핀토콩 1/2컵

- 템페 베이컨 4조각
- 시금치 1컵
- 옥수수 토르티야 작은 것 1개

간식

- 냉동 딸기 1컵, 순두부 6온스, 오렌지 주스 2큰술, 바닐라 추출물 1/4작은술을 넣어 만든 스무디

점심

- 통밀빵 1조각
- 리퀴드 스모크와 타마리 간장에 마리네이드하여 기름 1큰술에 볶은 소이컬 1/2컵
- 타히니 드레싱(타히니 2큰술을 넣은)을 얹은 콜라드 1컵

간식

- 견과류 치즈 1온스를 넣은 떡
- 사과

저녁

- 세이탄 6온스
- 기름 1작은술을 넣고 볶은 케일과 버섯 2컵
- 다진 호두 2큰술

제16장

식물성 식품과 소화기 건강

사람의 장에는 약 100조 개의 미생물이 존재하는데, 이는 대부분 박테리아이다. 이들 대부분은 대장 내에 살며, '장내 세균총(gut flora)' 혹은 '마이크로바이오타(microbiota)'라 불린다. 이 박테리아들은 생존을 위해 우리 몸에 의존하며 그 대가로 우리 몸의 건강에 많은 이점을 제공한다.

건강하고 다양한 세균군은 비만, 제2형 당뇨병, 대장암, 심장 질환의 위험을 낮출 수 있다.[1]

10년에 걸친 연구는 식이요법이 유익균의 성장을 촉진하는 열쇠가 될 수 있다고 주장한다. 특정 식품은 미생물을 장으로 직접 이동시킬 수 있으며, 또 일부는 좋은 박테리아가 번성할 수 있도록 에너지원을 제공한다.

'프로바이오틱스'는 장으로 직접 전달되는 활성 미생물을 함유한 식품이나 보충제이다. 프로바이오틱스를 섭취하면 염증성 장 질환, 피부 질환, 심지어 감기의 위험까지 낮출 수 있다는 연구 결과가 있다.[2] 비건용 프로바이오틱스로는 배양균이 살아있는 비건 요거트, 사우어크라우트 및 템페, 미소, 특정 견과류 치즈와 같은 발효 식품 등이 있다.

하지만 프로바이오틱스보다 더 흥미로운 것은 때로 프리바이오틱스라고 불리기도 하는 발효성 섬유질의 한 종류로, 이는 대장 내에서 건강한 박테리아의 성장을 촉진한다.

인간은 식이섬유를 소화하지 못하기 때문에, 섬유질은 장을 통해 소화되지 않은 채로 대장에 도착한다. 일부 섬유질은 대변의 부피를 늘려 대변이 대장 밖으로 빠르게 배출되도록 해 변비 예방에 도움이 된다. 또 다른 유형의 섬유질은 박테리아의 먹이가 되는 프리바이오틱스인데, 장내 박테리아의 생존은 일차적으로 이 섬유질의 발효를 통해 이루어진다.

박테리아가 섬유질을 발효시키면서 다양한 가스와 짧은 사슬 지방산을 생산한다. 가스가 몸 밖으로 빠져나가면서, 짧은 사슬 지방산은 대장의 막을 형성하는 세포에 중요한 영양 공급원을 제공한다. 짧은 사슬 지방산은 식욕의 조절과 포도당 대사의 개선에도 영향을 미친다. 이는 염증의 감소와 연관이 있으며, 일부는 항암 작용을 하기도 한다.

정기적으로 육류를 섭취하는 사람들과 비교했을 때, 식물 위주 식단을 하는 사람들의 마이크로바이오타 활동이 큰 차이를 보인다는 흥미로운 연구 결과가 있다. 예를 들어, 펜실베이니아 대학교의 한 연구는 비건과 육식인 간의 마이크로바이오타 차이를 발견하지 못했지만, 비건이 장내 미생물에 의해 생성된 대사 물질의 수치가 더 높다는 점을 발견했다.[3] 또 다른 연구는 비건이 심장 질환의 위험을 높이는 트라이메틸아민옥사이드(TMAO)를 생성하지 않는다고 주장하는데, 트라이메틸아민옥사이드는 장내 박테리아에 의해 생성된다.[4] 또한 베지테리언은(비건 포함) 장내 박테리아가 대두 식품의 이소플라본을 대사할 때 생성되는 건강에 유익한 화합물인 에쿠올의 생산이 더 많다는 연구 결과도 있다(9장 참조).

발효의 산물은 또한 대장을 더 산성화하여 병원균의 성장을 억제시킬 수 있다. 비건, 베지테리언 및 육식인의 미생물균을 비교한 한 연구에 따르면, 비건 식단은 대장의 낮은 pH 지수와 관련이 있으며, 이것이 해로운 '대장균'의 성장을 막는 것으로 나타났다.[5]

섬유질이 풍부한 식물 위주 식단이 장내 미생물 활동과 그에 따라 건강에 미치는 영향은 아직 새로운 연구 분야라 할 수 있다. 하지만 비건 식단은 섬유질을 많이 함유하고 있고, 따라서 장내 세균의 건강한 생산물이 주는 이점을 누릴 수 있는 것으로 보인다.

그러나 식물 위주 식단을 처음 접한 사람들은 늘어난 섬유질의 섭취와 이로 인한 미생물의 활동 때문에 초반에 불편함을 느낄 수도 있다.

섬유질, 콩, 가스

육류, 우유, 달걀 등을 식물성 식품으로 대체하면 대부분 섬유질의 섭취도 증가하게 된다. 섬유질이 풍부한 식단은 다양한 만성 질환의 위험을 낮추고 체중 조절에 도움이 된다. 하지만 섬유질의 섭취가 갑작스럽게 증가하면서 때때로 복부 팽만감, 위경련, 가스 등을 유발할 수 있다. 이러한 증상을 완화시키기 위해서는 수분을 충분히 섭취하는 것이 중요하다. 또한 비건 식단으로 전환하는 초기 단계에서 약간의 정제된 곡물과 잘 익힌 채소를 포함하는 것이 도움이 될 수 있다. 섬유질의 함량이 높은 식물성 식품의 섭취를 점진적으로 늘려가며 몸이 적응할 시간을 주는 것이다.

새롭게 비건 식단을 시도하는 사람들이 겪는 불편함 중 일부는, 세균이 발효성 섬유질을 분해하면서 대장 내 가스가 증가하는 것에서 비롯한다. 말린 콩은 특히 가스를 생산하는 (건강에 유익한) 박테리아의 성장을 촉진하는 섬유질이 풍부해, '노래하는 열매(musical fruit)'라 불리기도 한다.

콩의 섭취를 늘리면서 가스가 더 많이 나온다 느껴진다면,

이는 장내 박테리아가 건강에 좋은 활동을 하고 있다는 것을 의미한다. 하지만 건강에 좋고 나쁨을 떠나, 가스로 인해 난처하거나 불편한 경험을 하게 될지도 모른다.

콩을 식단에 추가한 모든 사람들이 이러한 문제를 겪는 것은 아니다. 한 연구에 따르면, 식단에 콩을 추가한 사람들의 약 50%가 가스로 인한 불편함을 겪는다고 한다.[6] 처음 콩을 섭취하며 불편함을 느낀다면, 이를 완화할 수 있는 방법들이 있다.

- 콩의 섭취를 점차적으로 늘린다. 시간이 지남에 따라, 대장 내 박테리아의 변화는 콩의 소화를 더 쉽게 만들 수 있다. 한 연구에서는, 매일 식단에 콩 ½컵을 추가한 후 가스가 증가한 경험을 한 사람들의 대부분이 몇 주 내에 증상이 완화되는 것을 발견했다.[6]
- 렌틸콩이나 쪼개서 말린 완두콩과 같이 가스를 적게 생산하는 콩을 중점적으로 섭취한다.
- 콩을 물에 불리며 여러 번 헹군다. 콩을 물에 불리면 익히는 시간이 빨라질 뿐만 아니라, 가스를 유발하는 탄수화물 중 일부를 배출시킬 수 있다. 다음과 같은 과정을 따르도록 한다.
  - 큰 냄비에 물과 콩을 넣고 끓인다. 2분간 끓인다.
  - 물을 버리고 새로 물을 받는다. 물에 담가 최소 6시간 이상 냉장고에 보관한다.

- 물을 버리고 새로운 물을 받아 다시 조리한다. 이 과정을 통해 가스를 유발하는 섬유질을 75% 이상 줄일 수 있다.
- 콩을 익힐 때 베이킹 소다를 물에 약간 넣는다. 이는 콩의 껍질을 부드럽게 하는 데 도움이 되지만, 너무 많이 넣을 경우 콩이 흐물흐물해질 수 있다.
- 부드럽게 푹 익은 콩은 소화가 쉬우므로, 콩을 충분히 익힌다. 통조림 콩은 보통 완전히 익은 상태이기 때문에 소화가 더 쉽다.
- 다른 방법들이 모두 효과가 없는 경우, 콩을 먹기 전에 소화 효소 보충제를 섭취한다. 빈자임(Bean-zyme)과 같은 제품은 콩의 당분을 분해하는 효소를 함유하고 있다.

글루텐 민감증

글루텐은 밀, 호밀, 스펠트밀 및 보리와 같은 곡물에서 발견되는 단백질군의 구성원이다. 글루텐은 빵 반죽에 탄력을 주고, 빵을 부풀어오르게 하며, 제과제빵류에 쫄깃함을 더해준다.

전 세계적으로 약 100명 중 1명이 셀리악병을 가지고 있다. 셀리악병은 글루텐에 대한 자가면역 반응으로 소장을 손상시킨다. 아이들의 경우, 복부 팽만감, 만성 설사나 변비, 체중 감소, 피로, 과민성, 성장 지연 등의 증상을 보인다. 셀리악병을 가진 성인은 철분 결핍성 빈혈, 피로, 관절 통증, 골다공증, 우울증, 손발의 따끔거림이나 피부 가려움증 등을 보일 수 있다. 이 증상들은 경미한 경우도 있는데, 이는 셀리악병을 가진 사람의 상당수가 이를 인지하지 못하고 있을 수 있음을 의미한다. 셀리악병의 치료 방법은 글루텐의 섭취를 완전히 피하는 것이다.

밀 알레르기는 밀이 함유하는 단백질 중 하나 이상에 대해 면역 체계가 반응하는 다른 종류의 질병이다. 밀 단백질에 알레르기가 있는 사람은 밀을 섭취한 후 호흡 곤란, 메스꺼움, 두드러기, 소화 불량, 집중력 저하 등을 경험할 수 있다. 흥미로운 것은, 글루텐은 밀의 다른 단백질보다 알레르기 반응을 일으킬 가능성이 더 적다는 점인데, 따라서 보리와 호밀과 같이 글루텐이 함유된 식품을 섭취할 수 있는 일부 밀 알레르기 환자도 존재한다.

셀리악병과 밀 알레르기는 모두 정해진 검사를 통해 진단이 가능한 반면, 글루텐 민감증이라 불리는 세 번째 질환은 진단이 훨씬 어렵고 논쟁의 여지가 있다. 비셀리악성 글루텐 민감증(NCGS: Nonceliac Gluten Sensitivity)이라고도 불리는 이 질환은, 셀리악병이나 밀 알레르기가 없는 사람들의 글루텐에 대한 반응을 나타낸다. 보고된 증상으로는 장의 불편감, 피로, 근육 및 관절 통증, 피부 질환, 우울증, 그리고 '머리가 혼란스럽고 안개처럼 뿌연 상태' 등이 있다.

의료계 내에서도 비셀리악성 글루텐 민감증에 대해 상당한 논쟁이 있다. 몇몇 연구자들은 이들 중 일부는 글루텐이나 밀의 다른 성분에 면역 반응을 보이는 것일 수 있다고 주장한다. 하지만 또 다른 연구자들은 이 환자들이 실제로 포드맵(FODMAP)이라 불리는 잘 흡수되지 않는 탄수화물군에 반응하는 것이라 주장한다. 밀, 호밀, 보리는 포드맵과 글루텐 모두를 함유하지만, 포드맵은 탄수화물인 반면 글루텐은 단백질이기 때문에 이 두 성분은 서로 연관이 없으며, 따라서 이는 복잡한 문제라 할 수 있다.

글루텐 민감증이 있다고 주장한 피실험자에 대해 글루텐과 포드맵의 영향을 비교한 연구에 따르면, 글루텐은 밀에 함유된 포드맵에 비해 글루텐 민감 증상을 유발할 확률이 오히려 낮은 것으로 나타났다.[7, 8]

상황을 더 복잡하게 만드는 것은 밀, 호밀, 보리의 다른 요소들이 진짜 문제일 수도 있다는 것이다. 예를 들어, 일부 연구자들은 아밀라아제 트립신 억제제라 불리는 단백질군이 종종 글루텐 때문이라 여겨지는 증상들을 유발할 수 있다고 주장한다.[9]

글루텐 민감증으로 인한 증상들을 유발하는 실제 원인에 대해서는 아직도 연구되어야 할 것이 많다고 할 수 있겠다.

밀과 기타 글루텐 함유 곡물의 섭취를 피하는 것은 식단 계획을 좀 더 복잡하게 만들 수 있지만, 건강한 비건 식단에 글루텐 함유 식품이 필수적인 것은 아니다. 10장의 식품 가이드는 하루에 4회 분량(총 2컵)의 곡물 및 녹말 채소를 섭취할 것을 권장하고 있다. 쌀, 퀴노아, 옥수수, 아마란스, 귀리, 메밀, 감자, 고구마 등과 같은 글루텐프리 식품을 사용하면 이를 어렵지 않게 실행할 수 있다.

하지만 밀, 보리, 호밀을 섭취할 때 특정 증상을 보인다면, 완전한 글루텐프리 식단으로 전환하기 전에 조금 더 이에 대해 알아볼 필요가 있다. 적어도 병원을 찾아 해당 검사를 받고 셀리악병이나 밀 알레르기가 맞는지 확인해보는 것이 좋다. 그 후, 글루텐이 원인이라는 결론을 내리기 전에 포드맵의 함량이 낮은 식단을 시도해보는 것이 좋다.

기억해둘 것은 일부 의료 종사자들은 알레르기 여부를 검사하기 위해, 혈액 내 IgG 항체 수치를 측정하는 검사를 시행한다는 점이다. 이는 일반적이긴 하지만, IgG 테스트의 올바른 사용은 아니다. IgG는 혈액 내의 단백질 조각의 종류에 대한 정보를 제공하지만, 식품 알레르기를 진단할 수는 없다.

과민성 대장 증후군의 치료: 저포드맵 식단

과민성 대장 증후군은 대장에 영향을 미치는 증상들을 통칭한다. 이는 경련, 팽만감, 설사 등을 유발한다. 과민성 대장 증후군은 생명에 지장을 주는 질병은 아니지만, 삶의 질에는 큰 영향을 미칠 수 있다. 또한 이 증상은 원인이 불분명하고 이를 진단할 수 있는 검사가 존재하지 않는다는 점에서 곤란한 질병이라 할 수 있다. 또한 인구의 약 15%가 가지고 있는 비교적 흔한 질병이기도 하다.

과민성 대장 증후군에 대한 한 가지 이론은 이 질환을 가진 사람들이 특정 탄수화물에 민감하다는 것이다. 특정 탄수화물 중 일부는 소화가 잘 되지 않고, 어떤 것은 전혀 소화가 되지 않는다. 우유의 유당이나 과당처럼 사람마다 소화 가능 여부가 갈리는 종류도 있다. 이러한 탄수화물은 대장의 건강한 박테리아군의 먹이가 되는 발효성 섬유질처럼 대장까지 소화되지 않고 이동해, 대장에서 박테리아에 의해 발효되고 가스를 생성한다. 이 탄수화물은 또한 장의 아래쪽까지 수분을 끌어와 불편한 팽만감을 유발하기도 한다. 대부분의 사람들은 이를 거의 눈치채지 못하거나 아주 약간의 불편함을 느낄 뿐이다. 그러나 과민성 대장 증후군을 앓고 있는 사람들은 장 하부의 가스와 물의 영향에 과민 반응을 보일 수 있다.

이런 역할을 하는 탄수화물을 총칭해 포드맵이라고 한다. 연구에 따르면 과민성 대장 증후군을 가진 사람들 중 다수가 특정 포드맵의 섭취를 줄이거나 제한함으로써 증상의 완화를 보였는데, 호주의 모나시 대학교의 연구자들은 저포드맵 식단을 고안했다.[10]

저포드맵 식단은 비건 식단에 흔히 포함되는 많은 식품을 제한한다. 이에 맞춰 식단을 꾸리는 일은 다소 어려울 수 있지만, 불가능한 일은 아니다. 인터넷을 검색해보면, 많은 수의 비건이 과민성 대장 증후군 증상의 완화를 위해 이 식단을 성공적으로 도입한 사례를 쉽게 찾아볼 수 있다.

포드맵 식품군

포드맵은 발효성 올리고당(Fermentable Oligosaccharides), 이당류(Disaccharides), 단당류(Monosaccharides), 폴리올(Polyols)의 약어이다. 이는 다음의 당 성분을 포함한다.

갈락탄: 이는 콩에 풍부한 올리고당(짧은 사슬 당류)이다. 인간은 이 당을 분해할 수 있는 효소를 가지고 있지 않기 때문에 소화 또한 하지 못한다. 따라서 앞서 언급한 것처럼, 과민성 대장 증후군 질환이 없는 사람도 콩으로 인한 가스를 경험할 수 있다.

프룩탄: 다른 종류의 올리고당으로, 단당 과당의 사슬이다. 프룩탄은 아티초크, 마늘, 양파, 부추, 밀, 호밀 및 보리에 함유되어 있다. 이눌린과 FOS(프락토올리고당)라 불리는 특정 유형의 프룩탄은 때때로 프리바이오틱스의 효과를 위해 식품에 첨가되기도 한다.

유당: 두 가지의 단당이 결합된 이당류로서, 우유 및 유제품에 함유되어 있다. 비건 식단은 유당을 포함하지 않기 때문에, 이는 문제가 되지 않는다.

과당: 일반 설탕, 액상 과당, 과일 등에서 발견되는 단당(단당류라고도 불림)이다. 과당 대 포도당(다른 종류의 단당류)의 비율은 총 섭취 과당의 양보다 중요한데, 이 비율이 흡수에 영향을 미치기 때문이다. 따라서 사과, 배, 수박, 망고 등 과당이 많이 함유된 과일은 과당과 포도당이 절반씩 함유된 일반 설탕에 비해 과민성 대장 증후군을 더 악화시킬 수 있다. 아가베 시럽 또한 일반 설탕보다 과당의 함유량이 높다.

폴리올: 당알코올이라고도 불리는 폴리올은 소르비톨, 자일리톨, 만니톨 등을 포함한다. 이들은 무설탕 껌이나 사탕에 사용되는데, 사과, 살구, 아보카도, 체리, 천도복숭아, 배, 자두, 프룬과 같은 일부 과일에서도 자연적으로 생성된다.

저포드맵 식단의 섭취

일반적으로 포드맵은 건강에 나쁘지 않고, 오히려 대장암의 위험을 낮추는 데 도움이 될 수 있다. 완전 육식을 하지 않는 이상 포드맵을 완전히 제거하는 것은 불가능하지만, 과민성 대장 증후군을 앓고 있는 사람은 저포드맵 식단을 실행함으로써 포드맵 중 일부의 섭취를 줄일 필요가 있는지 여부를 확인하는데 도움이 될 수 있다.

포드맵 접근법은 과민성 대장 증후군의 증상이 개선되는지 확인하기 위해 발효성 탄수화물을 몇 주간 제한하는 것이다. 만약 제한 후 증상이 완화된다면, 이는 신체가 이 탄수화물 중 적어도 한 가지 이상에 민감하다는 것을 뜻한다. 그다음 단계는 한 번에 한 가지씩 소량의 탄수화물을 추가해보면서 어떤 탄수화물이 증상에 영향을 미치는지 알아보는 것이다.

435쪽의 표는 포드맵 식단의 식품 제한 단계에서 먹을 수 있는 음식과 피해야 할 음식을 보여준다. 6~8주 후 증상이 호전되면, 포드맵의 함유량이 높은 식품을 식단에 다시 추가하며, 무엇이 증상을 유발하는지를 알아보도록 한다. 다만 소량으로 시작하는 것이 좋다. 포드맵 함량이 높은 콩을 1/4컵 섭취하는 것은 괜찮을 수 있어도 1/2컵은 그렇지 않을 수도 있다.

한 번에 한 가지 유형의 발효성 탄수화물을 테스트하는 것 또한 중요하다. 이는 보기보다 그리 간단하지 않다. 예를 들어, 사과는 과당과 폴리올이라는 두 가지 유형의 포드맵을 함유하고 있다. 만약 내가 사과를 먹고 과민 반응을 보인다면, 이 중 어떤 포드맵 성분이 문제를 일으키는지 알 방법이 없다. 폴리올에 민감한지 여부를 판단하기 위해서는 살구를, 과당에 민감한지 여부를 판단하기 위해서는 망고를 섭취해보는 것이 좋다. 우리는 포드맵을 식단에 다시 추가하기에 앞서, 영양학자와 상의하고 식단 일지를 작성할 것을 추천한다.

포드맵 관련 정보 얻기

인터넷에서는 비건들의 조언을 포함해 포드맵 식단에 대한 다양한 정보를 찾아볼 수 있다. 다음과 같은 옵션들을 시도해 볼 것을 권장한다.

- 공식 포드맵 웹사이트: Monashfodmap.com
- '모나시 대학교 저포드맵 식단(Monash University Low FODMAP diet)' 앱
- https://www.katescarlata.com: 소화기 건강을 연구하는 공인된 영양학자의 웹사이트로, 비건을 위한 정보도 제공한다.
- 케이트 스칼라타(Kate Scarlata), 데데 윌슨(Dédé Wilson)의 《단계별 저포드맵 식단: 과민성 대장 증후군 및 기타 소화 장애 증상의 완화를 위한 맞춤형 식단 계획(The Low-FODMAP Diet Step by Step: A Personalized Plan to Relieve the Symptoms of IBS and Other Digestive Disorders)》
- 조 스테파니악(Jo Stepaniak)의 《저포드맵과 비건: 아무 것도 먹지 못할 때 무엇을 먹어야 하는가(Low FODMAP and Vegan: What to Eat When You Can't Eat Anything)》

포드맵 식단의 식품 제한 단계에서 먹을 수 있는 음식과 피해야 할 음식

	저포드맵 식품 (포드맵 식품 제한 단계에서 먹을 수 있는 식품)	고포드맵 식품 (포드맵 식품 제한 단계에서 섭취를 피해야 할 식품)
콩류	두부, 템페, 땅콩버터, 통조림 리마콩 약간(한 끼 당 1/4컵 정도), 병아리콩, 렌틸콩 완두콩과 쌀 분리 단백	통조림 리마콩, 병아리콩, 렌틸콩(발아콩은 소화 가능할 수 있음)을 제외한 모든 콩류 TVP 대두 단백질로 만든 식물성 고기
견과류 및 씨앗류	마카다미아, 땅콩, 피칸, 잣, 호박씨, 참깨, 해바라기씨, 호두 아몬드나 헤이즐넛은 1회당 10개 미만으로 제한한다.	캐슈넛, 피스타치오
채소	청경채, 껍질콩, 피망, 방울양배추, 당근, 치커리잎, 콜라드, 오이, 가지, 엔다이브, 회향 구근, 회향잎, 케일, 상추, 라디치오, 오크라, 대파(파란 부분만), 파스닙, 감자, 무, 스파게티 스쿼시, 여린 시금치, 스위스 차드, 토마토, 순무, 워터 체스트넛, 주키니	아티초크, 아스파라거스, 비트, 셀러리, 마늘, 리크 구근, 양파(모든 종류), 사보이 양배추, 슈가 스냅 피, 스위트콘 양파 피클이나 비트 피클은 소화 가능할 수 있음
과일	과일은 한 끼당 1회 분량 정도로 제한한다. 과당의 함량이 낮은 잘 익은 과일을 선택한다. 바나나, 블루베리, 캔탈루프 멜론, 포도, 키위, 레몬, 귤, 감로멜론, 네이블 오렌지, 파파야, 파인애플, 라즈베리, 루바브, 스타프루트, 딸기	사과, 살구, 아보카도, 블랙베리, 보이즌베리, 체리, 커런트, 대추야자, 무화과, 구기자, 자몽, 리치, 망고, 천도복숭아, 복숭아, 배, 감, 자두, 석류, 수박 통조림 과일 및 건과일
곡물	퀴노아, 쌀, 쌀국수, 귀리, 폴렌타, 쌀 크래커, 글루텐프리 빵(한 끼당 한 조각 이하)	밀을 함유하는 모든 제품, 통아몬드가루, 보리, 호밀

대체유 및 기타 음료	아몬드 대체유, 대두 단백질로 만든 두유(통대두로 만든 제품 제외), 홍차 및 녹차, 커피, 연한 허브차, 오렌지 주스 $\frac{1}{2}$컵	통대두로 만든 두유(대부분의 두유가 여기 해당됨), 카라기닌 첨가 대체유 카모마일 차, 과일 주스
감미료	스테비아, 흑설탕, 원당, 백설탕, 메이플 시럽, 쌀 맥아 시럽, 마멀레이드, 수크랄로스	아가베 시럽, 액상 과당, 과당, 잼, '올(ol)'이 들어가는 감미료(예를 들어 만니톨)가 첨가된 모든 식품
간식	다크 초콜릿, 옥수수 칩, 팝콘	
조미료	검정 올리브, 초록 올리브, 해조류, 코코넛 밀크, 미소, 마마이트, 뉴트리셔널 이스트, 비건 달걀 노른자, 대체 달걀(EnerG Egg Replacer), 우뭇가사리	타히니, 처트니, 피클, 렐리시, 살사, 시판용 샐러드 드레싱, 마늘 및 양파 가루
기름	아보카도유, 카놀라유, 코코넛 오일, 올리브 오일, 땅콩기름, 미강유, 참기름, 해바라기씨유, 대두유	
알코올	맥주, 와인, 진, 보드카, 위스키	포트와인 및 기타 강화 와인, 브랜디, 샴페인, 럼

저포드맵 메뉴 샘플

특정 포드맵 성분에 민감한 반응을 보이는 사람들의 대부분은 다른 종류의 포드맵 섭취가 가능하다. 하지만 모든 종류의 포드맵을 소화하지 못하는 드문 경우에도, 비건 식단의 진행은 가능하다. 저포드맵 식품은 두부, 템페, 땅콩버터, 다양한 견과류 및 씨앗류, 다양한 과일 및 채소류, 첨가 지방, 다양한 조미료, 글루텐프리 곡물 등이 포함된다. 또한 특정 종류의 콩을 소량 섭취하는 것이 가능하다. 다음은 저포드맵 식단 메뉴의 한 예시이다.

아침

- 아몬드 대체유, 블루베리, 다진 호두를 넣은 오트밀
- 커피나 차
- 글루텐프리 식빵과 땅콩버터

점심

- 감자, 토마토, 껍질콩, 익힌 렌틸콩 1/4컵을 넣은 채소 수프
- 오일과 식초 드레싱을 곁들인 샐러드
- 바나나

저녁

- 생강, 미소, 참기름 등으로 양념해 애호박, 청경채, 시금치를 넣어 볶은 두부나 템페
- 퀴노아나 현미

간식

- 해바라기씨 버터를 넣은 떡
- 팝콘
- 글루텐프리 프레첼

제17장

체중과 다이어트를 위한 인도적 접근

비건 식단에 관한 가장 흔한 질문 중 하나는 이것이 체중 감량에 효과가 있는가이다. 연구에 따르면 비건은 육식인이나 락토 오보 베지테리언에 비해 BMI 지수가 낮고, 체지방량이 적은 것으로 나타나는데, 이는 비건 식단이 체중 감량에 효과적일 수 있다는 점을 시사한다.[1~3] 체중 감량을 원하는 사람들에게는 고무적이지만, 우리는 이 문제를 다루는 데 있어 신중할 필요가 있다. 비건 식단이 손쉬운 체중 감량을 보장한다는 것은 사실이 아니다. 비거니즘을 체중 감량과 결부시키는 것은 비거니즘을 시작하는 사람들에게 실망을 줄 수 있으며, 일부 사람들이 비거니즘에 환멸을 느끼게 하는 원인이 될 수도 있다. '올바른' 비건 식단이 날씬한 몸을 가져다 준다는 믿음은 큰 체형의 비건에게도 유해한 환경을 조성할 수 있다.

바디 셰이밍과 체중 낙인

체중 낙인은 몸집이 큰 사람에 대한 차별과 고정관념 형성의 한 형태이다. 이는 종종 바디 셰이밍을 통해 표현되는데, 이는 특정 체형을 향한 부정적인 메시지를 수반한다. 체중 낙인과 바디 셰이밍은 특정 기준에 맞지 않는 체형에 수치심을 갖는 문화의 원인이 된다. 이는 우리가 사람의 체형이 건강 상태를 결정짓는다고 믿는 것과 같은, 식단이나 비만에 대한 단순하고 부정확한 믿음의 결과이다.

체중 낙인은 비만의 '위기'나 '만연'을 끊임없이 언급하는 문화에서 비롯된다. 이런 문화에서 비만은 사회와 경제에 있어 짐덩이 취급을 받는다. 다이어트 산업과 체중 감량을 장려하는 공중 보건 계획이 모두 체중 낙인과 바디 셰이밍의 문제에 기여를 하는데, 아이러니한 점은 바디 셰이밍이 체중 감량을 촉진시키지는 못한다는 점이다. 오히려 체중 증가와 더 큰 연관을 보인다.[4, 5]

사람이 체중에 대해 낙인이 찍히거나 비판을 받게 되면, 우울증과 불안감에 시달리며 무질서한 식생활을 하게 되고, 운동을 할 가능성도 줄어든다. 의료진에게서 체중과 관련한 수치심을 느끼는 경우, 암이나 기타 만성 질환 검사를 포함해 필요한 의료 서비스를 받는 것을 꺼리게 될 수도 있다.[4, 5]

표면적으로는 체중 감량에 대한 약속이 더 많은 사람들을 비거니즘으로 이끄는 유용한 방법으로 보일 수도 있다. 하지만 '올바른' 비건 식단을 실천함으로써 '쉽게' 체중을 감량할 수 있다는 말은 비난과 오명을 야기하는 지나치게 단순화된 주장이다. 이는 마치 우리가 체중 감량을 할 수 있는 유일무이한 비법을 알고 있다고 말하는 것과 다를 바 없는 순진하기 짝이 없는 소리다.

점점 더 많은 의료 전문가, 사회 과학자와 언론은 바디 셰이밍과 체중 낙인이 가지는 편견에 관한 고민과 실천을 요구하고 있다. 보다 정의롭고 인도적인 세상을 위해 나아가는 비건으로서 우리도 이런 노력에 동참할 필요가 있다.

비건 사이에서 나타나는 바디 셰이밍은 건강한 비건의 이상적인 외형에 맞지 않는 사람을 소외시키는 경향을 보인다. 이는 체중이 많이 나가거나 장애가 있는 비건, 그리고 노화의 자연적인 징후를 보이는 비건까지 포함한다. 건강 및 체중과 관련해 비건 식단을 어떻게 이야기하는가가 이 문제를 완화시키는 데 큰 도움이 될 수 있다. 다음은 몇 가지 제안 사항이다.

- 비건 식단이 체중 감량을 보장한다거나, 체중을 감량하는 쉬운 방법이라고 이야기하지 않는다.

- 비건을 옹호하는 미디어를 공유하는 데 있어 신중을 기한다. 체형이 큰 사람들의 상체를 얼굴 없이 보여주거나, 탄탄한 체형의 비건을 육식인과 비교하는 영상 등을 피한다. 이러한 미디어는 특히 육식인에게 수치심을 주기 위해 유머로 가장하는 경향이 있다.
- 모두가 체중 감량을 원한다고 생각하지 않는다.
- 체중을 기준으로 타인의 건강 상태나 식단을 가정하지 않는다.
- '정크 푸드 비건'이나 '컵케이크 비건'과 같은 문구의 사용을 지양한다.
- '과체중'이나 '비만'보다는 '체형이 큰' 혹은 '체중이 더 나가는'과 같은 중립적인 표현을 사용한다.
- 비건의 외형보다는 그들이 인도적인 삶을 살기 위해, 혹은 비건의 가치를 고취시키기 위해 무엇을 하고 있는지를 칭찬한다. 비건 식단을 외모나 매력과 동일시하지 않는다.

체중 감량과 건강

통계적으로, 높은 BMI 지수는 심장 질환, 암, 제2형 당뇨병과 같은 만성 질환의 더 높은 발병률과 관련이 있다. 하지만 이는 다소 복잡한 문제이다. 한 가지 예로, 지방이 신체 어디에 축적되어 있는지가 중요하다. 장기를 둘러싸고 있는 지방인 내장 지방은 허리둘레와 관련이 있으며, 엉덩이나 허벅지의 지방에 비해 고혈압과 당뇨병의 위험을 높일 가능성이 더 높다.

질병의 위험 또한 개인의 건강 상태에 따라 크게 달라진다. BMI 지수가 지나치게 높거나 낮은 경우 건강상의 문제가 있을 확률이 더 높지만, BMI 지수가 '정상' 범위에 있는 사람만이 건강한 것은 아니다. 체지방률이 높다 하더라도 건강한 생활 습관을 가진 사람은 최적의 혈중 콜레스테롤 수치와 혈압을 보이기도 한다. 4만 3천 명을 대상으로 진행한 한 연구는 BMI 지수가 비만 범위에 속하는 사람들 중 약 ⅓에 해당하는 사람이 체력 수준, 혈압, 콜레스테롤과 트라이글리세라이드의 수치에서 건강한 수준을 보였다는 점을 발견했다.[6]

체중 감량이 건강 증진을 위한 유일한 방법도 아니다. 15장에서 우리는 대쉬 식단을 따르는 이들이 체중 감소 없이 혈압을 낮추는 데 성공했다고 언급한 바 있다. 그리고 체중 감량이 건강 증진에 도움이 된다 해도, 그 효과를 보기 위해 큰 폭의 감량이 필요한 것은 아니다. 체중의 5~7%(약 90kg이 나가는 사람의 경우 4.5kg 정도)만 감량해도 당뇨병의 발병 위험을 줄이는 효과가 있다.[7]

일부 연구자들은 건강상의 위험을 결정하는 데 있어 체형보다는 체형에 대한 낙인이 더 큰 영향을 미친다고 주장한다. 체중 낙인은 우울증과 불안감을 유발해 체내 염증을 증가시키고 만성 질환의 위험을 높일 수 있다. 체중 감량에 대한 사회적 압력 때문에 체중의 반복적인 변화나 요요 현상을 겪기도 하는데, 논쟁의 여지가 있으나 이는 고혈압과 고 LDL 콜레스테롤의 위험을 증가시킬 수 있다.[8]

최적의 체중 달성

체중에 영향을 미치는 요인은 다양하다. 일부 요인은 통제가 가능하지만, 통제가 가능하지 않은 요인들도 존재한다. 우리는 이 모든 요인을 명확하게 이해하지 못하기 때문에, 체중 감량이 어려운 것은 당연하다.

더 정확히 말하자면, '장기적인' 체중 감량이 어려운 것이다. 많은 사람들은 쉽게 체중을 감량하지만, 감량한 체중을 유지하는 것을 어려워한다. 이것이 어려운 한 가지 이유는, 많은 다이어트가 단기적인 노력을 기반으로 한 체중 감량만을 염두에 두고 설계되었기 때문이다. 사람들은 식습관을 바꿈으로써 9kg을 감량했다가, 점차 예전의 습관으로 되돌아간다. 하지만 장기적으로 부지런하게 다이어트를 해온 사람들조차도, 시간이 지남에 따라 체중이 더 이상 감소하지 않거나 오히려 서서히 증가하는 것을 경험한다. 이는 체구가 작을수록 더 적은 열량을 소모하기 때문이다. 체중 감소는 또한 신진대사의 변화를 촉진하는데, 이는 신체가 굶주림에 대항하는 방어 기제로 열량을 보존하고 지방의 분해를 방해한다.[9] 이는 체중이 감소할수록 필요한 열량도 함께 줄어든다는 것을 의미한다. 결과적으로, 특정 BMI를 목표로 하는 것이든, 특정 옷 사이즈를 목표로 하는 것이든 상관없이, '이상적인' 체중을 달성한다는 것은 음식 섭취 및 열량과의 끊임없는 싸움을 의미한다.

체중 관리에 대한 보다 인도적이고 현실적인 접근은 '이상적인' 체중이라는 개념을 버리고, 캐나다비만네트워크(Canadian Obesity Network)가 정의하는 '최선의 체중' 개념을 받아들이는 것이다.[10]

나에게 있어 최선의 체중은 '내가 진정으로 즐길 수 있는 가장 건강한 생활 방식을 통해 달성 가능한 체중'이다. 내가 좋아하는 음식을 모두 포기하거나 극단적으로 굶는 방식을 통해 억지로 원하는 체중을 달성할 수도 있지만, 이는 건강하지도, 즐겁지도 않다. 따라서 이에 따른 결과는 최선의 체중이라 할 수 없다.

최선의 체중 개념은 건강한 습관, 음식 선택의 즐거움, 자기 몸 긍정주의, 그리고 신체의 자율권에 관한 노력을 포용한다. 중요한 것은 내 체중을 향한 외부의 메시지를 무시하고, 나에게 맞는 체중이 얼마인지를 스스로 결정하는 것이다. 내 체중을 결정할 수 있는 유일한 사람은 나뿐이다. 체중 낙인과 연관한 질환들을 고려할 때, 이 접근법을 수용하는 것은 그 자체로 건강상의 이점을 가진다고 할 수 있다.

이 장에서 제시하는 전략과 조언은, 식단과 생활 방식에 대한 다양한 선택지를 제공한다. 이는 최선의 체중을 달성하고 유지하는 데 도움을 줄 것이며, 체형과 상관없이 모두의 건강을 증진시킬 것이다.

하지만 이 선택지들을 살펴보기 전에 탄수화물, 지방, 체중 감량에 관한 일부 혼동을 바로잡을 필요가 있다.

저지방 혹은 저탄수화물이 중요한가?

'먹고 싶은 대로 다 먹으며 살도 뺀다!' 우리는 이렇게 주장하는 수많은 다이어트를 보아왔다. 우리가 고지방 식품을 피하기만 하면, 체중은 금세 감소할 것이다. 탄수화물의 섭취를 제한하면 체중계의 숫자는 역시 곧 줄어들 것이다.

우리는 어느 쪽으로든 체중 감량에 성공할 수 있다. 일부 연구에 따르면, 저탄수화물 다이어트는 체중 감소와 관련이 있지만, 또 다른 연구들은 저탄수화물 다이어트와 저지방 다이어트의 차이는 몇 달 내에 사라진다고 주장한다.[11~13] 연구자들은 앳킨스(탄수화물을 극단적으로 제한하는 다이어트법), 오니쉬(지방을 극단적으로 제한하는 다이어트법), 웨이트워처스(Weight Watchers,

음식마다 점수를 매겨 섭취하는 다이어트법으로, 음식의 종류는 상관없으나 음식물의 양을 엄격하게 제한한다.), 더존(The Zone, 탄수화물과 단백질, 지방의 섭취 비율을 정확히 조절하는 다이어트법)의 네 가지 인기있는 다이어트법을 비교했는데, 네 식단 모두 사람들이 잘 따르기만 하면 체중 감량에 효과가 있음을 발견했다. 피실험자들은 앳킨스 다이어트와 오니쉬 다이어트에서 가장 낮은 실천률을 보였다.[14] 다이어트피츠(DIETFITS)라 불리는 또 다른 큰 연구에서는, 저탄수화물과 저지방 식단을 따르는 사람들 사이에서 체중 감량의 차이는 나타나지 않았다.[15]

지방은 동일한 양의 탄수화물, 단백질에 비해 2배 이상에 달하는 열량을 가지고 있기 때문에, 지방을 극단적으로 제한하는 식단은 열량의 섭취를 줄이는 데 효과적이다. 견과류, 아보카도, 기름 등 모든 종류의 지방을 제한하는 식단 또한 지나친 열량의 섭취를 어렵게 만드는데, 이는 식단이 단조로울수록 우리가 덜 먹는 경향이 있기 때문이다. 하지만 일부 고지방 식품은 오히려 체중 조절에 도움이 될 수 있다. 견과류는 지방의 함량이 가장 높은 식물성 식품 중 하나이지만, 하루에 1, 2회 분량(버터 형태보다는 통견과류의 형태로 섭취하는 것이 좋다.)을 섭취하는 것은 체지방을 낮추는 효과가 있다. 견과류는 포만감을 주는 효과가 있으며, 견과류의 섭취는 식사 후에 일어나는 신진대사를 증진시키는 효과가 있다.[16, 17] 또한 견과류의 열량이 모두 체내에서 사용되는 것은 아니다.[18]

올리브 오일이나 카놀라유와 같은 단일 불포화 지방산을 많이 함유한 식품은 복부 지방을 줄이는 데 도움이 될 수 있는데, 이는 단일 불포화 지방산이 식사 후의 에너지 대사를 증가시키기 때문인 것으로 보인다.[19] 브라운 대학교의 한 연구에서, 저열량 식물 위주 식단에 올리브 오일을 3큰술 첨가해 섭취한 여성들은 저지방 식단을 한 여성들에 비해 더 많은 체중을 감량했다. 이 연구에 참여한 여성들은 모두 올리브 오일을 포함하는 식단을 시도한 후 이를 가장 선호한다 대답했는데, 올리브 오일을 포함하는 식단이 공복감이 덜했고, 음식의 맛이 더 나았다고 설명했다.[20]

이는 모든 종류의 식물성 지방을 마음껏 섭취해도 된다는 뜻은 아니다. 음식에 기름을 지나치게 많이 사용하거나, 하루 종일 견과류를 간식으로 먹는 것은 지나친 열량 섭취로 이어질 수 있다. 하지만 체중 감량을 위해 모든 고지방 식품과 기름을 제한해야 하는 것은 아니다. 이러한 식품이 가지는 건강상의 이점과 식사에 더해주는 즐거움을 고려했을 때, 식단에 이러한 식품을 일부 포함시키는 것은 건강하고 즐거운 식품 선택을 통해 최선의 체중을 찾기 위한 전략의 일부가 될 수 있다.

탄수화물은 주로 콩, 통곡물, 채소, 과일 등을 통해 섭취하는 것이 좋다. 이러한 식품들의 풍부한 섬유질 함량은 포만감을 주는 데 도움이 된다. 16장에서 섬유질이 풍부한 식단은 장내 박테리아에 영향을 미치고 체중 감량에 도움이 된다고 언급한 바 있다.

이 모든 것을 고려해볼 때, 체중 감량을 원하는 사람들이 지방이나 탄수화물의 섭취를 특별히 제한할 필요는 없다. 건강하면서도 내가 즐길 수 있는 식품을 선택하는 것이 탄수화물이나 지방의 섭취를 최소화하는 것보다 훨씬 중요하다.

최선의 체중을 달성하기 위한 식품 선택

여기서 다루는 내용은 체중 감량을 위해 무엇을 먹어야 하는지에 대한 규칙이 아니라, 건강, 포만감, 개인적인 식성 등에 초점을 두고 식품 선택을 하기 위한 권고안이다. 아래 사항들은 체중 감량, 체중 증가의 예방, 건강 증진 모두에 도움이 될 것이다.

나에게 맞는 탄수화물과 지방의 조합을 찾는다. 비건 식단은 저지방 식단이나 저탄수화물 식단뿐만 아니라, 그 사이에 해당하는 모든 다양한 식단에도 적합하다. 저탄수화물 비건 식단은 견과류, 씨앗류, 채소, 아보카도, 대두 식품, 버터나 오일류를 주로 삼아 콩류와 과일은 적당량, 곡물은 제한된 양만 섭취하는 식단이다. 저지방 비건 식단은 견과류, 씨앗류, 대두 식품, 아보카도, 버터나 오일류의 섭취를 줄이면서 곡물, 콩, 과일 및 채소의 섭취를 늘리는 식단이다. 어느 쪽이든 건강한 접근 방법이다.

단백질을 충분히 섭취한다. 단백질의 섭취를 늘리는 것은 체중 감량 과정에서 뼈와 근육을 보호하는 데 도움이 되는데, 특히 운동을 병행하면 더욱 효과가 크다.[21] 단백질은 또한 탄수화물이나 지방보다 더 포만감을 준다. 탄수화물과 단백질을 함께 섭취하면 포도당이 혈액에 흡수되는 것을 지연시켜 더 안정적인 에너지원을 제공한다. 단백질은 탄수화물이나 지방에 비해 소화와 흡수가 더 어렵기 때문에, 고단백 식사는 식사 직후 신체가 열량을 소모하는 속도를 증가시킬 수 있다. 10장의 식품 가이드에서 제시하는 콩류를 모든 식사 및 간식에 최소 1회 분량 포함하는 것을 목표로 하도록 한다.

포만도가 높은 식품을 선택한다. 단백질과 섬유질은 최상의 포만감을 주는 조합이며, 콩은 단백질과 섬유질이 모두 풍부한 몇 안 되는 식품 중 하나이다. 식단에 콩을 추가하면, 섭취 열량에 크게 신경쓰지 않고도 약간의 체중 감량 효과를 볼 수 있다.[22] 호주의 연구자들은 피실험자들이 식단에 한 가지 간단한 변화를 주도록 했는데, 이는 12주간 매주 병아리콩을 4캔씩 섭취하는 것이었다. 피실험자들은 자신들의 식단에서 곡물의 일부를 병아리콩으로 대체했고, 그 결과 약간의 체중 감량을 보였다.[23] 또한 콩이 갖는 여러 건강상의 이점을 고려해볼 때, 콩을 충분히 섭취하는 것은 모두를 위한 좋은 아이디어이다.[24]

부피가 큰 식품을 많이 섭취한다. 수분과 섬유질의 함량이 높은 식품을 섭취하는 것은 포만감을 주는 데 도움이 된다. 열량 대비 부피가 가장 큰 비건 식품은 채소와 과일이며, 다음이 통곡물과 콩이다. 매 끼니마다 접시의 반을 채소와 과일로 채우고, 간식으로도 섭취한다. 열량이 낮은 식품을 배불리 먹는 것도 좋은 방법이지만, '생채소'만으로 이루어진 식단으로 몸을 속이려고 해서는 안 된다. 포만감을 위해 몸은 여전히 단백질을 필요로 할 것이다.

물로 갈증을 해소한다. 물은 비용이 들지 않고 열량이 없기 때문에, 주스와 탄산음료 대신 물을 섭취하는 것은 섭취 열량을 제한하는 쉬운 방법이다. 대부분의 성인은 하루에 약 4~6컵의 물을 필요로 하지만, 이는 기후와 활동에 따라 달라진다. 첨가물을 넣지 않은 커피, 녹차나 홍차, 허브차 또한 수분 섭취를 도울 수 있는 열량이 없는 음료이다. 다이어트 음료는 열량이 없지만, 신진대사 과정에 혼란을 주어 체중 증가를 유발한다는 연구 결과가 있다. 다만 이 연구는 일관된 결과를 보이지 않았고 다이어트 음료가 일반 탄산음료보다 나을 테지만, 더 정확한 정보가 나오기 전까지는 정 원한다면 하루에 한 번 정도로 섭취를 제한할 것을 권한다.

과음하지 않는다. 이는 어떠한 식단에서도 항상 좋은 조언이다. 하루에 1, 2잔 정도의 적당한 섭취는 문제가 되지 않지만, 과도한 음주는 체중 증가의 원인이 될 수 있다.[25] 유흥용 물질에 대해 첨언하자면, 대마초는 저체중인 사람을 제외하고는 체중 증가를 일으킨다는 증거가 희박하다.[26] 대마초 사용이 식욕을 증진한다는 특성에도 불구하고 말이다. 이는 아마도 사람들이 열량이 높은 주류 대신 열량이 없는 대마초를 유흥용 물질로 사용했기 때문일 수도 있다. 혹은 의료용 대마초를 처방받은 사람이 통증을 느끼는 빈도가 줄면서 더 많이 운동할 수 있기 때문일 수도 있다.[27] 이는 분명 더 많은 연구가 필요한 분야이며, 향후 10년간 많은 연구들이 진행될 것으로 보인다.

고도로 가공된 식품의 섭취를 제한한다. '고도의 가공'이 무엇을 말하는지에 관한 명확한 정의는 없지만, 이러한 식품들은 대체로 정제된 성분이 많고, 소금이나 설탕을 많이 함유하며, 섬유질이 적은 식품으로 묘사된다. 종종 이러한 식품은 '지나치게 맛있게(hyper-palatable)' 가공되어 사람들이 필요 이상 섭취하게 만든다. 그 예로는 탄산음료, 포장된 쿠키나 페이스트리, 일부 브랜드의 과자, 라면, 인스턴트 식품 등이 해당된다. 한 연구 단체는 고도로 가공된 식품을 위주로 식사를 하는 경우 더 많은 열량을 섭취하는 경향이 있다는 점을 발견했다. 연구자들은 피실험자들에게 하루에 세 번, 많은 양의 식사를 제공하고 그들이 먹고 싶은 만큼 먹도록 했다. 식사가 고도로 가공된 식품들로 구성되었을 때, 피실험자들은 하루에 약 500칼로리를 더 섭취했다.[28]

이 연구는 사람들이 하루 종일 가공식품을 섭취할 때 어떤 일이 일어날 수 있는지를 보여준 것이지만, 식단에서 모든 가공식품을 배제해야 한다는 뜻은 아니다. 그리고 모든 종류의 가공식품이 문제가 된다는 것을 의미하지도 않는다. 두부, 식물성 대체유, 통조림 콩 및 냉동 콩과 채소, 시판 스파게티 소스, 반조리 곡물 등과 같은 가공식품은 비건 식단에서 중요한 역할을 할 수 있다. 식물성 고기는 체중 감량 과정에서 근육과 뼈를 보호하기 위한 단백질 섭취를 증가시키는 데 도움이 된다. 그리고 바로 먹을 수 있는 인스턴트 비건 제품들은 실제로 건강에 좋은 성분들을 다량 함유하고 있다. 가장 좋은 조언은 섬유질의 좋은 공급원에 속하는 식품을 자주 섭취하고, 시판 간식이나 단 식품의 섭취를 제한하는 것이다.

직관적/선제적 식사 스타일 찾기

직관적 식사는 배고픔이라는 생물학적 신호를 존중하고, 이에 반응해 음식을 섭취하는 식단 외적인 접근법이다. 배고픔을 억제하거나 무시하는 대신, '너무' 배고파지기 전에 음식을 먹는 것이 목표이다. '너무' 배고픈 상태는 빠른 에너지 섭취를 위한 고열량의 식품 섭취와 과식을 초래하고, 직관적 식사는 이를 예방하는 데 목적이 있다. 직관적 식사는 외부 규칙에 따라 식품을 선택하기보다는 나의 식품 선택에 대한 신뢰를 회복하는 데에 중점을 둔다. 특히 섭식장애를 앓는 사람에게 중요한 접근법이다. 직관적 식사에 대한 더 많은 정보는 비건 영양학자인 테일러 울프람(Taylor Wolfram)의 웹사이트(http://www.wholegreenwellness.com/)에서 찾아볼 수 있다.

또 다른 접근 방식은 배고픔을 막기 위한 선제적 식사를 하는 것이다. 이 방법은 단백질이 풍부한 식사나 간식을 몇 시간 간격으로 섭취함으로써 배고픔을 예방하여 식품 선택을 더 쉽게 관리할 수 있도록 한다.

이 두 가지 접근 방식은 우리에게 과식을 유발할 수 있는 배고픔을 예방한다는 공통적인 목표를 가지고 있다. 어느 방법을 택하든, 의식적으로 식사하는 것이 중요하다. TV나 컴퓨터 화면을 보며 식사를 하면 내가 생각하는 것보다 더 많이 먹기 십상이다. 먹고 있는 음식에 주의를 기울이면, 나의 식욕과 포만감에 더 잘 맞춰 식사를 할 수 있다.

음식만이 전부는 아니다.

운동, 휴식, 스트레스 관리는 모두 건강에 중요한 요소이며, 체중 감량이나 유지에도 도움이 될 수 있다. 운동은 세포가 인슐린에 반응하도록 돕고, 혈압과 콜레스테롤 수치를 낮추며, 염증을 줄여준다. 또한 수면을 개선하고, 우울증과 불안감도 완화시킨다. 걷기, 달리기, 춤, 자전거, 크로스컨트리 스키와 같은 유산소 운동은 심혈관 건강에 좋다. 바벨, 덤벨이나 기구를 사용한 중량 운동은 근육을 튼튼하게 하고 뼈를 보호한다. 두 운동 모두 건강을 위해 중요하며, 체중 감량 중인 사람이나 50대 이상의 성인에게는 근력 운동이 더욱 중요하다.

충분한 휴식을 취하는 것 또한 중요하다. 대부분의 성인은 하루에 약 7시간 이상의 수면을 필요로 하며, 충분한 수면은 체중 증가의 예방에 도움이 된다. 수면이 부족한 다음 날 더 배가 고픈 것처럼 느껴진다면, 이는 단순한 착각이 아니다. 수면 부족은 포만감을 느끼는 호르몬에 영향을 주어 배고픔을 유발할 수 있다.

마지막으로, 우울증과 불안감은 염증 및 체중 증가에 영향을 미친다. 우울증을 완화하기 위한 생활 습관 전략은 403쪽을 참조한다.

이는 조금 덜 일반적인 문제일 수 있지만, 어떤 사람들은 원하는 체중을 유지하기 위한 충분한 열량을 섭취하는 데에 어려움을 겪기도 한다. 저체중은 사망률의 증가의 요인이 될 수 있으며, 골다공증의 위험을 높인다. 여성의 경우, 체지방량이 너무 적으면 임신이 어려울 수 있다. 노년층의 저체중은 근력 저하와 관련이 있으며, 이는 노쇠와 장애로 이어질 수 있다.

유전적 요인은 체형에 영향을 미치며, 저체중이나 과체중의 요인이 될 수 있다. 흡연이나 약물 사용, 우울증은 저체중의 원인이 되기도 한다. 암 치료나 장기 질환 또한 체중 감소를 불러올 수 있다.

만약 충분한 열량의 섭취가 어려워 저체중인 상태라면, 영양소 결핍의 위험에 노출될 가능성이 있다. 체중을 늘리는 과정에서 강화식품과 같은 좋은 영양 공급원을 통해 적절한 영양소 섭취를 하는 것이 바람직하지만, 때로는 열량이 높은 간식을 약간 섭취하는 것도 괜찮다. 다음은 체중 증가를 위한 몇 가지 팁이다.

- 자주 먹는다. 이는 빨리 포만감을 느끼는 사람에게는 더욱 중요하다. 하루에 많은 양의 식사를 두세 끼 하는 것보다 적은 양으로 다섯에서 여섯 끼를 먹는 것이 더 좋다.

- 스무디와 셰이크를 활용한다. 과일 스무디에 단백질 파우더나 소량의 견과류 버터를 넣어 열량 함량을 높인다.
- 열량이 높은 식품을 간식으로 섭취한다. 낮 시간에 집을 비워야 하는 상황이라면, 견과류 버터를 바른 크래커, 말린 과일, 에너지바, 혼합 견과류와 같은 간식을 챙겨 다닌다. 식물성 대체유와 과일을 곁들인 그래놀라는 열량이 풍부한 오후 간식이 될 수 있다.
- 재료를 추가한다. 캐슈 크림(물에 불린 캐슈넛을 올리브 오일과 레몬주스에 넣고 간 것)이나 비건 사워크림을 수프에 섞거나, 견과류와 아보카도를 샐러드에 추가한다.
- 채소를 소량의 기름과 함께 볶는다.
- 건강한 간식을 즐긴다. 비건 아이스크림에 과일을 얹어 먹거나, 비건 요거트에 그래놀라와 과일을 섞어 먹는다. 혹은 스무디에 초콜릿 맛의 식물성 대체유를 첨가한다.
- 고열량 식품을 선택할 수 있는 방법을 찾아본다. 오트밀을 다른 식물성 대체유보다 열량이 높은 전지 두유와 함께 섭취한다. 부드러운 두부 대신 열량이 높은 단단한 두부를 선택한다.
- 백미, 파스타와 같은 정제된 곡물을 식단에 추가해 섬유질로 인한 포만감을 줄인다.
- 요리를 할 시간이 없다면, 반조리 곡물(냉동이나 상온 보관 가능한 제품)과 같은 간편 식품을 주방에 구비해두고, 냉

동실에 식물성 고기를 준비하도록 한다.

- 음식의 양이 적어 보이도록 큰 그릇에 담아 먹는다.
- 단백질과 탄수화물은 근육 유지에 중요하므로 많이 섭취하도록 한다.
- 근력 강화 운동을 한다. 근력 운동으로 인한 근 성장은 체중 증가에 도움이 된다. 또한 근력 운동은 식욕을 증진시키는 효과가 있다.

섭식장애와 비건 식단

섭식장애는 식이 행동 및 그와 관련된 생각과 감정에 중대한 문제가 생기는 심각하고 치명적인 질병이다.

가장 일반적인 세 가지 섭식장애는 신경성 식욕부진증, 신경성 대식증, 폭식 장애이다. 신경성 식욕부진증을 가진 사람들은 살이 찌는 것을 극도로 두려워하고, 위험할 정도로 마른 상태에서도 본인을 과체중이라 생각한다. 이들은 날씬한 체형을 강박에 가깝게 추구하면서 굉장히 제한된 식사를 하며, 종종 과도한 운동을 하곤 한다. 신경성 대식증에 걸린 사람은 지나치게 많은 양의 음식을 섭취한 후, 강제 구토, 설사약, 이뇨제, 또는 지나친 운동 등으로 이를 제거하려 하는 증상을 보이며, 스스로 이를 통제하지 못한다. 가장 흔한 섭식장애는 폭식

장애인데, 이는 위와 같은 음식 제거의 노력 없이 폭식만 하는 증상을 뜻한다.

섭식장애는 대물림되는 질환으로, 유전적, 생물학적, 행동적, 심리적, 사회적 요인의 복잡한 상호 작용과 관련이 있다. 대부분의 경우 섭식장애는 정신과 상담, 의료 모니터링, 영양 상담 등을 포함하는 포괄적인 개입이 필요하다. 항우울제와 같은 약물 치료도 유용할 수 있다.

섭식장애는 남녀노소 상관없이 어느 연령대에서나 발생 가능하지만, 십 대 소녀와 젊은 여성 사이에서 가장 흔히 발견된다. 일부 연구는 섭식장애가 베지테리언과 비건에게서 더 흔히 나타난다 주장하지만, 이는 십 대 소녀와 젊은 여성이 건강에 좋지 않은 식습관을 포장하기 위해 비건 식단을 이용하기 때문인 것으로 보인다.[29] 즉, 섭식장애가 우선 발생하고, 비건 식단은 섭취 열량을 조절하기 위해 사용한 많은 수단 중 하나에 불과한 것이다.[30] 비건이 되기를 선택하거나, 비건 가족에서 자란 건강한 소녀들은 다른 사람들에 비해 섭식장애를 가질 가능성이 결코 더 높지 않다. 비건 식단은 섭식장애의 징후가 아니다.

윤리적인 이유로 베지테리언 식단을 선택하는 여성들이 건강, 특히 체중 감량을 위해 동물성 식품을 제한하는 여성들에 비해 섭식장애의 위험이 낮다는 연구 결과가 있다.[30~32] 락토 오보 베지테리언, 세미 베지테리언, 플렉시테리언과 같은 다른 식물 위주 식단을 하는 사람들에 비해, 비건이 제한적인 섭식 행동을 보일 가능성이 더 낮다는 연구 결과도 있다. 이는 건강이나 다이어트가 세미 베지테리언이나 플렉시테리언 식단의 동기가 되는 경우가 많기 때문일 것이다.[33, 34] 그리고 흥미로운 점은 베지테리언 식단을 해온 기간이 길어질 수록 제한적인 섭식 행동이나 섭식장애 발생 빈도가 감소한다는 것이다.[34] 이는 장기간에 걸쳐 채식을 하는 사람의 경우, 체중 감량이 채식의 이유가 아닐 가능성이 높다는 점을 시사한다.

하지만 윤리적인 이유로 채식을 하는 경우에도, 비건 식단, 체중 감량, 건강한 식생활에 관한 메시지가 식품에 대한 문제적인 태도로 변질될 수 있다. 식품 선택을 과하게 제한하고 식단을 가능한 한 '완벽하게' 만들 것을 요구하는 비건 식단은 식단과 식품 선택에 대한 건강하지 않은 태도를 불러올 수 있다.

비건 식단과 제한적 식사

고도로 가공된 식품과 당분이 많은 식품을 줄이는 것은 누구에게나 좋은 일이다. 콩, 통곡물, 과일, 채소, 견과류, 씨앗류 및 건강한 지방을 섭취하는 것은 최선의 체중과 건강을 얻을 수 있는 기회를 극대화하는 식단의 기초이다. 그렇다고 해서 케이크 같은 식품을 절대 섭취해서는 안 된다는 뜻은 아니다.

특정 식품을 완전히 금지하는 것은 죄책감과 자기 비난의 위험에 빠지기 쉽고, 식품 선택에 대한 불안과 두려움으로 이어질 수 있다. 어쩌다 한 번 실수로 이런 식품을 섭취하게 되면 '실패했다'는 생각을 하게 되는 것이다. 또한 스스로 부정을 저지르거나 나쁜 짓을 했다고 생각하게 될 수도 있다. 이와 같은 음식과의 관계는 유혹에 직면했을 때 무력감이 들게 만들고, 음식이 전능한 가치를 가진 것처럼 여기게 만든다. 그 음식을 먹도록 스스로에게 허락함으로써 이런 역학 관계를 완전히 뒤집을 수 있다. 과식을 유발하는 식품을 단기간 피하는 것이 유익할 수는 있으나, 섭식장애 전문가들은 종종 이러한 식품을 식단에 다시 포함시킬 것을 권장하기도 한다. 이는 모든 식품을 '정상화'하는 것이 목적이다.

특정 식품을 완전히 금지한다는 개념은 식이요법과 건강에 대한 잘못된 인식을 제시하기도 한다. 인간의 신체는 그리 불안정하거나 연약하지 않기 때문에, 자연식품만 섭취하지 않는다고 해서 건강이 나빠지는 것은 아니다. 특정 식품만을 허용하고, 일부 식품을 금지하는 것과 같은 경직된 생각은 폭식이나 섭식장애로 이어질 수 있다.

식품의 선택과 준비에 과도하게 신경쓰고, 끊임없이 식단 개선을 하게 만드는 강박은 '건강식품 강박증(orthorexia)'이라 불리는 패턴의 일부이다.[35] 비거니즘 자체가 음식의 선택과 준비에 있어 상당한 관심을 필요로 하는 것은 사실이다. 하지만 식단에서 동물에게 해를 끼칠 수 있는 식품을 배제하는 것과 아주 적은 양이라도 지방, 설탕, 가공식품 등이 건강을 해칠 수 있다는 믿음 사이에는 큰 간극이 존재한다.

이 책이 제시하고자 하는 건강한 식생활에 관한 관심은 건강식품 강박증과는 다르다. 비건 식단이 모든 종류의 첨가 지방, 식품 첨가물, 비유기농 식품, 가공식품, 식물성 고기나 치즈, 또는 반조리 제품과 같은 식품을 모두 금지한다는 식의 메시지는 음식에 대한 건강하지 못한 태도를 유발할 수 있으며, 비건 식단에 대한 비판을 불러올 수도 있다. 극도로 제한적인 식단을 따르던 유명 블로거나 운동 인플루언서들이 건강이 나빠지기 시작할 때 비건 식단을 포기했던 사례가 많다. 그들의 팔로워나 언론은 지나치게 제한적인 식단의 문제가 아니라 비건 식단이 문제였다고 생각할 수도 있다.

우리가 식품에 대해 말하는 방식에 주의를 기울이는 것은 건강에 해로운 관행 및 이와 관련된 잘못된 태도를 최소화하는 데 도움이 될 수 있다. 특정 식품이 '해롭다'고 표현하면 해당 식품에 불안감이 생길 수 있고, 건강에 덜 유익한 음식을 먹는 사람을 '정크 푸드 비건'이라 부르는 것은 듣는 이의 식습관에 따라 수치심을 줄 수 있다. '깨끗한 식사'와 같은 용어의 사용은 식품과의 불건전한 관계를 조장하고, 특정 식품에 대한 두려움을 촉발할 수 있다.

이보다 더 나은 접근 방식은 비건 식단에 대해 유용하고, 증거에 기반한 메시지를 공유하는 것이다. 즉 비건 식단은 자연

상태 식물성 식품을 토대로 하는 건강하고 책임감 있는 선택이며, 동시에 간편 식품, 간식, 선호하는 식품도 포함할 수 있는 식단임을 알리는 것이다.

건강한 삶을 위한 현실적인 목표 설정

가장 건강한 생활 방식을 실천하는 것이 무엇을 의미하든 간에, 이를 매일 실천하는 것은 매우 어려울 수 있다. 건강을 위해 실천해야 할 항목들이 버겁게 느껴진다면, 몇 가지 우선 순위를 정하는 것이 좋다. 숙면을 취하고, 30분간 산책을 하고, 매일 8회 분량 이상의 과일과 채소를 섭취하고, 1, 2컵 이상의 콩을 섭취하도록 한다. 나의 진정한 목표는 내가 즐길 수 있는 건강한 생활 방식이라는 점을 명심하고, 한 번에 하나씩 습관을 길러 나가도록 하자.

후기

평생 비건

이 책의 목표는 사람들이 건강하고, 실용적이며, 즐겁게 비건 식단을 실천할 수 있게 해줄 지식과 도구를 제공하는 것이었다. 영양소가 풍부한 건강식품을 선택함과 동시에 좋아하는 식품과 간식을 스스로에게 허용하는 것은 누구에게나 힘이 될 것이다. 그리고 우리는 이것이 특히 비건에게 더욱 도움이 되리라 믿는다.

식단과 관련해, 우리가 통제할 수 있는 것이 몇 가지 있다. 예를 들어, 이 책에 담긴 정보에 기반해, 우리는 비건 식단을 통해 영양소 필요량을 충족시키고 있다 확신을 가질 수 있다. 그리고 균형잡힌 비건 식단을 실천하고, 흡연을 피하고, 스트레스를 관리하고, 규칙적으로 운동하고, 적절한 건강 검진을 받음으로써, 우리는 건강을 지키기 위해 최선을 다하고 있다고 자신할 수 있을 것이다. 하지만 모든 사람에게 날씬한 몸을 보장하거나, 질병으로부터 완전한 보호를 보장할 수 있는 식단은 존재하지 않는다. 우리가 통제할 수 없는 것도 있는 법이다.

하지만 비건이 병에 걸리거나, 체중 감량에 실패하더라도, 비건 식단이 우리가 할 수 있는 최선의 선택임은 변하지 않는다. 이는 개인의 건강과 행복을 뛰어넘는 이점을 제공한다. 평생 비건을 실천하는 것은 단지 나의 삶에만 영향을 미치는 것이 아니라, 동물과 환경에도 영향을 미친다. 또한 이는 지구에서 살아갈 모든 미래 세대의 삶에도 영향을 미치게 된다.

비건이 된다는 것은 나의 가치를 세우고, 다양한 삶을 살피며, 지구를 보호하고, 내 몸을 존중하는 의미있는 삶을 하루하루 살아가는 것이다. 우리에게 이만큼을 약속할 수 있는 또 다른 식단은 어디에도 존재하지 않는다.

감수자의 말

비건을 위한
강력한 영양학적 방패

많은 사람들은 영양학에 단 하나의 권고만이 있다고 생각한다. 하지만 영양학에는 목적과 상황에 따라 매우 다양한 권고가 있을 수 있다. 가령 단기간에 최대한 빨리 아이들의 키와 몸무게를 성장시키는 것을 지향하는 영양학과, 오랜 기간 동안 천천히 키와 몸무게를 성장시키며 최고의 건강을 유지하는 것이 목적인 영양학은 권고 내용이 다를 수밖에 없다. 전자는 동물성 식품 중심의 영양을 권하고, 후자는 식물성 식품 중심의 영양을 권하게 된다. 또한, 최고의 건강 상태를 유지하기 위한 영양학이 있는가 하면, 어느 정도 불건강한 음식에 대한 선택권을 존중하며 중간 수준의 건강 상태면 충분하다고 생각하는 영양학도 있다. 최근에는 인간의 건강뿐만 아니라 지구 및 생태계의 건강, 기후에 미치는 영향까지 고려한 영양학적 관점도 주목받고 있다.

이렇게 다양한 관점의 영양학이 있기 때문에, 우리는 여러 전문가들의 서로 상반된 영양학적 권고를 접하게 된다. 하지만, 각자의 기준에서 각자의 주장은 대체로 옳다. 때문에 각각의 영양학적 권고의 구체적인 내용을 두고 옳으냐 그르냐를 따지는 것보다, 먼저 내가 지향하는 바가 무엇인지를 파악하는 것이 더 중요할 수 있다. 내가 지향하는 바가 무엇인지 잘 안다면, 그에 맞는 영양학적 관점을 찾아 실천하는 것은 크게 어렵거나 혼란스럽지 않을 수 있기 때문이다.

《평생 비건》의 지향은 아주 명확하다. 다양한 이유로 비거니즘을 실천하려는 사람들이 영양에 대한 불안감을 떨쳐버릴 수 있게 하는 것이다. 이 책은 비건 식단에 대한 동물성 식품 중심 영양 전문가들의 다양한 비판에 대해 하나하나 매우 상세하게 답변하고 있다. 단백질, 오메가3, 칼슘, 비타민 D, 비타민 B12, 철분, 아연 등 비건 식단에서 부족하기 쉽다고 알려진 영양소에 관한 상세한 설명과 섭취 부족을 피할 수 있는 매우 실용적인 태도의 방법들이 제시되어 있다. 아울러 임신, 수유 및 영유아기, 학령기, 청소년기, 50세 이상 성인기 등 생애주기에 맞는 비건 버전의 영양학적 권고와, 스포츠 영양학적 권고에 이르기까지 비거니즘에 관심있는 사람들이 평생에 걸쳐서 참고할 만한 광범위한 내용들이 망라되어 있다.

물론 매우 실용적인 태도의 방법이란, 최대한 건강한 식사를 하려 노력하되, 여의치 않으면 보충제를 섭취하는 것이다. 식단에서 모든 동물성 식품을 철저히 배제하고, 다양한 식물성 가공식품을 적극적으로 수용하는 현실적인 비건주의자, 비건 지향인이 음식만으로는 충분한 영양소를 섭취하기 어려울 수 있음을 인정하고, 매우 보수적인 관점에서 모든 영양소를 권장섭취량 이상으로 섭취할 수 있는 신뢰할 만한 방법은 보충제일 수밖에 없기 때문이다.

한편 동물성 위주 식단에 대한 비건 식단의 우월성을 주장하고 싶은 사람들에게 두 저자의 보충제 권고는 뭔가 비건 식단이 불완전하고, 결핍이 있다는 자백처럼 느껴질 수도 있다. 하지만, 동물성 식품을 우선시하는 영양 전문가들도 모든 영양소를 권장섭취량 이상으로 섭취하게끔 하기 위해 다양한 보충제를 권하고 있기는 마찬가지다. 이 문제는 비건이냐 아니냐의 문제가 아니라 현대인에게 익숙한 기본적인 생활 방식과 건강한 자연식물식을 실천하기 어려운 환경에 의한 결과일 뿐이다.

비건주의자들에게 가장 중요한 것은, 삶 전체에서의 탈육식, 식단에서의 완전한 탈육식이다. 때문에 현대인들에게 익숙한 정크 푸드의 비건 버전인 다양한 식물성 가공식품은 비건주의자들에겐 매우 강력한 탈육식의 무기다. 그래서 이 책은 최고의 건강 상태를 지향하며 식물성 가공식품에 대해 비판적인 자연식물식의 권고에 대해 다소 부정적이거나 가끔은 적대적인 듯한 태도를 보이기도 한다. 대체육을 비롯한 식물성 가공식품과 식물성 기름에 대한 부정적인 태도가 순식물성 식단은 매우 단조롭고 고리타분하다는 인상을 줄 수 있다는 것이다. 그래서 건강을 앞세운 순식물성 식단 권고가 역설적으로 탈육식 확대의 걸림돌이 될 수 있다고 본다. 자연식물식 관점의 영양학적 권고와《평생 비건》의 영양학적 권고는 단백질 권장량, 식물성 지방 허용량, 각종 영양소의 권장량에 대한 태도에서 일부 차이가 있다. 이 책의 영양학은 동물성 식품 중심 영양학의 비건 버전 영양학이다. 최대한 논쟁을 피하고, 많은 영양소 섭취에 초점을 맞춰 기존 영양학 전문가들이 비판할 여지를 줄이는 것을 가장 중요하게 여긴다. 하지만 아무리 개별 영양소를 충분히 섭취하더라도 식물성 가공식품이나 식물성 기름을 과도하게 섭취하게 되면 다양한 건강 문제가 발생할 수 있다.

물론《평생 비건》이 식물성 가공식품을 무한정 허용하는 것은 아니다. 식단의 다양성과 재미를 위해 현명하게 활용하길 권한다. 하지만, 혹시나 이 책의 권고를 잘 지켰는데도 건강상 만족스럽지 않은 부분이 생긴다면, 가공식품과 식물성 기름을 좀 더 제한해보길 권한다. 생각보다 매우 적은 양의 가공식품과 식물성 기름에도 민감하게 반응하는 경우가 적지 않기 때문이다. 내 몸이 보내는 신호를 경청할 줄 안다면,《평생 비건》은 비건을 위한 강력한 영양학적 방패가 될 것이다.

주

서론: 평생 비건이 된다는 것

1. Melina V, Craig W, Levin S. Position of the Academy of Nutrition and Dietetics: Vegetarian diets. J Acad Nutr Diet. 2016; 116:1970–1980.

1. 왜 비건인가?

1. Compassion over Killing Investigations. http://cok.net/inv/.
2. Duncan I. Animal welfare issues in the poultry industry: Is there a lesson to be learned? JAAWS. 2001; 4:207–221.
3. United Egg Producers. Complete Guidelines for Cage and Cage–free Housing. https://uepcertified.com/wp–content/uploads/2015/08/UEP–Animal–Welfare–Guidelines–20141.pdf.
4. Webster AB. Welfare implications of avian osteoporosis. Poult Sci. 2004;

83:184–192.
5. Zuidhof MJ, Schneider BL, Carney VL, Korver DR, Robinson FE. Growth, efficiency, and yield of commercial broilers from 1957, 1978, and 2005. Poult Sci. 2014; 93:2970–2982.
6. Knowles TG, Kestin SC, Haslam SM, Brown SN, Green LE, Butterworth A, Pope SJ, Pfeiffer D, Nicol CJ. Leg disorders in broiler chickens: Prevalence, risk factors and prevention. PLoS One. 2008; 3:e1545.
7. Byrnes J. Raising pigs by the calendar at Maplewood Farm. Hog Farm Management. 1976; September:30–31.
8. Highlights of Swine 2006 Part III: Reference of Swine Health, Productivity, and General Management in the United States, 2006, Animal and Plant Health Inspection Service, USDA. March 2008. http://www.aphis.usda.gov/animal_health/nahms/swine/index.shtml.
9. Pork Checkoff. Online Farm Euthanasia of Swine: Recommendations for the Producer. https://www.aasv.org/aasv/documents/SwineEuthanasia.pdf.
10. Bekoff M. Killing "Happy" Pigs Is "Welfarish" and Isn't Just Fine. Psychology Today, May 7, 2015. https://www.psychologytoday.com/us/blog/animal–emotions/201505/killing–happy–pigs–is–welfarish–and–isnt–just–fine.
11. USDA Economic Research Service. The Changing Landscape of U.S. Milk Production. 2002. https://www.ers.usda.gov/webdocs/publications/47162/17864_sb978_1_.pdf?v=41056 (page 2).
12. USDA. Milk: Production Per Cow by Year. https://www.nass.usda.gov/Charts_and_Maps/Milk_Production_and_Milk_Cows/cowrates.php
13. Rogers D. Strange Noises Turn Out to Be Cows Missing Their Calves. Daily News. October 23, 2013. https://www.newburyportnews.com/news/local_news/strange–noises–turn–out–to–be–cows–missing–their–calves/article_d872e4da–b318–5e90–870e–51266f8eea7f.html.
14. Ask a Farmer: Use of Antibiotics in Cattle Feedlots. 2013. https://beefrunner.com/2013/11/18/ask–a–farmer–use–of–antibiotics–in–cattle–feedlots/.
15. Blackmore W. They Tested the Air Around Livestock Farms, and What It Contained Will Make You Gag. Take Part. 2015. http://www.takepart.com/article/2015/01/23/antibiotic–resistance–downwind–feedlots.

16. Edwards–Callaway LN, Walker J, Tucker CB. Culling decisions and dairy cattle welfare during transport to slaughter in the United States. Front Vet Sci. 2018; 5:343.
17. Humane Society of the United States. The Welfare of Animals in the Veal Industry. September 5, 2008. http://www.humanesociety.org/assets/pdfs/farm/hsus–the–welfare–of–animals–in–the–veal–industry.pdf.
18. Grandin T. Recommended Captive Bolt Stunning Techniques for Cattle.www.grandin.com/humane/cap.bolt.tips.html.
19. Vogel K, Grandin T. 2008 Restaurant Animal Welfare and Humane Slaughter Audits in Federally Inspected Beef and Pork Slaughter Plants in the U.S. and Canada. http://www.grandin.com/survey/2008.restaurant.audits.html; and Livestock Slaughter 2008 Summary, United States Department of Agriculture: Economics, Statistics, and Market Information System. http://usda.mannlib.cornell.edu/usda/nass/LiveSlauSu//2000s/2009/LiveSlauSu–03–06–2009.pdf.
20. USDA National Agricultural Statistics Service. Poultry Slaughter 2018. https://www.nass.usda.gov/Publications/Todays_Reports/reports/psla1018.pdf.
21. Jabr F. It's Official: Fish Feel Pain. January 8, 2018. https://www.smithsonianmag.com/science–nature/fish–feel–pain–180967764/.
22. Krantz R. "Wild–Caught," "Organic," "Grass–Fed": What Do All These Animal Welfare Labels Actually Mean? Vox. January 30, 2019. https://www.vox.com/future–perfect/2019/1/30/18197688/organic–cage–free–wild–caught–certified–humane.
23. Cornucopia Institute. Scrambled Eggs: Separating Factory Farm Production from Authentic Organic Production. https://www.cornucopia.org/scrambled–eggs–separating–factory–farm–egg–production–from–authentic–organic–agriculture/.
24. Farm Animal Sanctuary Directory. https://www.vegan.com/?s=sanc.
25. Singer P. Animal Liberation: A New Ethic for Our Treatment of Animals. Harper Collins; 1975.
26. Wuebbles DJ, Fahey DW, Hibbard KA, et al. Executive summary. In Wuebbles DJ, Fahey DW, Hibbard KA, Dokken DJ, Stewart BC, Maycock TK, eds.

Climate Science Special Report: Fourth National Climate Assessment, Volume 1. Washington, DC: US Global Change Research Program; 2017:12–34.
27. Lappé FM. Diet for a Small Planet. Ballantine Books, 1971.
28. Reijnders L, Soret S. Quantification of the environmental impact of different dietary protein choices. Am J Clin Nutr. 2003; 78:664S–668S.
29. Sabate J, Soret S. Sustainability of plant–based diets: back to the future. Am J Clin Nutr. 2014; 100 Suppl 1:476S–482S.
30. Scarborough P, Appleby PN, Mizdrak A, Briggs AD, Travis RC, Bradbury KE, Key TJ. Dietary greenhouse gas emissions of meat–eaters, fish–eaters, vegetarians and vegans in the UK. Clim Change. 2014; 125:179–192.
31. Environmental Protection Agency. Estimated Animal Agriculture Nitrogen and Phosphorus from Manure. https://www.epa.gov/nutrient–policy–data/estimated–animal–agriculture–nitrogen–and–phosphorus–manure.
32. Harwatt H, Sabaté J, Eshel G, Soret S, Ripple W. Substituting beans for beef as a contribution toward US climate change targets. Clim Change. 2017; 143:261.
33. Goldstein B, Moses R, Sammons N, Birkved M. Potential to curb the environmental burdens of American beef consumption using a novel plant–based beef substitute. PLoS One. 2017; 12:e0189029.

3. 비건 식단의 영양소 필요량 이해하기

1. Mangels R, Messina V, Messina M. The Dietitian's Guide to Vegetarian Diets.3rd ed. Sudbury, MA: Jones and Bartlett, 2011.
2. Davey GK, Spencer EA, Appleby PN, Allen NE, Knox KH, Key TJ. EPIC–Oxford: Lifestyle characteristics and nutrient intakes in a cohort of 33, 883 meat–eaters and 31, 546 non meat–eaters in the UK. Public Health Nutr. 2003; 6:259–269.
3. Rizzo NS, Jaceldo–Siegl K, Sabate J, Fraser GE. Nutrient profiles of vegetarian and nonvegetarian dietary patterns. J Acad Nutr Diet. 2013; 113:1610–1619.

4. Sobiecki JG, Appleby PN, Bradbury KE, Key TJ. High compliance with dietary recommendations in a cohort of meat eaters, fish eaters, vegetarians, and vegans: Results from the European Prospective Investigation into Cancer and Nutrition—Oxford study. Nutr Res. 2016; 36:464–477.

4. 식물성 단백질

1. Young VR, Pellett PL. Plant proteins in relation to human protein and amino acid nutrition. Am J Clin Nutr. 1994; 59:1203S–1212S.
2. Lappé FM. Diet for a Small Planet. Ballantine Books, 1971.
3. Fuller MF, Reeds PJ. Nitrogen cycling in the gut. Annu Rev Nutr. 1998; 18:385–411.
4. WHO Technical Report Series 935: Protein and Amino Acid Requirements in Human Nutrition. https://www.who.int/nutrition/publications/nutrientrequirements/WHO_TRS_935/en/.
5. Elango R, Humayun MA, Ball RO, Pencharz PB. Evidence that protein requirements have been significantly underestimated. Curr Opin Clin Nutr Metab Care. 2010; 13:52–57.
6. Sarwar G. Digestibility of protein and bioavailability of amino acids in foods: Effects on protein quality assessment. World Rev Nutr Diet. 1987; 54:26–70.
7. Leidy HJ, Clifton PM, Astrup A, et al. The role of protein in weight loss and maintenance. Am J Clin Nutr. 2015; 101:1320S–1329S.
8. Buendia JR, Bradlee ML, Singer MR, Moore LL. Diets higher in protein predict lower high blood pressure risk in Framingham Offspring Study adults. Am J Hypertens. 2015; 28:372–379.
9. Rizzoli R, Biver E, Bonjour JP, Coxam V, et al. Benefits and safety of dietary protein for bone health: An expert consensus paper endorsed by the European Society for Clinical and Economical Aspects of Osteopororosis, Osteoarthritis, and Musculoskeletal Diseases and by the International Osteoporosis Foundation. Osteoporos Int. 2018; 29:1933–1948.
10. Martone AM, Marzetti E, Calvani R, et al. Exercise and protein intake: A

synergistic approach against sarcopenia. Biomed Res Int. 2017; Article ID 2672435. https://www.hindawi.com/journals/bmri/2017/2672435/cta/.

11. Paddon–Jones D, Rasmussen BB. Dietary protein recommendations and the prevention of sarcopenia. Curr Opin Clin Nutr Metab Care. 2009; 12:86–90.
12. Bauer J, Biolo G, Cederholm T, et al. Evidence–based recommendations for optimal dietary protein intake in older people: A position paper from the PROT–AGE Study Group. J Am Med Dir Assoc. 2013; 14:542–559.
13. Richter CK, Skulas–Ray AC, Champagne CM, Kris–Etherton PM. Plant protein and animal proteins: Do they differentially affect cardiovascular disease risk? Adv Nutr. 2015; 6:712–728.
14. Richard DM, Dawes MA, Mathias CW, Acheson A, Hill–Kapturczak N, Dougherty DM. L–Tryptophan: Basic metabolic functions, behavioral research and therapeutic indications. Int J Tryptophan Res. 2009; 2:45–60.

5. 건강한 뼈를 위한 식사: 칼슘과 비타민 D

1. Eaton SB, Nelson DA. Calcium in evolutionary perspective. Am J Clin Nutr. 1991; 54:281S–287S.
2. Konner M, Eaton SB. Paleolithic nutrition: Twenty–five years later. Nutr Clin Pract. 2010; 25:594–602.
3. Mangels R, Messina V, Messina M. The Dietitian's Guide to Vegetarian Diets. 3rd ed. Sudbury, MA: Jones and Bartlett, 2011.
4. Sobiecki JG, Appleby PN, Bradbury KE, Key TJ. High compliance with dietary recommendations in a cohort of meat eaters, fish eaters, vegetarians, and vegans: Results from the European Prospective Investigation into Cancer and Nutrition—Oxford study. Nutr Res. 2016; 36:464–477.
5. Rizzo NS, Jaceldo–Siegl K, Sabate J, Fraser GE. Nutrient profiles of vegetarian and nonvegetarian dietary patterns. J Acad Nutr Diet. 2013; 113:1610–1619.
6. Feskanich D, Willett WC, Stampfer MJ, Colditz GA. Milk, dietary calcium, and bone fractures in women: A 12–year prospective study. Am J Public

Health. 1997; 87:992–997.

7. Bischoff–Ferrari HA, Dawson–Hughes B, Baron JA, et al. Calcium intake and hip fracture risk in men and women: A meta–analysis of prospective cohort studies and randomized controlled trials. Am J Clin Nutr. 2007; 86:1780–1790.
8. Abelow BJ, Holford TR, Insogna KL. Cross–cultural association between dietary animal protein and hip fracture: A hypothesis. Calcif Tissue Int. 1992; 50:14–18.
9. Wetzsteon RJ, Hughes JM, Kaufman BC, et al. Ethnic differences in bone geometry and strength are apparent in childhood. Bone. 2009; 44:970–975.
10. Faulkner KG, Cummings SR, Black D, Palermo L, Gluer CC, Genant HK. Simple measurement of femoral geometry predicts hip fracture: The study of osteoporotic fractures. J Bone Miner Res. 1993; 8:1211–1217.
11. Lee DH, Jung KY, Hong AR, et al. Femoral geometry, bone mineral density, and the risk of hip fracture in premenopausal women: A case control study. BMC Musculoskelet Disord. 2016; 17:42.
12. Kwan MM, Tsang WW, Lin SI, Greenaway M, Close JC, Lord SR. Increased concern is protective for falls in Chinese older people: The chopstix fall risk study. J Gerontol A Biol Sci Med Sci. 2013; 68:946–953.
13. Russell–Aulet M, Wang J, Thornton JC, Colt EW, Pierson RN, Jr. Bone mineral density and mass in a cross–sectional study of white and Asian women. J Bone Miner Res. 1993; 8:575–582.
14. Bow CH, Cheung E, Cheung CL, et al. Ethnic difference of clinical vertebral fracture risk. Osteoporos Int. 2012; 23:879–885.
15. Cao JJ, Pasiakos SM, Margolis LM, et al. Calcium homeostasis and bone metabolic responses to high–protein diets during energy deficit in healthy young adults: A randomized controlled trial. Am J Clin Nutr. 2014; 99:400–407.
16. Cao JJ, Johnson LK, Hunt JR. A diet high in meat protein and potential renal acid load increases fractional calcium absorption and urinary calcium excretion without affecting markers of bone resorption or formation in postmenopausal women. J Nutr. 2011; 141:391–397.
17. Kerstetter JE, O'Brien KO, Insogna KL. Dietary protein affects intestinal calci-

um absorption. Am J Clin Nutr. 1998; 68:859–865.

18. Fenton TR, Lyon AW, Eliasziw M, Tough SC, Hanley DA. Meta–analysis of the effect of the acid–ash hypothesis of osteoporosis on calcium balance. J Bone Miner Res. 2009; 24:1835–1840.
19. Calvez J, Poupin N, Chesneau C, Lassale C, Tome D. Protein intake, calcium balance and health consequences. Eur J Clin Nutr. 2012; 66:281–295.
20. Beasley JM, LaCroix AZ, Larson JC, et al. Biomarker–calibrated protein intake and bone health in the Women's Health Initiative clinical trials and observational study. Am J Clin Nutr. 2014; 99:934–240.
21. Munger RG, Cerhan JR, Chiu BC. Prospective study of dietary protein intake and risk of hip fracture in postmenopausal women. Am J Clin Nutr. 1999; 69:147–152.
22. Pedone C, Napoli N, Pozzilli P, et al. Quality of diet and potential renal acid load as risk factors for reduced bone density in elderly women. Bone. 2010; 46:1063–1067.
23. Devine A, Dick IM, Islam AF, Dhaliwal SS, Prince RL. Protein consumption is an important predictor of lower limb bone mass in elderly women. Am J Clin Nutr. 2005; 81:1423–1428.
24. Schurch MA, Rizzoli R, Slosman D, Vadas L, Vergnaud P, Bonjour JP. Protein supplements increase serum insulin–like growth factor–I levels and attenuate proximal femur bone loss in patients with recent hip fracture: A randomized, double–blind, placebo–controlled trial. Ann Intern Med. 1998; 128:801–809.
25. Thorpe DL, Knutsen SF, Beeson WL, Rajaram S, Fraser GE. Effects of meat consumption and vegetarian diet on risk of wrist fracture over 25 years in a cohort of peri– and postmenopausal women. Public Health Nutr. 2008; 11:564–572.
26. Lousuebsakul–Matthews V, Thorpe DL, Knutsen R, Beeson WL, Fraser GE, Knutsen SF. Legumes and meat analogues consumption are associated with hip fracture risk independently of meat intake among Caucasian men and women: the Adventist Health Study–2. Public Health Nutr 2014; 17:2333–2343.

27. Thorpe MP, Evans EM. Dietary protein and bone health: Harmonizing conflicting theories. Nutr Rev. 2011; 69:215–230.
28. Ho–Pham LT, Nguyen ND, Nguyen TV. Effect of vegetarian diets on bone mineral density: A Bayesian meta–analysis. Am J Clin Nutr. 2009; 90: 943–950.
29. Appleby P, Roddam A, Allen N, Key T. Comparative fracture risk in vegetarians and nonvegetarians in EPIC–Oxford. Eur J Clin Nutr. 2007; 61:1400–1406.
30. Chiu JF, Lan SJ, Yang CY, et al. Long–term vegetarian diet and bone mineral density in postmenopausal Taiwanese women. Calcif Tissue Int. 1997; 60:245–249.
31. Weaver CM, Heaney RP, Connor L, Martin BR, Smith DL, Nielsen E. Bioavailability of calcium from tofu vs. milk in premenopausal women. J Food Sci. 2002; 68:3144–3147.
32. Weaver CM, Heaney RP, Nickel KP, Packard PI. Calcium bioavailability from high oxalate vegetables: Chinese vegetables, sweet potatoes and rhubarb. J Food Sci. 1997; 63:524–525.
33. Weaver CM, Plawecki KL. Dietary calcium: Adequacy of a vegetarian diet. Am J Clin Nutr. 1994; 59:1238S–1241S.
34. Weaver CM, Proulx WR, Heaney R. Choices for achieving adequate dietary calcium with a vegetarian diet. Am J Clin Nutr. 1999; 70:543S–548S.
35. Samelson EJ, Booth SL, Fox CS, et al. Calcium intake is not associated with increased coronary artery calcification: The Framingham Study. Am J Clin Nutr. 2012; 96:1274–1280.
36. Thacher TD, Clarke BL. Vitamin D insufficiency. Mayo Clin Proc. 2011; 86:50–60.
37. Holick MF, Binkley NC, Bischoff–Ferrari HA, et al. Evaluation, treatment, and prevention of vitamin D deficiency: An Endocrine Society clinical practice guideline. J Clin Endocrinol Metab. 2011; 96:1911–1930.
38. Armas LA, Hollis BW, Heaney RP. Vitamin D2 is much less effective than vitamin D3 in humans. J Clin Endocrinol Metab. 2004; 89:5387–5391.
39. Holick MF, Biancuzzo RM, Chen TC, et al. Vitamin D2 is as effective as vita-

min D3 in maintaining circulating concentrations of 25-hydroxyvitamin D. J Clin Endocrinol Metab. 2008; 93:677-681.
40. Lehmann U, Hirche F, Stangl GI, Hinz K, Westphal S, Dierkes J. Bioavailability of vitamin D(2) and D(3) in healthy volunteers: A randomized placebo-controlled trial. J Clin Endocrinol Metab. 2013; 98:4339-4345.
41. Webb AR, Kline L, Holick MF. Influence of season and latitude on the cutaneous synthesis of vitamin D3: Exposure to winter sunlight in Boston and Edmonton will not promote vitamin D3 synthesis in human skin. J Clin Endocrinol Metab. 1988 Aug; 67(2):373-378.
42. Specker BL, Valanis B, Hertzberg V, Edwards N, Tsang RC. Sunshine exposure and serum 25-hydroxyvitamin D concentrations in exclusively breast-fed infants. J Pediatr. 1985; 107:372-376.
43. Clemens TL, Adams JS, Henderson SL, Holick MF. Increased skin pigment reduces the capacity of skin to synthesise vitamin D3. Lancet. 1982; 1:74-76.
44. Holick MF, Matsuoka LY, Wortsman J. Age, vitamin D, and solar ultraviolet. Lancet. 1989;2:1104-1105.
45. Tucker KL, Hannan MT, Chen H, Cupples LA, Wilson PW, Kiel DP. Potassium, magnesium, and fruit and vegetable intakes are associated with greater bone mineral density in elderly men and women. Am J Clin Nutr. 1999; 69:727-736.
46. Ruiz-Ramos M, Vargas LA, Fortoul Van der Goes TI, Cervantes-Sandoval A, Mendoza-Nunez VM. Supplementation of ascorbic acid and alpha-tocopherol is useful to preventing bone loss linked to oxidative stress in elderly. J Nutr Health Aging. 2010; 14:467-472.
47. Feskanich D, Weber P, Willett WC, Rockett H, Booth SL, Colditz GA. Vitamin K intake and hip fractures in women: A prospective study. Am J Clin Nutr. 1999; 69:74-79.
48. Booth SL, Broe KE, Gagnon DR, et al. Vitamin K intake and bone mineral density in women and men. Am J Clin Nutr. 2003; 77:512-516.

1. van den Berg H, Dagnelie PC, van Staveren WA. Vitamin B12 and seaweed. Lancet. 1988; 1:242–243.
2. Carmel R, Karnaze DS, Weiner JM. Neurologic abnormalities in cobalamin deficiency are associated with higher cobalamin "analogue" values than are hematologic abnormalities. J Lab Clin Med. 1988; 111:57–62.
3. Merchant RE, Phillips TW, Udani J. Nutritional supplementation with Chlorella pyrenoidosa lowers serum methylmalonic acid in vegans and vegetarians with a suspected vitamin B(1)(2) deficiency. J Med Food. 2015; 18:1357–1362.
4. Mozafar A, Oertli JJ. Uptake of a microbially–produced vitamin (B12) by soybean roots. Plant Soil. 1992; 139:23–30.
5. Bito T, Ohishi N, Hatanaka Y, et al. Production and characterization of cyanocobalamin–enriched lettuce (Lactuca sativa L.) grown using hydroponics. J Agric Food Chem. 2013; 61:3852–3858.
6. Van Dam F, Van Gool WA. Hyperhomocysteinemia and Alzheimer's disease: A systematic review. Arch Gerontol Geriatr. May–June 2009; 48(3):425–430. Epub 2008 May 13.
7. Walters MJ, Sterling J, Quinn C, et al. Associations of lifestyle and vascular risk factors with Alzheimer's brain biomarker changes during middle age: A 3–year longitudinal study in the broader New York City area. BMJ Open. Nov 25, 2018; 8(11):e023664.
8. Douaud G, Refsum H, de Jager CA, et al. Preventing Alzheimer's disease–related gray matter atrophy by B–vitamin treatment. Proc Natl Acad Sci U S A. June 4, 2013; 110(23):9523–9528. DOI: 10.1073/pnas.1301816110. Epub May 20, 2013.
9. Molloy AM, Kirke PN, Troendle JF, et al. Maternal vitamin B12 status and risk of neural tube defects in a population with high neural tube defect prevalence and no folic acid fortification. Pediatrics. March 2009; 123(3):917–923.
10. Krivosikova Z, Krajcovicova–Kudlackova M, Spustova V, et al. The associ-

ation between high plasma homocysteine levels and lower bone mineral density in Slovak women: The impact of vegetarian diet. Eur J Nutr. 2010; 49(3):147–153.

11. Herrmann W, Obeid R, Schorr H, et al. Enhanced bone metabolism in vegetarians: The role of vitamin B12 deficiency. Clin Chem Lab Med. 2009; 47(11): 1381–1387.
12. Martí–Carvajal AJ, Solà I, Lathyris D, Dayer M. Homocysteine–lowering interventions for preventing cardiovascular events. Cochrane Database Syst Rev. Aug 17, 2017; 8:CD006612.
13. Norris J. Mild B12 deficiency–elevated homocysteine. www.veganhealth.org/b12/hcy.
14. Pawlak R, Parrott SJ, Raj S, Cullum–Dugan D, Lucus D. How prevalent is vitamin B(12) deficiency among vegetarians? Nutr Rev. Feb 2013; 71(2):110–117.
15. Pawlak R, Lester SE, Babatunde T. The prevalence of cobalamin deficiency among vegetarians assessed by serum vitamin B12: A review of literature. Eur J Clin Nutr. 2016; 70:866.
16. Kwok T, Chook P, Qiao M, et al. Vitamin B–12 supplementation improves arterial function in vegetarians with subnormal vitamin B–12 status. J Nutr Health Aging. 2012; 16(6):569–573.
17. Allen LH. How common is vitamin B–12 deficiency? Am J Clin Nutr. 2009; 89:693S–696S.
18. Opinion of the Scientific Panel on Food Additives, Flavourings, Processing Aids and Materials in Contact with Food (AFC) on hydrocyanic acid in flavourings and other food ingredients with flavouring properties. The EFSA Journal. 2004:105.
19. Hokin BD, Butler T. Cyanocobalamin (vitamin B–12) status in Seventh–Day Adventist ministers in Australia. Am J Clin Nutr. 1999; 70:576S–578S.
20. Mason R. paleovegan.blogspot.com/2010/08Afarensis–may–have–used–stone–tool–so.html.
21. Billings T. http://www.beyondveg.com/billings–t/comp–anat/comp–anat–9e.shtml.

1. Mangels R, Messina V, Messina M. The Dietitian's Guide to Vegetarian Diets. 3rd ed. Sudbury, MA: Jones and Bartlett, 2011.
2. Keys A, Menotti A, Karvonen MJ, et al. The diet and 15-year death rate in the Seven Countries Study. Am J Epidemiol. 1986; 124:903–915.
3. Welch AA, Bingham SA, Khaw KT. Estimated conversion of alpha-linolenic acid to long chain n-3 polyunsaturated fatty acids is greater than expected in non fish-eating vegetarians and non fish-eating meat-eaters than in fish-eaters. J Hum Nutr Diet. 2008; 21:404.
4. Kornsteiner M, Singer I, Elmadfa I. Very low n-3 long-chain polyunsaturated fatty acid status in Austrian vegetarians and vegans. Ann Nutr Metab. 2008; 52:37–47.
5. Mann N, Pirotta Y, O'Connell S, Li D, Kelly F, Sinclair A. Fatty acid composition of habitual omnivore and vegetarian diets. Lipids. 2006; 41:637–646.
6. Mozaffarian D, Wu JH. Omega-3 fatty acids and cardiovascular disease: Effects on risk factors, molecular pathways, and clinical events. J Am Coll Cardiol. 2011; 58:2047–2067.
7. Mente A, de Koning L, Shannon HS, Anand SS. A systematic review of the evidence supporting a causal link between dietary factors and coronary heart disease. Arch Intern Med. 2009; 169:659–669.
8. Aung T, Halsey J, Kromhout D, et al. Associations of omega-3 fatty acid supplement use with cardiovascular disease risks: Meta-analysis of 10 trials involving 77,917 individuals. JAMA Cardiol. 2018; 3:225–234.
9. Abdelhamid AS, Brown TJ, Brainard JS, et al. Omega-3 fatty acids for the primary and secondary prevention of cardiovascular disease. Cochrane Database Syst Rev. 2018; 11:CD003177.
10. Kromhout D. Omega-3 fatty acids and coronary heart disease: The final verdict? Curr Opin Lipidol. 2012; 23:554–559.
11. Jung UJ, Torrejon C, Tighe AP, Deckelbaum RJ. n-3 Fatty acids and cardiovascular disease: Mechanisms underlying beneficial effects. Am J Clin Nutr. 2008; 87:2003S–2009S.

12. Rosell MS, Lloyd–Wright Z, Appleby PN, Sanders TA, Allen NE, Key TJ. Long–chain n–3 polyunsaturated fatty acids in plasma in British meat–eating, vegetarian, and vegan men. Am J Clin Nutr. 2005; 82:327–334.
13. Sanders TA, Roshanai F. Platelet phospholipid fatty acid composition and function in vegans compared with age– and sex–matched omnivore controls. Eur J Clin Nutr. 1992; 46:823–831.
14. Reddy S, Sanders TA, Obeid O. The influence of maternal vegetarian diet on essential fatty acid status of the newborn. Eur J Clin Nutr. 1994; 48:358–368.
15. Krajcovicova–Kudlackova M, Simoncic R, Bederova A, Klvanova J. Plasma fatty acid profile and alternative nutrition. Ann Nutr Metab. 1997; 41:365–370.
16. Agren JJ, Tormala ML, Nenonen MT, Hanninen OO. Fatty acid composition of erythrocyte, platelet, and serum lipids in strict vegans. Lipids. 1995; 30: 365–369.
17. Mezzano D, Munoz X, Martinez C, et al. Vegetarians and cardiovascular risk factors: Hemostasis, inflammatory markers and plasma homocysteine. Thromb Haemost. 1999; 81:913–917.
18. Mezzano D, Kosiel K, Martinez C, et al. Cardiovascular risk factors in vegetarians: Normalization of hyperhomocysteinemia with vitamin B(12) and reduction of platelet aggregation with n–3 fatty acids. Thromb Res. 2000; 100:153–160.
19. Key TJ, Fraser GE, Thorogood M, et al. Mortality in vegetarians and nonvegetarians: Detailed findings from a collaborative analysis of 5 prospective studies. Am J Clin Nutr. 1999; 70:516S–524S.
20. Crowe FL, Appleby PN, Travis RC, Key TJ. Risk of hospitalization or death from ischemic heart disease among British vegetarians and nonvegetarians: Results from the EPIC–Oxford cohort study. Am J Clin Nutr. 2013; 97:597–603.
21. Burdge GC, Calder PC. Conversion of alpha–linolenic acid to longer–chain polyunsaturated fatty acids in human adults. Reprod Nutr Dev. 2005; 45:581–597.
22. Burdge GC, Jones AE, Wootton SA. Eicosapentaenoic and docosapentae-

noic acids are the principal products of alpha–linolenic acid metabolism in young men*. Br J Nutr. 2002; 88:355–363.

23. Emken EA, Adlof RO, Gulley RM. Dietary linoleic acid influences desaturation and acylation of deuterium–labeled linoleic and linolenic acids in young adult males. Biochim Biophys Acta. 1994; 1213:277–288.
24. Gerster H. Can adults adequately convert alpha–linolenic acid (18:3n–3) to eicosapentaenoic acid (20:5n–3) and docosahexaenoic acid (22:6n–3)? Int J Vitam Nutr Res. 1998; 68:159–173.
25. Liou YA, King DJ, Zibrik D, Innis SM. Decreasing linoleic acid with constant alpha–linolenic acid in dietary fats increases (n–3) eicosapentaenoic acid in
26. plasma phospholipids in healthy men. J Nutr. 2007; 137:945–952. 26. Wien M, Rajaram S, Oda K, Sabate J. Decreasing the linoleic acid to alpha–linolenic acid diet ratio increases eicosapentaenoic acid in erythrocytes in adults. Lipids. 2010; 45:683–692.
27. Fokkema MR, Brouwer DA, Hasperhoven MB, Martini IA, Muskiet FA. Short–term supplementation of low–dose gamma–linolenic acid (GLA), alpha–linolenic acid (ALA), or GLA plus ALA does not augment LCP omega 3 status of Dutch vegans to an appreciable extent. Prostaglandins Leukot Essent Fatty Acids 2000; 63:287–292.
28. Wood KE, Mantzioris E, Gibson RA, Ramsden CE, Muhlhausler BS. The effect of modifying dietary LA and ALA intakes on omega–3 long chain polyunsaturated fatty acid (n–3 LCPUFA) status in human adults: A systematic review and commentary. Prostaglandins Leukot Essent Fatty Acids. 2015; 95:47–55.
29. Sanders TA, Younger KM. The effect of dietary supplements of omega 3 polyunsaturated fatty acids on the fatty acid composition of platelets and plasma choline phosphoglycerides. Br J Nutr. 1981; 45:613–616.
30. Ghafoorunissa IM. n–3 Fatty acids in Indian diets: Comparison of the effects of precursor (alpha–linolenic acid) vs. product (long chain n–3 polyunsaturated fatty acids). Nutr Res. 1992; 12:569–582.
31. FAO report 91 Fats and fatty acids in human nutrition: Report of an expert consultation. Food and Nutrition Paper 91. FAO of the UN, Rome 2010.

32. Pinto AM, Sanders TA, Kendall AC, et al. A comparison of heart rate variability, n–3 PUFA status and lipid mediator profile in age– and BMI–matched middle–aged vegans and omnivores. Br J Nutr. 2017; 117:669–685.
33. Allés B, Baudry J, Mejean C, et al. Comparison of sociodemographic and nutritional characteristics between self–reported vegetarians, vegans, and meat–eaters from the NutriNet–Sante Study. Nutrients. 2017; 9(9):1023. https://www.ncbi.nlm.nih.gov/pmc/articles/PMC5622783/.
34. Rizzo NS, Jaceldo–Siegl K, Sabate J, Fraser GE. Nutrient profiles of vegetarian and nonvegetarian dietary patterns. J Acad Nutr Diet. 2013; 113:1610–1619.
35. Lloyd–Wright Z, Preston R, Gray R, et al. Randomized placebo controlled trial of a daily intake of 200 mg docasahexanoic acid in vegans. Abstract in Proc Nutr Soc. 2003; 62:42a.
36. Conquer JA, Holub BJ. Supplementation with an algae source of docosahexaenoic acid increases (n–3) fatty acid status and alters selected risk factors for heart disease in vegetarian subjects. J Nutr. 1996; 126:3032–3039.
37. Lipoeto NI, Agus Z, Oenzil F, Wahlqvist M, Wattanapenpaiboon N. Dietary intake and the risk of coronary heart disease among the coconut–consuming Minangkabau in West Sumatra, Indonesia. Asia Pac J Clin Nutr. 2004; 13:377–384.
38. Khaw KT, Sharp SJ, Finikarides L, et al. Randomised trial of coconut oil, olive oil or butter on blood lipids and other cardiovascular risk factors in healthy men and women. BMJ Open. 2018; 8:e020167.

8. 비타민과 미네랄: 비건 공급원을 최대한 활용하기

1. Baker RD, Greer FR. Diagnosis and prevention of iron deficiency and iron–deficiency anemia in infants and young children (0–3 years of age). Pediatrics. 2010; 126:1040–1050.
2. Miller EM. Iron status and reproduction in US women: National Health and Nutrition Examination Survey, 1999–2006. PLoS One. 2014; 9:e112216.

3. Mei Z, Cogswell ME, Looker AC, et al. Assessment of iron status in US pregnant women from the National Health and Nutrition Examination Survey(NHANES), 1999–2006. Am J Clin Nutr. 2011; 93:1312–1320.
4. Mangels R, Messina V, Messina M. The Dietitian's Guide to Vegetarian Diets. 3rd ed. Sudbury, MA: Jones and Bartlett, 2011.
5. Haddad EH, Berk LS, Kettering JD, Hubbard RW, Peters WR. Dietary intake and biochemical, hematologic, and immune status of vegans compared with nonvegetarians. Am J Clin Nutr. 1999; 70:586S–593S.
6. Rizzo NS, Jaceldo–Siegl K, Sabate J, Fraser GE. Nutrient profiles of vegetarian and nonvegetarian dietary patterns. J Acad Nutr Diet. 2013; 113:1610–1619.
7. Davey GK, Spencer EA, Appleby PN, Allen NE, Knox KH, Key TJ. EPIC–Oxford: Lifestyle characteristics and nutrient intakes in a cohort of 33,883 meat–eaters and 31,546 non meat–eaters in the UK. Public Health Nutr. 2003; 6:259–269.
8. Monsen ER, Balintfy JL. Calculating dietary iron bioavailability: Refinement and computerization. J Am Diet Assoc. 1982; 80:307–311.
9. Seshadri S, Shah A, Bhade S. Haematologic response of anaemic preschool children to ascorbic acid supplementation. Hum Nutr Appl Nutr. 1985; 39:151–154.
10. Oliveira MA, Osorio MM. [Cow's milk consumption and iron deficiency anemia in children]. J Pediatr (Rio J). 2005; 81:361–367.
11. Haider LM, Schwingshackl L, Hoffmann G, Ekmekcioglu C. The effect of vegetarian diets on iron status in adults: A systematic review and meta–analysis. Crit Rev Food Sci Nutr. 2018; 58:1359–1374.
12. ŚliwinŚka A, Luty J, Aleksandrowicz–Wrona E, Malgorzewicz S. Iron status and dietary iron intake in vegetarians. Adv Clin Exp Med. 2018; 27:1383–1389.
13. Cook JD, Dassenko SA, Lynch SR. Assessment of the role of nonheme–iron availability in iron balance. Am J Clin Nutr. 1991; 54:717–722.
14. Lonnerdal B. Soybean ferritin: Implications for iron status of vegetarians. Am J Clin Nutr. 2009; 89:1680S–1685S.

15. Rushton DH. Nutritional factors and hair loss. Clin Exp Dermatol. 2002; 27:396–404.
16. Sobiecki JG, Appleby PN, Bradbury KE, Key TJ. High compliance with dietary recommendations in a cohort of meat eaters, fish eaters, vegetarians, and vegans: Results from the European Prospective Investigation into Cancer and Nutrition—Oxford study. Nutr Res. 2016; 36:464–477.
17. Bath SC, Hill S, Infante HG, Elghul S, Nezianya CJ, Rayman MP. Iodine concentration of milk–alternative drinks available in the UK in comparison with cows' milk. Br J Nutr. 2017; 118:525–532.
18. Ma W, He X, Braverman L. Iodine Content in milk alternatives. Thyroid. 2016; 26:1308–1310.
19. Vance K, Makhmudov A, Jones RL, Caldwell KL. Re: "Iodine Content in Milk Alternatives" by Ma et al. (Thyroid 2016; 26:1308–1310). Thyroid. 2017; 27:748–749.
20. Lighttowler HJ, Davis GJ. The effect of self–selected dietary supplements on micronutrient intakes in vegans. Proc Nutr Soc. 1998; 58:35A.
21. Key TJA, Thorogood M, Keenant J, Long A. Raised thyroid stimulating hormone associated with kelp intake in British vegan men. J Human Nutr Diet. 1992; 5:323–326.
22. Brantsaeter AL, Knutsen HK, Johansen NC, et al. Inadequate iodine intake in population groups defined by age, life stage and vegetarian dietary practice in a Norwegian convenience sample. Nutrients. 2018; 10.
23. Draper A, Lewis J, Malhotra N, Wheeler E. The energy and nutrient intakes of different types of vegetarian: A case for supplements? [published erratum appears in Br J Nutr 1993 Nov;70(3):812]. Br J Nutr. 1993; 69:3–19.
24. Krajcovicova–Kudlackova M, Buckova K, Klimes I, Sebokova E. Iodine deficiency in vegetarians and vegans. Ann Nutr Metab. 2003; 47:183–185.
25. Leung AM, Lamar A, He X, Braverman LE, Pearce EN. Iodine status and thyroid function of Boston–area vegetarians and vegans. J Clin Endocrinol Metab. 2011; 96:E1303–1307.
26. Teas J, Pino S, Critchley A, Braverman LE. Variability of iodine content in common commercially available edible seaweeds. Thyroid. 2004; 14:836–

841.
27. Leung AM, Pearce EN, Braverman LE. Iodine content of prenatal multivitamins in the United States. N Engl J Med. 2009; 360:939–940.
28. Kopec RE, Cooperstone JL, Schweiggert RM, et al. Avocado consumption enhances human postprandial provitamin A absorption and conversion from a novel high–beta–carotene tomato sauce and from carrots. J Nutr. 2014; 144: 1158–1166.
29. Booth SL. Roles for vitamin K beyond coagulation. Annu Rev Nutr. 2009; 29:89–110.
30. Booth SL, Tucker KL, Chen H, et al. Dietary vitamin K intakes are associated with hip fracture but not with bone mineral density in elderly men and women. Am J Clin Nutr. 2000; 71:1201–1208.
31. Sanders TA, Roshanai F. Platelet phospholipid fatty acid composition and function in vegans compared with age– and sex–matched omnivore controls. Eur J Clin Nutr. 1992; 46:823–831.
32. Geleijnse JM, Vermeer C, Grobbee DE, et al. Dietary intake of menaquinone is associated with a reduced risk of coronary heart disease: The Rotterdam Study. J Nutr. 2004; 134:3100–3105.
33. Beulens JW, Bots ML, Atsma F, et al. High dietary menaquinone intake is associated with reduced coronary calcification. Atherosclerosis. 2009; 203:489–493.
34. Nimptsch K, Rohrmann S, Kaaks R, Linseisen J. Dietary vitamin K intake in relation to cancer incidence and mortality: Results from the Heidelberg cohort of the European Prospective Investigation into Cancer and Nutrition (EPIC–Heidelberg). Am J Clin Nutr. 2010; 91:1348–1358.
35. Conly JM, Stein K, Worobetz L, Rutledge–Harding S. The contribution of vitamin K2 (menaquinones) produced by the intestinal microflora to human nutritional requirements for vitamin K. Am J Gastroenterol. 1994; 89:915–923.
36. Judd PA, Long A, Butcher M, Caygill CP, Diplock AT. Vegetarians and vegans may be most at risk from low selenium intakes. BMJ. 1997; 314:1834.
37. Larsson CL, Johansson GK. Dietary intake and nutritional status of young vegans and omnivores in Sweden. Am J Clin Nutr. 2002; 76:100–106.

9. 비건 식단의 대두 식품

1. Hughes GJ, Ryan DJ, Mukherjea R, et al. Protein digestibility-corrected amino acid scores (PDCAAS) for soy protein isolates and concentrate: Criteria for evaluation. J Agric Food Chemistry. 2011; 59(23):12707–12712.
2. Weaver CM, Heaney RP, Connor L, et al. Bioavailability of calcium from tofu vs. milk in premenopausal women. J Food Sci. 2002; 67:3144–3147.
3. Zhao Y, Martin BR, Weaver CM. Calcium bioavailability of calcium carbonate fortified soymilk is equivalent to cow's milk in young women. J Nutr. 2005; 135(10):2379–2382.
4. Lonnerdal B. Soybean ferritin: Implications for iron status of vegetarians. Am J Clin Nutr. 2009; 89(5):1680S–1685S.
5. Lonnerdal B, Bryant A, Liu X, et al. Iron absorption from soybean ferritin in nonanemic women. Am J Clin Nutr. 2006; 83(1):103–107.
6. Oseni T, Patel R, Pyle J, et al. Selective estrogen receptor modulators and phytoestrogens. Planta Med. 2008; 74(13):1656–1665.
7. Speirs V, Carder PJ, Lane S, et al. Oestrogen receptor beta: What it means for patients with breast cancer. The Lancet Oncology. 2004; 5(3):174–181.
8. Setchell KD, Brown NM, Lydeking-Olsen E. The clinical importance of the metabolite equol: A clue to the effectiveness of soy and its isoflavones. J Nutr. 2002; 132(12):3577–3584.
9. Sekikawa A, Ihara M, Lopez O, et al. Effect of S-equol and soy isoflavones on heart and brain. Curr Cardiol Rev. 2018; 15:114–135.
10. Wu GD, Compher C, Chen EZ, et al. Comparative metabolomics in vegans and omnivores reveal constraints on diet-dependent gut microbiota metabolite production. Gut. 2016; 65(1):63–72.
11. Setchell KD, Cole SJ. Method of defining equol-producer status and its frequency among vegetarians. J Nutr. 2006;136(8):2188–2193.
12. Hod R, Kouidhi W, Ali Mohd M, et al. Plasma isoflavones in Malaysian men according to vegetarianism and by age. Asia Pac J Clin Nutr. 2016; 25(1): 89–96.
13. Jenkins DJ, Mirrahimi A, Srichaikul K, et al. Soy protein reduces serum cho-

lesterol by both intrinsic and food displacement mechanisms. J Nutr. 2010; 140(12):2302S–2311S.

14. Anderson JW, Bush HM. Soy protein effects on serum lipoproteins: A quality assessment and meta–analysis of randomized, controlled studies. J Am Coll Nutr. 2011; 30(2):79–91.
15. Zhan S, Ho SC. Meta–analysis of the effects of soy protein containing isoflavones on the lipid profile. Am J Clin Nutr. 2005; 81(2):397–408.
16. Jenkins DJ, Kendall CW, Faulkner D, et al. A dietary portfolio approach to cholesterol reduction: Combined effects of plant sterols, vegetable proteins, and viscous fibers in hypercholesterolemia. Metabolism. 2002; 51:1596–1604.
17. Desroches S, Mauger JF, Ausman LM, et al. Soy protein favorably affects LDL size independently of isoflavones in hypercholesterolemic men and women. J Nutr. 2004; 134(3):574–579.
18. Li SH, Liu XX, Bai YY, et al. Effect of oral isoflavone supplementation on vascular endothelial function in postmenopausal women: A meta–analysis of randomized placebo–controlled trials. Am J Clin Nut.2010; 91(2):480–486.
19. Lambert MNT, Hu LM, Jeppesen PB. A systematic review and meta–analysis of the effects of isoflavone formulations against estrogen–deficient bone resorption in peri– and postmenopausal women. Am J Clin Nutr. 2017; 106(3):801–811.
20. Wei P, Liu M, Chen Y, et al. Systematic review of soy isoflavone supplements on osteoporosis in women. Asian Pac J Trop Med. 2012; 5(3):243–248.
21. Zhang X, Shu XO, Li H, et al. Prospective cohort study of soy food consumption and risk of bone fracture among postmenopausal women. Arch Intern Med. 2005; 165(16):1890–1895.
22. Koh WP, Wu AH, Wang R, et al. Gender–specific associations between soy and risk of hip fracture in the Singapore Chinese Health Study. Am J Epidemiol. 2009; 170(7):901–909.
23. Taku K, Melby MK, Kronenberg F, et al. Extracted or synthesized soybean isoflavones reduce menopausal hot flash frequency and severity: Systematic review and meta–analysis of randomized controlled trials. Menopause.

2012; 19(7): 776–790.
24. Bitto A, Arcoraci V, Alibrandi A, et al. Visfatin correlates with hot flashes in postmenopausal women with metabolic syndrome: Effects of genistein. Endocrine. 2017; 55(3):899–906.
25. Setchell KD, Brown NM, Zhao X, et al. Soy isoflavone phase II metabolism differs between rodents and humans: Implications for the effect on breast cancer risk. Am J Clin Nutr. 2011; 94(5):1284–1294.
26. EFSA. EFSA ANS Panel (EFSA Panel on Food Additives and Nutrient Sources Added to Food). 2015. Scientific opinion on the risk assessment for periand post–menopausal women taking food supplements containing isolated isoflavones. EFSA J. 2015; 13(10):4246 (342 pp).
27. Rock CL, Doyle C, Demark–Wahnefried W, et al. Nutrition and physical activity guidelines for cancer survivors. CA Cancer J Clin. 2012; 62(4):242–274.
28. American Institute for Cancer Research. Soy is safe for breast cancer survivors. http://www.aicr.org/cancer–research–update/november_21_2012/cru–soy–safehtml.
29. World Cancer Research Fund International. Continuous Update Project Report: Diet, Nutrition, Physical Activity, and Breast Cancer Survivors. 2014. www.wcrf.org/sites/default/files/Breast–Cancer–Survivors–2014–Report.pdf.
30. Messina M, Hilakivi–Clarke L. Early intake appears to be the key to the proposed protective effects of soy intake against breast cancer. Nutr Cancer. 2009; 61(6):792–798.
31. Baglia ML, Zheng W, Li H, et al. The association of soy food consumption with the risk of subtype of breast cancers defined by hormone receptor and HER2 status. Int J Cancer. 2016; 139(4):742–748.
32. Applegate CC, Rowles JL, Ranard KM, et al. Soy consumption and the risk of prostate cancer: An updated systematic review and meta–analysis. Nutrients. 2018; 10(1).
33. Grainger EM, Moran NE, Francis DM, et al. A novel tomato–soy juice induces a dose–response increase in urinary and plasma phytochemical biomarkers in men with prostate cancer. J Nutr. 2019; 149(1):26–35.
34. White LR, Petrovitch H, Ross GW, et al. Brain aging and midlife tofu con-

sumption. J Am Coll Nutr. 2000; 19(2):242–255.
35. Soni M, Rahardjo TB, Soekardi R, et al. Phytoestrogens and cognitive function: A review. Maturitas. 2014; 77(3):209–220.
36. Chuang SY, Lo YL, Wu SY, et al. Dietary patterns and foods associated with cognitive function in Taiwanese older adults: The cross–sectional and longitudinal studies. J Am Med Dir Assoc. 2019.
37. Zajac IT, Herreen D, Bastiaans K, et al. The effect of whey and soy protein isolates on cognitive function in older Australians with low vitamin B12: A randomised controlled crossover trial. Nutrients. 2018;11(1).
38. Huser S, Guth S, Joost HG, et al. Effects of isoflavones on breast tissue and the thyroid hormone system in humans: A comprehensive safety evaluation. Arch Toxicol. 2018; 92(9):2703–2748.
39. Messina M, Redmond G. Effects of soy protein and soybean isoflavones on thyroid function in healthy adults and hypothyroid patients: A review of the relevant literature. Thyroid. 2006; 16(3):249–258.
40. Alekel DL, Genschel U, Koehler KJ, et al. Soy Isoflavones for Reducing Bone Loss study: Effects of a 3–year trial on hormones, adverse events, and endometrial thickness in postmenopausal women. Menopause. 2015; 22(2):185–197.
41. Bitto A, Polito F, Atteritano M, et al. Genistein aglycone does not affect thyroid function: Results from a three–year, randomized, double–blind, placebo–controlled trial. J Clin Endocrinol Metab. 2010; 95(6):3067–3072.
42. Food Labeling: Health Claims; Soy Protein and Coronary Heart Disease. A Proposed Rule by the Food and Drug Administration on 10/31/2017. https://www.federalregister.gov/documents/2017/10/31/2017–23629/food–labeling–health–claims–soy–protein–and–coronary–heart–disease.
43. EFSA ANS Panel (EFSA Panel on Food Additives and Nutrient Sources Added to Food), 2015. Scientific opinion on the risk assessment for peri– and post–menopausal women taking food supplements containing isolated isoflavones. EFSA J. 13(10):4246 (342 pp).
44. Sathyapalan T, Manuchehri AM, Thatcher NJ, et al. The effect of soy phytoestrogen supplementation on thyroid status and cardiovascular risk mark-

ers in patients with subclinical hypothyroidism: A randomized, double-blind, crossover study. J Clin Endocrinol Metab. 2011; 96(5):1442–1449.

45. Sathyapalan T, Dawson AJ, Rigby AS, et al. The effect of phytoestrogen on thyroid in subclinical hypothyroidism: Randomized, double blind, crossover study. Front Endocrinol (Lausanne). 2018; 9:531.
46. Hamilton–Reeves JM, Vazquez G, Duval SJ, et al. Clinical studies show no effects of soy protein or isoflavones on reproductive hormones in men: Results of a meta–analysis. Fertil Steril. 2010; 94(3):997–1007.
47. Haun CT, Mobley CB, Vann CG, et al. Soy protein supplementation is not androgenic or estrogenic in college–aged men when combined with resistance exercise training. Scientific Reports. 8, Article number 11151 (2018). https://www.nature.com/articles/s41598–018–29591–4.
48. Sathyapalan T, Rigby AS, Bhasin S, et al. Effect of soy in men with type 2 diabetes mellitus and subclinical hypogonadism: A randomized controlled study. J Clin Endocrinol Metab. 2017; 102(2):425–433.
49. Messina M. Soybean isoflavone exposure does not have feminizing effects on men: A critical examination of the clinical evidence. Fertil Steril. 2010; 93(7): 2095–2104.
50. Chavarro JE, Toth TL, Sadio SM, et al. Soy food and isoflavone intake in relation to semen quality parameters among men from an infertility clinic. Hum Reprod. 2008; 23(11):2584–2590.
51. Beaton LK, McVeigh BL, Dillingham BL, et al. Soy protein isolates of varying isoflavone content do not adversely affect semen quality in healthy young men. Fertil Steril. 2010; 94(5):1717–1722.
52. Mitchell JH, Cawood E, Kinniburgh D, et al. Effect of a phytoestrogen food supplement on reproductive health in normal males. Clin Sci (Lond). 2001; 100(6):613–618.
53. Messina M, Watanabe S, Setchell KD. Report on the 8th International Symposium on the Role of Soy in Health Promotion and Chronic Disease Prevention and Treatment. J Nutr. 2009; 139(4):796S–802S.
54. Nagino T, Kaga C, Kano M, et al. Effects of fermented soymilk with Lactobacillus casei Shirota on skin condition and the gut microbiota: A randomised

clinical pilot trial. Beneficial Microbes. 2018; 9(2):209–218.

55. Jenkins G, Wainwright LJ, Holland R, et al. Wrinkle reduction in post-menopausal women consuming a novel oral supplement: A double-blind placebo-controlled randomized study. Int J Cosmet Sci. 2014; 36(1):22–31.
56. Messina M, Nagata C, Wu AH. Estimated Asian adult soy protein and isoflavone intakes. Nutr Cancer. 2006; 55(1):1–12.

11. 건강한 시작: 임신 및 모유 수유를 위한 비건 식단

1. Carter JP, Furman T, Hutcheson HR. Preeclampsia and reproductive performance in a community of vegans. South Med J. 1987; 80:692–697.
2. Piccoli GB, Clari R, Vigotti FN, et al. Vegan-vegetarian diets in pregnancy: Danger or panacea? A systematic narrative review. BJOG. 2015; 122:623–633.
3. Melina V, Craig W, Levin S. Position of the Academy of Nutrition and Dietetics: Vegetarian diets. J Acad Nutr Diet. 2016; 116:1970–1980.
4. Chavarro JE, Rich-Edwards JW, Rosner BA, Willett WC. Diet and lifestyle in the prevention of ovulatory disorder infertility. Obstet Gynecol. 2007; 110: 1050–1058.
5. Anderson K, Nisenblat V, Norman R. Lifestyle factors in people seeking infertility treatment: A review. Aust N Z J Obstet Gynaecol. 2010; 50:8–20.
6. Parazzini F, Chiaffarino F, Surace M, et al. Selected food intake and risk of endometriosis. Hum Reprod. 2004; 19:1755–1759.
7. Visioli F, Hagen TM. Antioxidants to enhance fertility: Role of eNOS and potential benefits. Pharmacol Res. 2011; 64:431–437.
8. Rich-Edwards JW, Spiegelman D, Garland M, et al. Physical activity, body mass index, and ovulatory disorder infertility. Epidemiology. 2002; 13: 184–190.
9. Kiddy DS, Hamilton-Fairley D, Bush A, et al. Improvement in endocrine and ovarian function during dietary treatment of obese women with polycystic ovary syndrome. Clin Endocrinol (Oxf). 1992; 36:105–111.

10. Payne M, Stephens T, Lim K, Ball RO, Pencharz PB, Elango R. Lysine requirements of healthy pregnant women are higher during late stages of gestation compared to early gestation. J Nutr. 2018; 148:94–99.
11. CDC: https://www.cdc.gov/mmwr/preview/mmwrhtml/00019479.htm.
12. Institute of Medicine. Food and Nutrition Board. Dietary Reference Intakes: Thiamin, Riboflavin, Niacin, Vitamin B6, Folate, Vitamin B12, Pantothenic Acid, Biotin, and Choline. Washington, DC: National Academy Press; 1998.
13. CDC: https://www.cdc.gov/mmwr/preview/mmwrhtml/00051880.htm.
14. King JC. Determinants of maternal zinc status during pregnancy. Am J Clin Nutr. 2000; 71:1334S–1343S.
15. Nishiyama S, Mikeda T, Okada T, Nakamura K, Kotani T, Hishinuma A. Transient hypothyroidism or persistent hyperthyrotropinemia in neonates born to mothers with excessive iodine intake. Thyroid. 2004; 14:1077–1083.
16. Guan H, Li C, Li Y, et al. High iodine intake is a risk factor of post–partum thyroiditis: Result of a survey from Shenyang, China. J Endocrinol Invest. 2005; 28:876–881.
17. Lakin V, Haggarty P, Abramovich DR, et al. Dietary intake and tissue concentration of fatty acids in omnivore, vegetarian and diabetic pregnancy. Prostaglandins Leukot Essent Fatty Acids. 1998; 59:209–220.
18. Middleton P, Gomersall JC, Gould JF, Shepherd E, Olsen SF, Makrides M. Omega–3 fatty acid addition during pregnancy. Cochrane Database Syst Rev. 2018; 11:CD003402.
19. Carlson SE. Docosahexaenoic acid supplementation in pregnancy and lactation. Am J Clin Nutr. 2009; 89:678S–684S.
20. Koletzko B, Lien E, Agostoni C, et al. The roles of long–chain polyunsaturated fatty acids in pregnancy, lactation and infancy: Review of current knowledge and consensus recommendations. J Perinat Med. 2008; 36:5–14.
21. Simopoulos AP. Essential fatty acids in health and chronic disease. Am J Clin Nutr. 1999; 70:560S–569S.
22. Steele NM, French J, Gatherer–Boyles J, Newman S, Leclaire S. Effect of acupressure by Sea–Bands on nausea and vomiting of pregnancy. J Obstet Gynecol Neonatal Nurs. 2001; 30:61–70.

23. Matthews A, Dowswell T, Haas DM, Doyle M, O'Mathuna DP. Interventions for nausea and vomiting in early pregnancy. Cochrane Database Syst Rev. 2010:CD007575.
24. Somogyi A, Beck H. Nurturing and breast-feeding: Exposure to chemicals in breast milk. Environ Health Perspect. 1993; 101:S45–52.
25. Hergenrather J, Hlady G, Wallace B, Savage E. Pollutants in breast milk of vegetarians. N Engl J Med. 1981; 304:792.
26. Pawlak R, Vos P, Shahab-Ferdows S, Hampel D, Allen LH, Perrin MT. Vitamin B-12 content in breast milk of vegan, vegetarian, and nonvegetarian lactating women in the United States. Am J Clin Nutr. 2018; 108:525–531.

12. 비건 어린이와 청소년 기르기

1. AAP. Breastfeeding and the Use of Human Milk. https://pediatrics.aappublications.org/content/129/3/e827.full#content-block.
2. Mendez MA, Anthony MS, Arab L. Soy-based formulae and infant growth and development: A review. J Nutr. 2002; 132: 2127–2130.
3. Bhatia J, Greer F. Use of soy protein-based formulas in infant feeding. Pediatrics. 2008; 121:1062–1068.
4. Koplin JJ, Allen KJ. Optimal timing for solids introduction: Why are the guidelines always changing? Clin Exp Allergy. 2013; 43:826–834.
5. Huh SY, Rifas-Shiman SL, Taveras EM, Oken E, Gillman MW. Timing of solid food introduction and risk of obesity in preschool-aged children. Pediatrics. 2011; 127:e544–551.
6. Perez-Escamilla R, Segura-Perez S, Lott M, on behalf of the RWJF HER Expert Panel on Best Practices for Promoting Healthy Nutrition, Feeding Patterns, and Weight Status for Infants and Toddlers from Birth to 24 Months. Feeding Guidelines for Infants and Young Toddlers: A Responsive Parenting Approach. Durham, NC: Healthy Eating Research, 2017. http://healthyeatingresearch.org.
7. Mennella JA, Reiter AR, Daniels LM. Vegetable and fruit acceptance during

infancy: Impact of ontogeny, genetics, and early experiences. Adv Nutr. 2016; 7:211S–219S.

8. Gupta RS, Warren CM, Smith BM, et al. Prevalence and severity of food allergies among US adults. JAMA Netw Open. Published online January 4, 2019, 2(1):e185630.
9. Verrill L, Bruns R, Luccioli S. Prevalence of self–reported food allergy in U.S. adults: 2001, 2006, and 2010. Allergy Asthma Proc. 2015; 36(6):458–467.
10. Soller L, Ben–Shoshan M, Harrington DW, et al. Overall prevalence of self–reported food allergy in Canada. J Allergy Clin Immunol. 2012; 130(4): 986–988.
11. McGowan EC, Keet CA. Prevalence of self–reported food allergy in the National Health and Nutrition Examination Survey (NHANES) 2007–2010. J Allergy Clin Immunol. 2013; 132(5):1216–1219 e5.
12. Fleischer DM, Sicherer S, Greenhawt M, et al. Consensus communication on early peanut introduction and prevention of peanut allergy in high–risk infants. Pediatr Dermatol. 2016; 33:103–106.
13. AAP. American Academy of Pediatrics Recommends No Fruit Juice for Children Under 1 Year. https://www.aap.org/en–us/about–the–aap/aap–press–room/Pages/American–Academy–of–Pediatrics–Recommends–No–Fruit–Juice–For–Children–Under–1–Year.aspx.
14. Messina M, Hilakivi–Clarke L. Early intake appears to be the key to the proposed protective effects of soy intake against breast cancer. Nutr Cancer. 2009; 61:792–798.

13. 50대 이상을 위한 비건 식단

1. Balan E, Decottignies A, Deldicque L. Physical activity and nutrition: Two promising strategies for telomere maintenance? Nutrients. 2018; 10:1942. DOI: 10.3390/nu10121942.
2. Martone AM, Marzetti E, Calvani R, et al. Exercise and protein intake: A synergistic approach against sarcopenia. Biomed Res Int. 2017; Article ID

2672435.

3. Paddon–Jones D, Rasmussen BB. Dietary protein recommendations and the prevention of sarcopenia. Curr Opin Clin Nutr Metab Care. 2009; 12:86–90.
4. Bauer J, Biolo G, Cederholm T, et al. Evidence–based recommendations for optimal dietary protein intake in older people: A position paper from the PROTAGE Study Group. J Am Med Dir Assoc. 2013; 14:542–559.
5. Houston DK, Nicklas BJ, Ding J, et al. Dietary protein intake is associated with lean mass change in older, community–dwelling adults: The Health, Aging, and Body Composition (Health ABC) Study. Am J Clin Nutr. 2008; 87:150–155.
6. Munger RG, Cerhan JR, Chiu BC. Prospective study of dietary protein intake and risk of hip fracture in postmenopausal women. Am J Clin Nutr. 1999; 69:147–152.
7. Haub MD, Wells AM, Tarnopolsky MA, Campbell WW. Effect of protein source on resistive–training–induced changes in body composition and muscle size in older men. Am J Clin Nutr. 2002; 76:511–517.
8. Holick MF. Vitamin D: A d–lightful solution for health. J Investig Med. 2011; 59:872–880.
9. Allen LH. How common is vitamin B–12 deficiency? Am J Clin Nutr. 2009; 89:693S–696S.
10. IOM/FNB (Institute of Medicine/Food and Nutrition Board). Dietary Reference Intakes for Energy, Carbohydrate, Fiber, Fat, Protein and Amino Acids: A Report of the Panel on Micronutrients, Subcommittee on Upper Reference Levels of Nutrients and Interpretation and Uses of Dietary Reference Intakes and the Standing Committee on the Scientific Evaluation of Dietary Reference Intakes (Uncorrected Prepublication Version). Washington, DC: The National Academy Press, 2002.
11. Glem P, Beeson WL, Fraser GE. The incidence of dementia and intake of animal products: Preliminary findings from the Adventist Health Study. Neuroepidemiology 1993; 12:28–36.
12. Smith AD, Smith SM, de Jager CA, et al. Homocysteine–lowering by B vitamins slows the rate of accelerated brain atrophy in mild cognitive impair-

ment: A randomized controlled trial. PLoS One. 2010; 5:e12244.
13. Selhub J, Bagley LC, Miller J, Rosenberg IH. B vitamins, homocysteine, and neurocognitive function in the elderly. Am J Clin Nutr. 2000; 71:614S–620S.
14. Van Dam F, Van Gool WA. Hyperhomocysteinemia and Alzheimer's disease: A systematic review. Arch Gerontol Geriatr. 2009; 48:425–430.
15. Walters MJ, Sterling J, Quinn C, et al. Associations of lifestyle and vascular risk factors with Alzheimer's brain biomarker changes during middle age: A 3–year longitudinal study in the broader New York City area. BMJ Open. 2018; 8:e023664.
16. Rizzo NS, Jaceldo–Siegl K, Sabate J, Fraser GE. Nutrient profiles of vegetarian and nonvegetarian dietary patterns. J Acad Nutr Diet. 2013; 113:1610–1619.
17. Mangels R, Messina V, Messina M. The Dietitian's Guide to Vegetarian Diets. 3rd ed. Sudbury, MA: Jones and Bartlett, 2011.
18. Robinson JG, Ijioma N, Harris W. Omega–3 fatty acids and cognitive function in women. Womens Health (Lond). 2010; 6:119–134.
19. Liguori I, Russo G, Aran L, et al. Sarcopenia: Assessment of disease burden and strategies to improve outcomes. Clin Interv Aging. 2018; 13:913–927.
20. Domazetovic V, Marcucci G, Iantomasi T, Brandi ML, Vincenzini MT. Oxidative stress in bone remodeling: Role of antioxidants. Clin Cases Miner Bone Metab. 2017; 14:209–216.
21. Rao LG, Mackinnon ES, Josse RG, Murray TM, Strauss A, Rao AV. Lycopene consumption decreases oxidative stress and bone resorption markers in postmenopausal women. Osteoporos Int. 2007; 18:109–115.
22. Carlsen MH, Halvorsen BL, Holte K, et al. The total antioxidant content of more than 3100 foods, beverages, spices, herbs and supplements used worldwide. Nutr J. 2010; 9:3.
23. Hostmark AT, Lystad E, Vellar OD, Hovi K, Berg JE. Reduced plasma fibrinogen, serum peroxides, lipids, and apolipoproteins after a 3–week vegetarian diet. Plant Foods Hum Nutr. 1993; 43:55–61.
24. Krajcovicova–Kudlackova M, Valachovicova M, Paukova V, Dusinska M. Effects of diet and age on oxidative damage products in healthy subjects.

Physiol Res. 2008; 57:647–651.
25. Appleby PN, Allen NE, Key TJ. Diet, vegetarianism, and cataract risk. Am J Clin. Nutr 2011; 93:1128–1135.
26. Morris MC. Nutritional determinants of cognitive aging and dementia. Proc Nutr Soc. 2012; 71:1–13.
27. Morris MC, Tangney CC, Wang Y, Sacks FM, Bennett DA, Aggarwal NT. MIND diet associated with reduced incidence of Alzheimer's disease. Alzheimers Dement. 2015; 11:1007–1014.
28. Busti F, Campostrini N, Martinelli N, Girelli D. Iron deficiency in the elderly population, revisited in the hepcidin era. Front Pharmacol. 2014; 5:83.

14. 비건을 위한 스포츠 영양학

1. Thomas DT, Erdman KA, Burke LM. Position of the Academy of Nutrition and Dietetics, Dietitians of Canada, and the American College of Sports Medicine: Nutrition and athletic performance. J Acad Nutr Diet. 2016; 116:501–528.
2. Kerksick CM, Wilborn CD, Roberts MD, et al. ISSN exercise & sports nutrition review update: Research & recommendations. J Int Soc Sports Nutr. 2018; 15:38.
3. Morton RW, Murphy KT, McKellar SR, et al. A systematic review, meta-analysis and meta-regression of the effect of protein supplementation on resistance training-induced gains in muscle mass and strength in healthy adults. Br J Sports Med. 2018; 52:376–384.
4. Churchward-Venne TA, Burd NA, Mitchell CJ, et al. Supplementation of a suboptimal protein dose with leucine or essential amino acids: Effects on myofibrillar protein synthesis at rest and following resistance exercise in men. J Physiol. 2012; 590:2751–2765.
5. Tang JE, Moore DR, Kujbida GW, Tarnopolsky MA, Phillips SM. Ingestion of whey hydrolysate, casein, or soy protein isolate: Effects on mixed muscle protein synthesis at rest and following resistance exercise in young men. J

Appl Physiol. 2009; 107(3):987–992.

6. Messina M, Lynch H, Dickinson JM, Reed KE. No difference between the effects of supplementing with soy protein versus animal protein on gains in muscle mass and strength in response to resistance exercise. Int J Sport Nutr Exerc Metab. 2018; 28:674–685.
7. DellaValle DM. Iron supplementation for female athletes: Effects on iron status and performance outcomes. Curr Sports Med Rep. 2013; 12:234–239.
8. Kreider RB. Effects of creatine supplementation on performance and training adaptations. Mol Cell Biochem. 2003; 244:89–94.
9. Nelson AG, Arnall DA, Kokkonen J, Day R, Evans J. Muscle glycogen supercompensation is enhanced by prior creatine supplementation. Med Sci Sports Exerc. 2001; 33:1096–1100.
10. Shomrat A, Weinstein Y, Katz A. Effect of creatine feeding on maximal exercise performance in vegetarians. Eur J Appl Physiol. 2000; 82:321–325.
11. Butts J, Jacobs B, Silvis M. Creatine use in sports. Sports Health. 2018; 10:31–34.
12. Casey A, Greenhaff PL. Does dietary creatine supplementation play a role in skeletal muscle metabolism and performance? Am J Clin Nutr. 2000; 72:607S–617S.
13. Peeling P, Binnie MJ, Goods PSR, Sim M, Burke LM. Evidence–based supplements for the enhancement of athletic performance. Int J Sport Nutr Exerc Metab. 2018; 28:178–187.
14. Maughan RJ, Burke LM, Dvorak J, et al. IOC consensus statement: Dietary supplements and the high–performance athlete. Int J Sport Nutr Exerc Metab. 2018; 28:104–125.
15. Rebouche CJ, Bosch EP, Chenard CA, Schabold KJ, Nelson SE. Utilization of dietary precursors for carnitine synthesis in human adults. J Nutr. 1989; 119: 1907–1913.
16. Harris RC, Jones G, Hill, CA, et al. "The carnosine content of V Lateralis in vegetarians and omnivores," abstract in FASEB Journal. 2007; 769:20.
17. Salles Painelli V, Nemezio KM, Jessica A, et al. HIIT Augments muscle carnosine in the absence of dietary beta–alanine intake. Med Sci Sports Exerc.

2018; Epub ahead of print.

18. Hill CA, Harris RC, Kim HJ, et al. Influence of beta–alanine supplementation on skeletal muscle carnosine concentrations and high intensity cycling capacity. Amino Acids. 2007; 32:225–233.
19. Kendrick IP, Harris RC, Kim HJ, et al. The effects of 10 weeks of resistance training combined with beta–alanine supplementation on whole body strength, force production, muscular endurance and body composition. Amino Acids. 2008; 34:547–554.
20. Brisola GMP, Zagatto AM. Ergogenic effects of beta–alanine supplementation on different sports modalities: Strong evidence or only incipient findings? J Strength Cond Res. 2019; 33:253–282.
21. Weiss Kelly AK, Hecht S. The female athlete triad. Pediatrics. 2016; 138.

15. 식물성 식품의 이점: 만성 질환 줄이기

1. Orlich MJ, Singh PN, Sabate J, et al. Vegetarian dietary patterns and mortality in Adventist Health Study 2. JAMA Intern Med. 2013; 173:1230–1238.
2. Spencer EA, Appleby PN, Davey GK, Key TJ. Diet and body mass index in 38,000 EPIC–Oxford meat–eaters, fish–eaters, vegetarians and vegans. Int J Obes Relat Metab Disord. 2003; 27:728–734.
3. Donaldson AN. The relation of protein foods to hypertension. Calif West Med. 1926; 24:328–331.
4. Fraser GE. Vegetarian diets: What do we know of their effects on common chronic diseases? Am J Clin Nutr. 2009; 89:1607S–1612S.
5. Pettersen BJ, Anousheh R, Fan J, Jaceldo–Siegl K, Fraser GE. Vegetarian diets and blood pressure among white subjects: Results from the Adventist Health Study–2 (AHS-2). Public Health Nutr. 2012; 15:1909–1916.
6. Appleby PN, Davey GK, Key TJ. Hypertension and blood pressure among meat eaters, fish eaters, vegetarians and vegans in EPIC–Oxford. Public Health Nutr. 2002; 5:645–654.
7. Appel LJ, Moore TJ, Obarzanek E, et al. A clinical trial of the effects of di-

etary patterns on blood pressure. DASH Collaborative Research Group. N Engl J Med. 1997; 336:1117–1124.

8. Steinberg D, Bennett GG, Svetkey L. The DASH diet, 20 years later. JAMA. 2017; 317:1529–1530.
9. Juraschek SP, Miller ER, 3rd, Weaver CM, Appel LJ. Effects of sodium reduction and the DASH diet in relation to baseline blood pressure. J Am Coll Cardiol. 2017; 70:2841–2848.
10. Appel LJ, Sacks FM, Carey VJ, et al. Effects of protein, monounsaturated fat, and carbohydrate intake on blood pressure and serum lipids: Results of the OmniHeart randomized trial. JAMA. 2005; 294:2455–2464.
11. Mente A, de Koning L, Shannon HS, Anand SS. A systematic review of the evidence supporting a causal link between dietary factors and coronary heart disease. Arch Intern Med. 2009; 169:659–669.
12. Siri–Tarino PW, Sun Q, Hu FB, Krauss RM. Meta–analysis of prospective cohort studies evaluating the association of saturated fat with cardiovascular disease. Am J Clin Nutr. 2010; 91:535–546.
13. Li Y, Hruby A, Bernstein AM, et al. Saturated fats compared with unsaturated fats and sources of carbohydrates in relation to risk of coronary heart disease: A prospective cohort study. J Am Coll Cardiol. 2015; 66:1538–1548.
14. Nettleton JA, Brouwer IA, Geleijnse JM, et al. Saturated fat consumption and risk of coronary heart disease and ischemic stroke: A science update. Ann Nutr Metab. 2017; 70:26–33.
15. Mangels R, Messina V, Messina M. The Dietitian's Guide to Vegetarian Diets. 3rd ed. Sudbury, MA: Jones and Bartlett, 2011.
16. Bradbury KE, Crowe FL, Appleby PN, Schmidt JA, Travis RC, Key TJ. Serum concentrations of cholesterol, apolipoprotein A–I and apolipoprotein B in a total of 1,694 meat–eaters, fish–eaters, vegetarians and vegans. Eur J Clin Nutr. 2014; 68:178–183.
17. Shah B, Newman JD, Woolf K, et al. Anti–inflammatory effects of a vegan diet versus the American Heart Association–recommended diet in coronary artery disease trial. J Am Heart Assoc. 2018; 7:e011367.
18. Key TJ, Fraser GE, Thorogood M, et al. Mortality in vegetarians and nonveg-

etarians: Detailed findings from a collaborative analysis of 5 prospective studies. Am J Clin Nutr. 1999; 70:516S–524S.

19. Rizzo NS, Jaceldo–Siegl K, Sabate J, Fraser GE. Nutrient profiles of vegetarian and nonvegetarian dietary patterns. J Acad Nutr Diet. 2013; 113:1610–1619.
20. Crowe FL, Appleby PN, Travis RC, Key TJ. Risk of hospitalization or death from ischemic heart disease among British vegetarians and nonvegetarians: Results from the EPIC–Oxford cohort study. Am J Clin Nutr. 2013; 97:597–603.
21. Pawlak R. Is vitamin B12 deficiency a risk factor for cardiovascular disease in vegetarians? Am J Prev Med. 2015;48:e11–26.
22. Marti–Carvajal AJ, Sola I, Lathyris D, Salanti G. Homocysteine lowering interventions for preventing cardiovascular events. Cochrane Database Syst Rev. 2009:CD006612.
23. Ornish D, Brown SE, Scherwitz LW, Billings JH, Armstrong WT, Ports TA, McLanahan SM, Kirkeeide RL, Brand RJ, Gould KL. Can lifestyle changes reverse coronary heart disease? The Lifestyle Heart Trial. Lancet 1990; 336: 129–133.
24. Esselstyn CB, Jr., Gendy G, Doyle J, Golubic M, Roizen MF. A way to reverse CAD? J Fam Pract. 2014; 63:356–364b.
25. Estruch R, Ros E, Salas–Salvado J, et al. Primary prevention of cardiovascular disease with a Mediterranean diet supplemented with extra–virgin olive oil or nuts. N Engl J Med. 2018. Epub ahead of print.
26. Feig JE, Feig JL, Dangas GD. The role of HDL in plaque stabilization and regression: Basic mechanisms and clinical implications. Coron Artery Dis. 2016; 27:592–603.
27. Berryman CE, Fleming JA, Kris–Etherton PM. Inclusion of almonds in a cholesterol–lowering diet improves plasma HDL subspecies and cholesterol efflux to serum in normal–weight individuals with elevated LDL cholesterol. J Nutr. 2017; 147(8):1517–1523.
28. Berryman CE, Grieger JA, West SG, et al. Acute consumption of walnuts and walnut components differentially affect postprandial lipemia, endothelial

function, oxidative stress, and cholesterol efflux in humans with mild hypercholesterolemia. J Nutr. 2013; 143:788–794.

29. Berrougui H, Ikhlef S, Khalil A. Extra virgin olive oil polyphenols promote cholesterol efflux and improve HDL functionality. Evid Based Complement Alternat Med. 2015; 2015:208062.
30. Vogel RA, Corretti MC, Plotnick GD. Effect of a single high–fat meal on endothelial function in healthy subjects. Am J Cardiol. 1997; 79:350–354.
31. Marchesi S, Lupattelli G, Schillaci G, et al. Impaired flow–mediated vasoactivity during post–prandial phase in young healthy men. Atherosclerosis. 2000; 153:397–402.
32. Bae JH, Bassenge E, Kim KB, Kim YN, Kim KS, Lee HJ, Moon KC, Lee MS, Park KY, Schwemmer M. Postprandial hypertriglyceridemia impairs endothelial function by enhanced oxidant stress. Atherosclerosis. 2001; 155:517–523.
33. Karatzi K, Stamatelopoulos K, Lykka M, et al. Sesame oil consumption exerts a beneficial effect on endothelial function in hypertensive men. Eur J Prev Cardiol. 2013; 20:202–208.
34. Moreno–Luna R, Munoz–Hernandez R, Miranda ML, et al. Olive oil polyphenols decrease blood pressure and improve endothelial function in young women with mild hypertension. Am J Hypertens. 2012; 25:1299–1304.
35. Cortes B, Nunez I, Cofan M, et al. Acute effects of high–fat meals enriched with walnuts or olive oil on postprandial endothelial function. J Am Coll Cardiol. 2006; 48:1666–1671.
36. Fuentes F, Lopez–Miranda J, Sanchez E, et al. Mediterranean and low–fat diets improve endothelial function in hypercholesterolemic men. Ann Intern Med. 2001; 134:1115–1119.
37. Chistiakov DA, Revin VV, Sobenin IA, Orekhov AN, Bobryshev YV. Vascular endothelium: Functioning in norm, changes in atherosclerosis and current dietary approaches to improve endothelial function. Mini Rev Med Chem. 2015; 15:338–350.
38. Shai I, Spence JD, Schwarzfuchs D, et al. Dietary intervention to reverse carotid atherosclerosis. Circulation 2010; 121:1200–1208.

39. Mayhew AJ, de Souza RJ, Meyre D, Anand SS, Mente A. A systematic review and meta-analysis of nut consumption and incident risk of CVD and all-cause mortality. Br J Nutr. 2016; 115:212–225.
40. Widmer RJ, Freund MA, Flammer AJ, et al. Beneficial effects of polyphenol-rich olive oil in patients with early atherosclerosis. Eur J Nutr. 2013; 52:1223–1231.
41. Augustin LS, Kendall CW, Jenkins DJ, et al. Glycemic index, glycemic load and glycemic response: An International Scientific Consensus Summit from the International Carbohydrate Quality Consortium (ICQC). Nutr Metab Cardiovasc Dis. 2015; 25:795–815.
42. Abete I, Parra D, Martinez JA. Energy-restricted diets based on a distinct food selection affecting the glycemic index induce different weight loss and oxidative response. Clin Nutr. 2008; 27:545–551.
43. Tonstad S, Butler T, Yan R, Fraser GE. Type of vegetarian diet, body weight, and prevalence of type 2 diabetes. Diabetes Care. 2009; 32:791–796.
44. Tonstad S, Stewart K, Oda K, Batech M, Herring RP, Fraser GE. Vegetarian diets and incidence of diabetes in the Adventist Health Study-2. Nutr Metab Cardiovasc Dis. 2013; 23:292–299.
45. Kahleova H, Dort S, Holubkov R, Barnard ND. A plant-based high-carbohydrate, low-fat diet in overweight individuals in a 16-week randomized clinical trial: The role of carbohydrates. Nutrients. 2018; 10:1302.
46. Barnard ND, Cohen J, Jenkins DJ, et al. A low-fat vegan diet and a conventional diabetes diet in the treatment of type 2 diabetes: A randomized, controlled, 74-wk clinical trial. Am J Clin Nutr. 2009; 89:1588S–1596S.
47. Barnard ND, Cohen J, Jenkins DJ, et al. A low-fat vegan diet improves glycemic control and cardiovascular risk factors in a randomized clinical trial in individuals with type 2 diabetes. Diabetes Care 2006; 29:1777–1783.
48. Lee YM, Kim SA, Lee IK, et al. Effect of a brown rice based vegan diet and conventional diabetic diet on glycemic control of patients with type 2 diabetes: A 12-week randomized clinical trial. PLoS One. 2016; 11:e0155918.
49. Kahleova H, Matoulek M, Malinska H, et al. Vegetarian diet improves insulin resistance and oxidative stress markers more than conventional diet in

subjects with type 2 diabetes. Diabet Med. 2011; 28:549–559.

50. Kiecolt–Glaser JK, Derry HM, Fagundes CP. Inflammation: Depression fans the flames and feasts on the heat. Am J Psychiatry. 2015; 172:1075–1091.
51. Rienks J, Dobson AJ, Mishra GD. Mediterranean dietary pattern and prevalence and incidence of depressive symptoms in mid–aged women: Results from a large community–based prospective study. Eur J Clin Nutr. 2013; 67:75–82.
52. Psaltopoulou T, Sergentanis TN, Panagiotakos DB, Sergentanis IN, Kosti R, Scarmeas N. Mediterranean diet, stroke, cognitive impairment, and depression: A meta–analysis. Ann Neurol. 2013; 74:580–591.
53. Sanchez–Villegas A, Martinez–Gonzalez MA, Estruch R, et al. Mediterranean dietary pattern and depression: The PREDIMED randomized trial. BMC Med. 2013; 11:208.
54. Beezhold B, Radnitz C, Rinne A, DiMatteo J. Vegans report less stress and anxiety than omnivores. Nutr Neurosci. 2015; 18:289–296.
55. Beezhold BL, Johnston CS. Restriction of meat, fish, and poultry in omnivores improves mood: A pilot randomized controlled trial. Nutr J. 2012; 11:9.
56. Beezhold BL, Johnston CS, Daigle DR. Vegetarian diets are associated with healthy mood states: A cross–sectional study in Seventh–Day Adventist adults. Nutr J. 2010; 9:26.
57. Hibbeln JR, Northstone K, Evans J, Golding J. Vegetarian diets and depressive symptoms among men. J Affect Disord. 2018; 225:13–17.
58. Sanchez–Villegas A, Verberne L, De Irala J, et al. Dietary fat intake and the risk of depression: The SUN Project. PLoS One. 2011; 6:e16268.
59. Kyrozis A, Psaltopoulou T, Stathopoulos P, Trichopoulos D, Vassilopoulos D, Trichopoulou A. Dietary lipids and geriatric depression scale score among elders: The EPIC–Greece cohort. J Psychiatr Res. 2009; 43:763–769.
60. Glick–Bauer M, Yeh MC. The health advantage of a vegan diet: Exploring the gut microbiota connection. Nutrients. 2014; 6:4822–4838.
61. Key TJ, Appleby PN, Crowe FL, Bradbury KE, Schmidt JA, Travis RC. Cancer in British vegetarians: Updated analyses of 4,998 incident cancers in a co-

hort of 32,491 meat eaters, 8,612 fish eaters, 18,298 vegetarians, and 2,246 vegans. Am J Clin Nutr. 2014;100 Suppl 1:378S–385S.
62. Tantamango–Bartley Y, Jaceldo–Siegl K, Fan J, Fraser G. Vegetarian diets and the incidence of cancer in a low–risk population. Cancer Epidemiol Biomarkers Prev. 2013; 22:286–294.
63. Tantamango–Bartley Y, Knutsen SF, Knutsen R, et al. Are strict vegetarians protected against prostate cancer? Am J Clin Nutr. 2016; 103:153–160.
64. Chauveau P, Koppe L, Combe C, Lasseur C, Trolonge S, Aparicio M. Vegetarian diets and chronic kidney disease. Nephrol Dial Transplant. 2019; 34:199–207.
65. Noori N, Sims JJ, Kopple JD, et al. Organic and inorganic dietary phosphorus and its management in chronic kidney disease. Iran J Kidney Dis. 2010; 4:89–100.
66. Revedin A, Aranguren B, Becattini R, et al. Thirty thousand–year–old evidence of plant food processing. Proc Natl Acad Sci U S A. 2010; 107:18815–18819.
67. Henry AG, Brooks AS, Piperno DR. Microfossils in calculus demonstrate consumption of plants and cooked foods in Neanderthal diets (Shanidar III, Iraq; Spy I and II, Belgium). Proc Natl Acad Sci U S A. 2011; 108:486–491.
68. Konner M, Eaton SB. Paleolithic nutrition: Twenty–five years later. Nutr Clin Pract. 2010; 25:594–602.
69. Frassetto LA, Schloetter M, Mietus–Synder M, Morris RC, Jr., Sebastian A. Metabolic and physiologic improvements from consuming a paleolithic, hunter–gatherer type diet. Eur J Clin Nutr. 2009; 63:947–955.
70. Scientific American, https://www.scientificamerican.com/article/food–for–thought/.
71. Paoli A. Ketogenic diet for obesity: Friend or foe? Int J Environ Res Public Health. 2014; 11:2092–2107.
72. Hallberg SJ, McKenzie AL, Williams PT, et al. Effectiveness and safety of a novel care model for the management of type 2 diabetes at 1 year: An open–label, non–randomized, controlled study. Diabetes Ther. 2018; 9:583–612.

1. Wen L, Duffy A. Factors influencing the gut microbiota, inflammation, and type 2 diabetes. J Nutr. 2017; 147:1468S–1475S.
2. Zmora N, Suez J, Elinav E. You are what you eat: Diet, health and the gut microbiota. Nat Rev Gastroenterol Hepatol. 2019; 16:35–56.
3. Wu GD, Compher C, Chen EZ, et al. Comparative metabolomics in vegans and omnivores reveal constraints on diet–dependent gut microbiota metabolite production. Gut. 2016; 65:63–72.
4. Koeth RA, Wang Z, Levison BS, et al. Intestinal microbiota metabolism of L–carnitine, a nutrient in red meat, promotes atherosclerosis. Nat Med. 2013; 19:576–585.
5. Zimmer J, Lange B, Frick JS, et al. A vegan or vegetarian diet substantially alters the human colonic faecal microbiota. Eur J Clin Nutr. 2012; 66:53–60.
6. Winham DM, Hutchins AM. Perceptions of flatulence from bean consumption among adults in 3 feeding studies. Nutr J. 2011; 10:128.
7. Biesiekierski JR, Peters SL, Newnham ED, Rosella O, Muir JG, Gibson PR. No effects of gluten in patients with self–reported non–celiac gluten sensitivity after dietary reduction of fermentable, poorly absorbed, short–chain carbohydrates. Gastroenterology. 2013; 145:320–8 e1–3.
8. Skodje GI, Sarna VK, Minelle IH, et al. Fructan, rather than gluten, induces symptoms in patients with self–reported non–celiac gluten sensitivity. Gastroenterology. 2018; 154:529–539 e2.
9. Schuppan D, Zevallos V. Wheat amylase trypsin inhibitors as nutritional activators of innate immunity. Dig Dis. 2015; 33:260–263.
10. Altobelli E, Del Negro V, Angeletti PM, Latella G. Low–FODMAP diet improves irritable bowel syndrome symptoms: A meta–analysis. Nutrients. 2017; 9:940.

1. Orlich MJ, Singh PN, Sabate J, et al. Vegetarian dietary patterns and mortality in Adventist Health Study 2. JAMA Intern Med. 2013; 173:1230–1238.
2. Spencer EA, Appleby PN, Davey GK, Key TJ. Diet and body mass index in 38,000 EPIC–Oxford meat–eaters, fish–eaters, vegetarians and vegans. Int J Obes Relat Metab Disord. 2003; 27:728–734.
3. Huang RY, Huang CC, Hu FB, Chavarro JE. Vegetarian diets and weight reduction: A meta–analysis of randomized controlled trials. J Gen Intern Med. 2016; 31:109–116.
4. Puhl R, Suh Y. Health consequences of weight stigma: Implications for obesity prevention and treatment. Curr Obes Rep. 2015; 4:182–190.
5. Tomiyama AJ, Carr D, Granberg EM, et al. How and why weight stigma drives the obesity "epidemic" and harms health. BMC Med. 2018; 16:123.
6. Ortega FB, Lee DC, Katzmarzyk PT, et al. The intriguing metabolically healthy but obese phenotype: Cardiovascular prognosis and role of fitness. Eur Heart J. 2013; 34:389–397.
7. Long–term effects of lifestyle intervention or metformin on diabetes development and microvascular complications over 15–year follow–up: The Diabetes Prevention Program Outcomes Study. Lancet Diabetes Endocrinol. 2015; 3:866–875.
8. Brown RE, Kuk JL. Consequences of obesity and weight loss: A devil's advocate position. Obes Rev. 2015; 16:77–87.
9. Hall KD, Kahan S. Maintenance of lost weight and long–term management of obesity. Med Clin North Am. 2018; 102:183–197.
10. http://www.drsharma.ca/obesity–best–weight.
11. Tobias DK, Chen M, Manson JE, Ludwig DS, Willett W, Hu FB. Effect of low–fat diet interventions versus other diet interventions on long–term weight change in adults: A systematic review and meta–analysis. Lancet Diabetes Endocrinol. 2015; 3:968–979.
12. Hession M, Rolland C, Kulkarni U, Wise A, Broom J. Systematic review of randomized controlled trials of low–carbohydrate vs. low–fat/low–calorie

diets in the management of obesity and its comorbidities. Obes Rev. 2009; 10:36–50.

13. Nordmann AJ, Nordmann A, Briel M, et al. Effects of low–carbohydrate vs low–fat diets on weight loss and cardiovascular risk factors: A meta–analysis of randomized controlled trials. Arch Intern Med. 2006; 166:285–293.
14. Dansinger ML, Gleason JA, Griffith JL, Selker HP, Schaefer EJ. Comparison of the Atkins, Ornish, Weight Watchers, and Zone diets for weight loss and heart disease risk reduction: A randomized trial. JAMA. 2005; 293:43–53.
15. Gardner CD, Trepanowski JF, Del Gobbo LC, et al. Effect of low–fat vs low–carbohydrate diet on 12–month weight loss in overweight adults and the association with genotype pattern or insulin secretion: The DIETFITS randomized clinical trial. JAMA. 2018; 319:667–679.
16. Mattes RD, Dreher ML. Nuts and healthy body weight maintenance mechanisms. Asia Pac J Clin Nutr. 2010; 19:137–141.
17. Jackson CL, Hu FB. Long–term associations of nut consumption with body weight and obesity. Am J Clin Nutr. 2014;100 Suppl 1:408S–411S.
18. Baer DJ, Gebauer SK, Novotny JA. Walnuts consumed by healthy adults provide less available energy than predicted by the Atwater Factors. J Nutr. 2016; 146:9–13.
19. Liu X, Kris–Etherton PM, West SG, et al. Effects of canola and high–oleicacid canola oils on abdominal fat mass in individuals with central obesity. Obesity (Silver Spring) 2016; 24:2261–2268.
20. Flynn MM, Reinert SE. Comparing an olive oil–enriched diet to a standard lower–fat diet for weight loss in breast cancer survivors: A pilot study. J Womens Health (Larchmt). 2010; 19:1155–1161.
21. Longland TM, Oikawa SY, Mitchell CJ, Devries MC, Phillips SM. Higher compared with lower dietary protein during an energy deficit combined with intense exercise promotes greater lean mass gain and fat mass loss: A randomized trial. Am J Clin Nutr. 2016; 103:738–746.
22. Kim SJ, de Souza RJ, Choo VL, Ha V, et al. Effects of dietary pulse consumption on body weight: A systematic review and meta–analysis of randomized controlled trials. Am J Clin Nutr. 2016; 103:1213–1223.

23. Pittaway JK, Robertson IK, Ball MJ. Chickpeas may influence fatty acid and fiber intake in an ad libitum diet, leading to small improvements in serum lipid profile and glycemic control. J Am Diet Assoc. 2008; 108:1009–1013.
24. Messina V. Nutritional and health benefits of dried beans. Am J Clin Nutr. 2014; 100 Suppl 1:437S–442S.
25. Traversy G, Chaput JP. Alcohol consumption and obesity: An update. Curr Obes Rep. 2015; 4:122–130.
26. Sansone RA, Sansone LA. Marijuana and body weight. Innov Clin Neurosci. 2014; 11:50–54.
27. Beulaygue IC, French MT. Got Munchies? Estimating the relationship between marijuana use and body mass index. J Ment Health Policy Econ. 2016; 19:123–140.
28. Hall KD. Ultra–processed diets cause excess calorie intake and weight gain: A one–month inpatient randomized controlled trial of ad libitum food intake. NutriXiv. Feb 11, 2019. doi.org/10.31232/osf.io/w3zh2.
29. Janelle KC, Barr SI. Nutrient intakes and eating behavior scores of vegetarian and nonvegetarian women. J Am Diet Assoc. 1995; 95:180–186, 189, quiz 187–188.
30. Bardone–Cone AM, Fitzsimmons–Craft EE, Harney MB, et al. The inter–relationships between vegetarianism and eating disorders among females. J Acad Nutr Diet. 2012; 112:1247–1252.
31. Barthels F, Meyer F, Pietrowsky R. Orthorexic and restrained eating behaviour in vegans, vegetarians, and individuals on a diet. Eat Weight Disord. 2018; 23:159–166.
32. Timko CA, Hormes JM, Chubski J. Will the real vegetarian please stand up? An investigation of dietary restraint and eating disorder symptoms in vegetarians versus non–vegetarians. Appetite. 2012; 58:982–990.
33. Forestell CA. Flexitarian diet and weight control: Healthy or risky eating behavior? Front Nutr. 2018; 5:59.
34. Dittfeld A, Gwizdek K, Jagielski P, Brzek J, Ziora K. A Study on the relationship between orthorexia and vegetarianism using the BOT (Bratman Test for Orthorexia). Psychiatr Pol. 2017; 51:1133–1144.

35. Dunn TM, Bratman S. On orthorexia nervosa: A review of the literature and proposed diagnostic criteria. Eat Behav. 2016; 21:11.

평생 비건

건강한 비건이 알아야 할 영양학의 모든 것

2022년 11월 9일 초판 1쇄 발행

지은이　잭 노리스·버지니아 메시나
옮긴이　김영주

편집　순순아빠
검토　김어제, 최지원
감수　이의철
디자인　민디자인

펴낸이　강준선
펴낸곳　든든

제작　제이오
인쇄　민언프린텍
제책　다온바인텍
관리　우진출판물류

등록　2020년 4월 3일 제2020-000021호

주소　(14044) 경기도 안양시 동안구 학의로46, 207동 1804호
전화　(070) 8860-9329
팩스　(02) 2179-9329

전자우편　deundeunbooks@naver.com
트위터　@deundeunbooks
인스타그램　instagram.com/deundeunbooks

ISBN　979-11-971782-3-8 (03590)